北京市高等教育精品教材立项项目

U0795838

体育俱乐部的经营与管理
(第3版)

主　编　刘平江
副主编　相建华　王佃娥　王良玉

北京航空航天大学出版社

内容简介

本书旨在通过对体育俱乐部的概念、起源、意义、特征、管理和经营等基本概念和基本原理的介绍，结合我国体育俱乐部的现状及体育俱乐部的发展趋势，使学生正确认识体育俱乐部的功能，掌握体育俱乐部管理与经营的运作程序、方法和手段，提高体育俱乐部管理的意识和能力，学会经营体育俱乐部的方式方法。同时，通过大量的案例分析和评述，加强理论与实践的联系，提高学生的实践意识和分析能力。

本书涉及的俱乐部分为营利性体育俱乐部和非营利性体育俱乐部，内容主要包括：职业体育俱乐部的经营与管理、健身体育俱乐部的经营与管理、青少年体育俱乐部的经营与管理、社区体育俱乐部的经营与管理和体育俱乐部的财务管理。

本书可作为普通高等学校体育及其他相关专业的教材以及社会体育工作者的参考用书。

图书在版编目(CIP)数据

体育俱乐部的经营与管理 / 刘平江主编 . -- 3 版
. -- 北京 ：北京航空航天大学出版社，2017.7
ISBN 978-7-5124-2459-3

Ⅰ. ①体… Ⅱ. ①刘… Ⅲ. ①体育－俱乐部－经营管理－中国 Ⅳ. ①G812

中国版本图书馆 CIP 数据核字(2017)第 162227 号

体育俱乐部的经营与管理(第 3 版)
主　编　刘平江
副主编　相建华　王佃娥　王良玉
责任编辑　董　瑞
*
北京航空航天大学出版社出版发行
北京市海淀区学院路 37 号(邮编 100191)　http://www.buaapress.com.cn
发行部电话：(010)82317024　传真：(010)82328026
读者信箱：goodtextbook@126.com　邮购电话：(010)82316936
涿州市新华印刷有限公司印装　各地书店经销
*
开本：710×1 000　1/16　印张：13.25　字数：282 千字
2017 年 8 月第 3 版　2022 年 8 月第 12 次印刷　印数：45 001～49 000 册
ISBN 978-7-5124-2459-3　定价：35.00 元

若本书有倒页、脱页、缺页等印装质量问题，请与本社发行部联系调换。联系电话：(010)82317024

前　　言

随着社会经济的发展和体育体制的改革，体育俱乐部已成为体育运动、健身活动的载体之一，近年来在我国发展迅速。本书自2010年第一次出版以来，印刷多次，为我国普通高等院校体育专业学生学习“体育俱乐部经营与管理”课程提供了帮助。随着百姓健身需求的旺盛和政府对全民健康的重视，体育俱乐部在这几年有了快速的发展，特别是2014年10月，国务院印发了《关于加快发展体育产业促进体育消费的若干意见》，第一次把全民健身上升为国家战略。2016年10月，中共中央、国务院发布了《“健康中国2030”规划纲要》；同年，国务院办公厅印发了《关于加快发展健身休闲产业的指导意见》，部署推动健身休闲产业全面、健康、可持续发展。为了适应时代的需要，我们修订了本教材。

本教材的编写目的是提升我国体育俱乐部经营与管理者的理论水平和实践工作能力，以其在工作中应知、应会、应用的理论和实践为基本内容，力求拓宽他们的视野，不断完善体育俱乐部经营与管理者的知识结构和理论结构。本教材力求做到知识性和实用性的统一，特色如下：介绍了经营性的职业体育俱乐部、商业健身体育俱乐部，非营利性的青少年体育俱乐部、社区体育俱乐部，以及体育俱乐部的财务管理；在保证管理与经营基本理论知识连贯性的基础上，注重介绍实践知识，以及相关的交叉学科知识与技能操作方法，力求浓缩精炼，突出针对性、实用性和典型性。在修订过程中，以科学性、实用性为原则，注重反映体育俱乐部经营与管理的前沿知识。

本教材由首都体育学院刘平江担任主编，各章编写与修订人员分工如下：第一章和第二章由王佃娥（天津体育学院）编写；第三章和第四章由相建华（山西大学体育学院）编写；第五章由刘平江（首都体育学院）编写；第六章由杨涛（西安体育学院）编写；第七章由王良玉（北京体育大学）编写。全书由刘平江负责统稿。

本书可作为普通高等院校体育专业教材，还可作为社会体育工作者的参考用书。

在编写与修订过程中,我们参阅引用了大量文献资料,并得到了许多专家、学者的指导,以及经营与管理体育俱乐部的前辈、同行的大力支持与热情帮助,在此表示深深的谢意!

体育俱乐部经营与管理涉及内容极为广泛,且发展更新较快,由于我们的水平和客观条件的限制,疏漏之处敬请广大读者指正。

编　者

2017 年 6 月

目　　录

第一章　职业体育俱乐部

第一节　职业体育俱乐部概述

一、职业体育俱乐部的概念与性质

关于职业体育俱乐部的界定，目前尚无权威的说法。不同的学者从不同的角度有各自的理解，各个运动项目的规定也不尽相同。中国足球协会在《中国职业足球俱乐部的基本条件》中对职业足球俱乐部的界定是："以足球产业为基础，具有企业法人资格，在中国足球协会会员协会注册，经中国足球协会审核并备案，拥有一支甲级足球队的足球俱乐部。"中国足球协会在《中国足球协会注册工作管理暂行规定》中对职业俱乐部的注册条件做了如下规定：

（1）必须拥有一支甲级队，且有不少于11名在本俱乐部注册的职业运动员；

（2）必须至少建立所有权归本俱乐部的U－21、U－19、U－17年龄组的梯队各一支，并保证参加中国足球协会每年主办的各类比赛；

（3）必须是独立企业法人，注册资本不少于人民币1 000万元；

（4）必须有办公地点、专职工作人员、教练员和医生，有自己的训练场地、宿舍和恢复设施，有可保证使用的能容纳不少于3万人的无广告比赛场地；

（5）拥有作为社区文化体育活动中心的俱乐部会员，积极参与和组织以足球为主的各项社区文化体育活动。

西班牙《体育法》中把职业体育俱乐部界定为"体育股份公司"，并要求参加全国性职业比赛的职业队，必须遵照《体育法》组成体育股份公司。其活动范围、登记注册办法、最低资本金、股票持有人的条件及股票最高限额、公司管理机构、财产转让等在《体育法》中均有明确规定。

美国人一直把职业体育联盟看成是"体育界的卡特尔"，把职业体育俱乐部看成是高赢利的体育企业，并认为职业体育俱乐部作为营利性机构与非营利性俱乐部的最大区别是"会员"到"客户"的转变。20世纪90年代以来，商业性的体育俱乐部在德国迅速发展，德国人把这类俱乐部称之为"商业性的体育企业"，其收费标准一般要高于非营利性俱乐部的5倍以上。意大利早在1968年开展"足球改革"时，就把当时所有的职业足球俱乐部全部转变为公司。

因此，从国内外职业体育的现状看，所谓职业体育俱乐部是指具有企业法人资格的、拥有由职业运动员组成的、有资格参加全国职业队联赛的职业运动队的体育俱乐部。按性质又可分为非营利性和营利性两种类型。

非营利性职业体育俱乐部大都是从业余体育俱乐部中分化出来的。而且是“一部两制”,即除了拥有一个完全按市场机制运行的职业运动队外,其余主体部分和一般业余体育俱乐部大同小异。这类职业体育俱乐部按市场机制经营职业运动队的主要目的不是为了营利,而是为了创收,解决职业运动员的生计、训练和比赛问题。因此,所谓非营利性职业体育俱乐部实质上是指这类俱乐部中的职业运动队。欧洲大多数职业体育俱乐部都属于这一类型。

营利性职业体育俱乐部则完全是按市场经济机制经营的、赤裸裸地以竞赛为手段、以营利为目的的商业组织。美国大多数职业体育俱乐部都属于这一类型。非营利性职业体育俱乐部的运行机制有一个致命弱点,那就是根据传统规定,俱乐部的主席及理事会和董事会的成员等主要负责人都是业余兼职,不领取薪金。俱乐部的所有财产都是集体所有,所有收入只能用于俱乐部本身的开支,赚了任何人都无权参与分红,因而亏了也就无人承担赔偿责任,而靠别人“输血”。这一机制的本质属“大锅饭”范畴,既不自负盈亏,又没有严格的责任制。其结果只能是绝大多数俱乐部都只赔不赚或负债经营,极大地妨碍了职业运动的发展。近年来在欧洲以足球为突破口,掀起了一股股份制化的高潮。这标志着非营利性职业体育俱乐部的运行机制正向营利性职业体育俱乐部靠拢。上述两种类型的职业体育俱乐部均属于经济组织系统,严格按照市场经济的竞争、价格和供需三大规律来经营专项竞技体育。由于它在扩大体育影响、促进运动成绩提高和满足广大体育爱好者的观赏需要、促进国民经济发展等方面发挥了巨大的作用,因而近年来发展很快。除了在一些发达国家和具有这方面传统的国家继续向高度和精度进军外,在其他许多国家和地区也得到了迅速的发展。所涉及的运动项目除了足球、篮球、冰球、网球、赛车、拳击、橄榄球和棒球等之外,近来还向羽毛球、排球、乒乓球项目等方面发展。

二、职业体育的特点

职业体育是近代体育发展中为满足人们通过观赏竞技表演获得享受需要,出现的以竞技运动表现作为谋生手段的职业劳动者,以他们为基础逐渐联系起来形成的职业体育俱乐部,在各国再由职业体育俱乐部这种体育服务生产组织逐渐联系起来形成的具有国际联系的一种服务性产业。一般来讲职业体育具有以下特点:

1. 职业体育的商业性

在职业体育中,运动员自身已成为物化了的体育商品,已经完完全全商品化了,就是运动员自身的价值完全通过经济形式体现出来。获取收入(报酬)的多少,是由他(或他们)在体育消费者(观众、听众)面前展示的演技(体育竞技能力)水平来确定的。因此,可以说演技水平(运动员的体育竞技能力)是决定体育商品(运动员)价值的一个直接因素。所以,这个体育商品(运动员)还必须具有“能够使体育消费者(观众、听众)感动,与体育消费者(观众、听众)同欢共乐”等方面的人际感情沟通能力和临场经验。显然,要具备这种能力和经验,单纯地依靠演技(体育竞技能力)是远远不够的,还必须依靠运动场的环境,运动员在体育消费者心目中的形象,运动员自身的人格魅力,临场与观众的情感交流发挥,比赛前共同期待的焦虑和比赛胜利后共同喜悦的欢呼等诸如此类的各种各样因素。

2. 职业体育的娱乐性

职业体育是为了满足人们通过观赏竞技表演获得享受需要而产生的。因此,职业体育表现出了强烈的娱乐性特点,如:① 职业体育比赛能满足人们特别是球迷对体育如饥似渴的观赏需求。精彩的体育比赛具有德智体美勇的高度统一性、秒表面前人人平等的真正公平性、千姿百态、起伏跌宕的戏剧性、稍纵即逝的机遇性,“你死我活”的尖锐对抗性、胜败难以预料的悬念性、观众强烈的倾向性、高低胜负的即时显示性、简单明了的雅俗共赏性、千钧一发的惊险性、战术配合的高度默契性、音乐色彩力与美的完美协调性、观众与运动员之间的感情共通性等特点,其丰富和强烈的程度是其他任何一种美所无法比拟的,因而极具魅力和刺激,常常令观众如痴如醉,如癫如狂。② 职业体育俱乐部不仅关心球迷的心理感受,而且善于在主场营造“家”的氛围,如 NBA 各职业俱乐部对主场气氛的包装以及对赛前、赛中及赛后各环节的娱乐性安排,从思想上、心理上真正建立起消费者对企业及其产品的认同和归属感。

3. 职业体育的社会性

职业体育业是以竞赛表演为核心、以职业运动员为基本成分、以职业俱乐部体制为框架而形成的产业,是体育产业的重要组成部分。职业体育的社会性在于培育社会关系,发展市场。职业体育业发展到今天已经不仅仅局限于体育的范畴,已经极大地丰富了它的内涵和外延,成为人们社会生活中不可缺少的一部分,是国民经济乃至世界经济的重要组成部分。

4. 职业体育的国际性

在转播技术日新月异的今天,高水平的职业体育不仅在国内产生重大影响,而且产生重大的国际影响。因此,训练竞赛水平高的职业俱乐部不仅能开拓国内市场,还能借助电视转播、网络转播以及在国内联赛的间歇期在全球任何国家和地区搞商业性比赛,进军国际市场,充分展示职业体育的国际性特点。

第二节　职业体育俱乐部的历史与发展

一、国外职业体育俱乐部的历史与发展

(一) 职业体育俱乐部产生的历史背景

1. 产业革命和殖民过程中出现的体育俱乐部为职业体育俱乐部的出现奠定基础

1850 年以后,产业革命的发展、公假日的推行、火车的出现为资产阶级参与消遣提供了经济、时间、交通等条件。于是,新兴资产阶级在 19 世纪中叶开始组织各种比

赛。如世界上第一个登山协会——伦敦登山俱乐部就是在此背景下由约翰·鲍尔于 1857 年创办的,澳大利亚于 1862 年、瑞士和意大利于 1866 年、德国于 1869 年也相继成立了登山俱乐部。殖民地官员和军人基于政治原因或为了消遣,开始参加当地的竞技项目。他们在印度参加草地曲棍球、在北美参加印第安人的长曲棍球比赛。这些运动随后被带回他们所在的国家,并成立了俱乐部。1861 年在英国出现了第一个曲棍球俱乐部。此外在加拿大开始流行板球和橄榄球,在澳大利亚成立了游泳、板球和马术俱乐部。

美国竞技运动的繁荣被称为该国“19 世纪末世界革命”的最重要标志之一。当时的探险热,各校间的竞争和个人主义教育等因素促成了这一切。19 世纪后期,高校的田径、棒球等项目明星受欢迎的程度甚至超过了同类项目的职业运动员。

综上所述,产业革命过程中兴起的资产阶级的生活要求促生了业余体育俱乐部;殖民地的军人出于政治和消遣目的参与当地的竞技运动促进了体育俱乐部的形成。

2. 体操运动的兴替与竞技运动的兴起为职业体育俱乐部创造了条件

在英国形成以竞技运动和游戏为主的学校体育、社会体育的同时,欧洲大陆则发展了民族体操运动。杨氏体操体系在德国、意大利、捷克、波兰和保加利亚等进入资产阶级民族解放和统一运动的国家得到了很快的发展,体操俱乐部纷纷成立。但 19 世纪 70 年代以后,资本主义进入垄断阶段,出现了对体操的非议。生活节奏和情感需要已经发生变化的资产阶级认为,现代社会的竞技运动较之分解孤立的体操动作更能满足人们的体育需要。

在 19 世纪末至 20 世纪初的 20 年,竞技运动与侧重发展体操的资产阶级民族运动、有组织地实施的学校体育教学在全世界开展起来。继英美之后,其他发达国家的统治集团也开始承认,现代运动不仅是一种消遣,而且是一种在其他方面有益的活动。医生、学者、军界人士等都关注运动和娱乐。运动的组织形式和竞赛活动随之广泛发展,可谓包罗万象,各种类型的新型运动俱乐部得以成立。

3. 娱乐活动的阶级趋同为职业体育俱乐部的生存提供了社会环境

在 19 世纪中期的英国,城市中大量出现了露天活动场地。到外地去度假也逐渐在城市中等阶级中流行,爬山、钓鱼、野营、远足等户外活动随之兴起。19 世纪下半叶,妇女也参加到户外活动的行列中,19 世纪 90 年代出现了妇女参与的自行车俱乐部。

19 世纪,工人运动的积极分子开始主张“自尊”,它改变了工人阶级原有的酗酒、殴斗等坏习惯。19 世纪中后期,英国工人开始模仿资产阶级的休闲方式,不仅到原先为富有阶层修建的体育休闲场所进行锻炼,而且开辟新的运动项目。19 世纪40 年代英国对公众游戏的禁令取消后,足球在非公开的私立学校再度兴起,1863 年足球与橄榄球严格区分以后,足球运动改变了野蛮粗俗形象,迅速演变为一项深受各界欢迎的集体运动项目。从 1885 年起,校外出现了几十个业余的和靠比赛获得收益的足球俱乐部。19 世纪末,由于生活水平的提高,工人阶级的娱乐方式愈加向中等阶级接近,20 世纪初,国家开始干预分配领域更促进了这种趋同。

正是体育和娱乐活动的阶级趋同为竞技体育的发展提供了表演者和观赏者之间的良性关系，进而为职业体育俱乐部的产生和发展提供了良好的社会环境。

4. 体育走出学校和贵族圈子为职业体育俱乐部的产生提供了可能

学校体育的社会化也促使体育俱乐部大量出现。19世纪后期，体育运动越出学校和贵族圈子，并且在资产阶级和劳动者的社会组织（娱乐场、俱乐部、读书组、工人宿舍）中大力传播，这在主要盛行体操运动的国家（比利时、德国、奥匈帝国和斯堪的纳维亚各国）表现最为突出。英国、美国的体育运动则大部分是按照独立的运动协会原则形成的，板球、棒球、划船、自行车、田径、橄榄球和篮球俱乐部便是其发展的源泉。在英国、美国、意大利、荷兰、法国、斯堪的纳维亚半岛、南美、澳大利亚以及加拿大，成立体育俱乐部之风盛行。

19世纪的工业城市中，机器大工业的负面效应开始显现。工人、小商人、小业主的生活节奏几乎为机器劳动和无休止的竞争所控制，再加上环境恶化，地价飞涨使得游戏场逐步丧失，绝大部分人被迫中断原有的运动传统。于是，这时期的许多体育活动开始承担起了社会自我调节的作用，它通过各种人和集体直接接触的形式——野游组织、体操传授、建立公共水滨浴场、划船旅游、周末自行车野游、定期性比赛、童子军运动而开展活动。体育俱乐部就是在19世纪后期娱乐体制的发展过程中大量出现的。随着科学技术的发展，工程师和技术员、公务人员多了起来，他们找寻工余后能用来娱乐消遣和消除紧张状态的身体活动形式。同时，资产阶级统治集团也逐渐感到：花钱去维护可靠的、受过职业训练的工人比起起用新手去摸索要划算得多。于是"社会街区"活动得以开展。1884年在伦敦、1887年在纽约开展的这类活动使最早的一批运动俱乐部开办起来。德国于1880年组建第一个工厂体操团体。法国、德国、英国和意大利的自行车和汽车工业部门创建了厂属运动团体，这些团体都有自己企业的特色，并进行表演和宣传。其他工业部门也竞相效仿。在德国和匈牙利，各企业的足球俱乐部联合成了一个独立的联合会。

资产阶级提倡和支持工人阶级组建体育俱乐部，不仅为日后职业体育俱乐部的成立准备了强大的经济和组织条件，而且为职业运动员的产生孕育了优良的土壤。

5. 娱乐活动的商业化趋势直接促使职业体育俱乐部的产生

如果说前述原因只是为职业体育俱乐部的产生提供了可能条件的话，而娱乐活动的商业化趋势则是促使职业体育俱乐部产生的直接原因。19世纪时，英国各种娱乐活动都发展很快，但都沾染上商业化风气。在中等阶级占优势的时候，文学、艺术、体育都在向商品化发展，并随之摆脱了贵族的垄断，在广大群众中找到了市场。由于这个原因，19世纪孕育了许多伟大的文学家和艺术家。职业体育俱乐部也在这个过程中得到发展。19世纪中叶，当时的英国业余选手已经被明确禁止获得奖金。该国随之出现了一大批以门票收入为生活来源的职业板球、拳击、网球和划船俱乐部和运动员。美国第一支职业体育代表队是1869年成立的职业棒球队，从此，美国开始有组织地开展职业体育，陆续成立了职业拳击、马术队。德国、法国、意大利、荷兰和俄国等国在这一时期也出现了营利性的职业体育运动。

1860年,英国各地广泛开展了橄榄球运动。1895年,国际橄榄球运动协会分裂,北英建立了自己的运动协会,它一开始就主张接纳和承认职业性的运动员,并对职业性和业余橄榄球比赛做出规则上的区分。从此,橄榄球比赛分为业余和职业两种。橄榄球运动传入美国以后,立即出现了一大批职业性和业余性的俱乐部,1861年美国南北战争之前,美国有几百支棒垒球队。1869年,美国辛辛那提"红袜"队决定将从棒球比赛中获利的情况公之于众,该队在公众的否定态度下坚持职业性,并获得了成功。1871年3月17日成立了国家职业棒球联合会,一些业余队也改为职业队。同年在美国纽约还出现了第一个职业性的棒垒球协会——蒲拉耶斯职业性棒垒球运动协会,该协会一直活动到1876年成立"棒垒球全国协会"为止。1902年,美国的"棒垒球全国协会"、"棒垒球美洲协会"和其他一些棒垒球协会组织共同制定了这项运动的统一规则。

除了1893年加拿大蒙特利尔创办了世界性的职业冰球赛和1895年8月美国举行首场有酬金的橄榄球比赛之外,19世纪末20世纪初还成立了大批职业足球俱乐部。如1891年,佩那罗尔足球俱乐部成立,1899年11月,西班牙巴塞罗那足球俱乐部成立。

(二)职业体育俱乐部的产生

19世纪60年代一些职业运动员为了训练和比赛的需要,也相继成立了一些职业体育俱乐部。于是出现了业余体育俱乐部和职业体育俱乐部两大系列。开始时职业体育俱乐部的数量很少,职业运动员地位低下,收入微薄。如果说年轻力壮时尚能勉强糊口的话,到了人老体衰或遇有伤病时则生活无着落,沿街乞讨甚至饿毙街头的现象时有发生,因而职业体育俱乐部的处境非常艰难。但是,由于职业体育俱乐部顺应市场经济的潮流,富有活力,特别是随着时间的推移,原有的业余体育俱乐部中有一些经不住市场经济的冲击,而退出业余体育俱乐部的行列,从而壮大了职业体育俱乐部的队伍,导致职业体育俱乐部在和业余体育俱乐部的激烈较量中逐步从被排斥、被压抑的状态中解放出来,形成了和业余体育俱乐部分庭抗礼、并驾齐驱的崭新局面。下面以在世界范围内职业化程度最高、影响最大的足球为例加以说明。

英国是现代足球的发祥地,早在1857年就建成了世界上第一个业余足球俱乐部。但是,随着足球水平的提高和竞赛的日益激烈化,对足球运动员的要求越来越高,仅仅依靠业余时间进行训练和比赛,他们已经感到力不从心。另外,有些球员没有固定职业,有的虽有固定职业,但是由于训练和比赛占用过多时间或者为老板所不容,或者因而影响了他们的工资收入,导致他们的生活和职业都受到了威胁,并进而削弱了他们训练和比赛的积极性。面对这一严峻现实,英格兰的谢菲尔德星期三足球俱乐部早在1876年就率先从苏格兰购进职业球员詹姆斯·兰充实自己的球队,从而首开职业足球的先河。接着,布莱克本流浪者和达温这两家足球俱乐部又步其后尘,从苏格兰购进一大批职业球员,使得实力大增。布队甚至于1882年一举夺得英格兰足球杯赛亚军。它们的崛起遭到其他业余足球俱乐部的反对,纷纷向英格兰足协提出指控。而深明大义的英足协从实际出发,于 1885 年果断地做出决定,正式承认职业足球的合法地位,从而为职业足球的发展大开绿灯,有力地促进了英格兰足球水平的提高。首批实行职业足球的俱乐部之一布莱克本流浪者队春风得意,在 1884 年、1885 年、1886 年、1890 年和 1891 年 5 次夺得英格兰足球杯赛冠军,1912 年和 1914 年两度夺得英格兰足球联赛冠军,成为英国显赫一时的一流强队。但此举从一开始就遭到正统业余派的坚决反对,直到 1907 年它们终于愤而退出英格兰足协,另立山头成立了一个业余足球联盟,从而形成了职业和业余两个足球组织对峙的局面。

在英国首先被责难的职业足球,开始时在世界上也被视为邪端。当带有职业性质的英国队从 1908 年奥运会首次设足球比赛开始连续两届获取奥运会冠军后,受到其他纯业余足球国家的指责。国际奥委会和国际足联迫于压力,决定禁止英国职业球员参赛。英国被迫派出一支业余队参加 1920 年奥运会。结果出师不利,首轮就被挪威队以 3∶1 淘汰。英国对此大为恼火,英伦三岛的 4 个足协愤而退出国际足联。由于职业足球符合足球发展的规律,面对市场,将比赛和观众的观赏进行等价交换,既解决了球员的经济问题,又提高了比赛的水平,满足了球迷们日益增长的观赏需要,显示出其强大的生命力,同时也深受广大球迷的喜爱,因此从 1926 年起西班牙首先响应,接着法国、意大利和南美的阿根廷、智利、巴西、乌拉圭等国,也相继于 1939 年前正式开展职业足球。到 1948 年后又有 12 个国家加入职业足球的行列。甚至连当时社会主义国家中的南斯拉夫也不甘寂寞而步上述国家的后尘,成为国际职业足球大家庭的一员。由于职业足球的声势日益增大,国际足联终于接受许多国家的要求,决定从 1930 年起举办一个四年一度的不分职业与业余,而实际上是职业足球大行其道的世界足球锦标赛(后改名为足球世界杯赛),从而使职业足球得到世界的正式承认。目前,职业足球已在世界五大洲近 60 个国家和地区开花结果。

此外,原有的广大业余足球俱乐部由于受到职业足球俱乐部的强大优势的冲击,加上"业余原则"和足球运动的发展以及运动员的生活、职业、出路、动力等问题之间的矛盾日益尖锐,使得它们的生存和发展受到严重威胁,迫使它们不得不进行一些改革。例如隐蔽地采取服装、伙食和误工津贴的方式给予一些物质报酬。但这样做名不正、言不顺,而且杯水车薪,难以解决运动员的实际困难,更谈不上有效地刺激运动员的敬业精神了。后来随着矛盾的不断升级,经过广大业余足球俱乐部及运动员的斗争,促使高层领导决定采用职业队联赛制使运动员的职业公开化、合法化。于是除了原先的少数职业足球俱乐部外,又从业余足球俱乐部中分化出一批水平较高的俱乐部,构成了现在的非营利性职业足球俱乐部体系。

(三) 职业体育俱乐部的发展

在 20 世纪 70 年代之前,职业体育的开展主要集中在美国、英国等西方发达国家,其他国家尽管也不同程度地开展了职业体育,但因社会经济条件的制约而发展缓慢。长期以来,以国际奥委会为代表的国际体育组织对职业体育实行歧视、隔离和排济政策,大多数职业体育项目无国际组织,局限于国内的活动空间,只有足球、网球、拳击、高尔夫等个别项目的职业化超过国家或地区的范围。20世纪80年代开始,国际奥委会对职业体育的态度有了根本性转变。1980年国际奥委会从《奥林匹克宪章》中删除了"业余原则"的规定;1986年至1989年期间,足球、马术、田径、冰球、网球、篮球等国际体育组织先后允许职业运动员参加奥运会。随后,一些项目的职业运动员参加了奥运会,标志着职业体育已开始被纳入奥林匹克运动体系,成为国际体育运动的重要组成部分,这极大地促进了职业体育的发展,使职业体育成为竞技体育发展的新趋势。

美国是职业体育最发达的国度,故仅以美国为例来说明职业体育俱乐部的发展。20世纪70年代以后,观众对职业体育比赛的兴趣日趋增长,广播电视转播费不断上升,使职业体育成为有利可图的产业。新兴的职业联盟与老联盟之间展开激烈的竞争,并用高薪吸引明星运动员,使职业体育俱乐部的运作表现出传统产业的特征。"自70年代中期以来,国家职业体育发生巨大变化,进入经济上的黄金时代,俱乐部收入的增加使球队的价值增加了10倍,集体项目的职业球员已位于社会上收入最高的阶层。"进入20世纪90年代,俱乐部的收入和球员工资的增长开始放慢,观众的增长率也趋缓,俱乐部球员工资的继续增长使俱乐部支出攀升,导致支出增长快于收入。然而,美国职业体育俱乐部的发展面临诸如劳资关系紧张、经济滑坡、球场暴力、运动员酗酒、赌博、吸毒或滥用药物等一些问题。D·R·霍华德从俱乐部经济角度指出了美国四大职业体育联盟及俱乐部存在的三个问题:所有联盟的净收入持续下降,一些俱乐部出现亏损或赤字,俱乐部新增收益中的债务负担加重,有近1/3的俱乐部承受着它们实际价值50%以上的债务;依靠出售或出租赛场豪华包厢来支付债务,租借包厢的收入在俱乐部经济收入结构中的比重日趋增加;比赛门票价格不断上涨,影响观众上座率。他认为美国四大职业体育联盟正在由成熟期走向衰退期。

目前,美国的职业棒球、冰球、篮球、橄榄球等四个项目已成为美国最主要的职业体育项目,它们不断拓宽市场,扩大经济来源渠道,已成为每年经营额达近百亿美元的体育产业,这将形成一个巨大的职业体育市场。

二、我国职业体育俱乐部的历史与发展

(一) 我国职业体育俱乐部的产生

新中国成立以来,竞技体育管理模式一直采用政府体育行政主管部门直接管理的方式,高水平的竞技体育主要由国家体委和各省市体委的体工队来运作。直到20世纪80年代初期,我国只有高水平运动队,而没有高水平的职业体育俱乐部。80年代中后期,尽管在体育界出现了一股运动队与企业"联姻"的热潮,但这一时期体委与企业联办往往是市长、省长或部长从中撮合,动机是解决各级体委办队经费的不足,企业出资并不指望从运动队获得回报,而是希望从政府获得各种各样的优惠政策。所以,这一时期我国仍然没有真正意义上的职业体育俱乐部。

1992年国家体委召开了研讨体育体制改革的中山会议，随后发布了《关于深化体育改革的决定》，提出了体育改革的总目标："改变原来在计划经济体制下，单纯依靠国家和主要依靠行政手段办体育的高度集中的体育体制，建立与社会主义市场经济相适应的，符合现代体育运动规律，国家调控，依托社会，有自我发展活力的体育体制和良性循环的运行机制，形成国家办与社会办相结合、集中与分散相结合的格局。力争在本世纪末初步建立具有中国特色的社会主义体育新体制。"体育改革的基本任务是实现体育的生活化、普遍化、社会化、科学化、产业化和法制化，提出竞技体育要推进运动项目协会实体化，以足球为突破口，部分项目向职业化过渡，逐步与国际惯例接轨。

1992年6月，在北京红山口召开全国足球工作会议之后，足球项目率先进入以"体制改革与机制转换为核心，以协会实体化、俱乐部制和产业开发为重点"的历史阶段，并成为整个体育改革的突破口。1993年，上海、大连、广州等11个足球试点城市以体委与企业联办的形式建立了职业足球俱乐部。广东健力宝有限公司、上海大众汽车有限公司、广州奇星药业厂等第一批企业投资足球俱乐部，投资金额都超过百万元，有的高达数百万元，注册资金达千万元。同年，中国足协尝试性举办了首次采用主客场制的中国足球俱乐部锦标赛；对各俱乐部和职业、半职业运动员及教练员实行了注册登记；讨论并颁发了《中国足协章程》《中国足协俱乐部章程》《关于人才交流的若干规定》《关于竞赛管理的规定》等法规性文件。这些文件涉及俱乐部会员制度、运动员工作合同、转会、比赛许可证、注册、保险制度以及俱乐部财务管理制度等方面。根据这些制度，职业足球俱乐部的性质为具有独立法人资格的经济实体或具有相对独立法人资格的事业实体；用运动员合同来体现社会主义市场经济条件下运动员与俱乐部的关系，明确"运动员以自己的技能作为有价商品投入足球市场，这种特殊商品的价值，以运动员个人在比赛中的影响力和实用技能高低为尺度"；将运动员转会作为俱乐部运作机制转换，增强内在发展动力的重要手段，制定转会规则与转会费计算办法，实行有限度的转会，如每一赛季允许国内转会人员最多为5人，吸收国外转会人员最多限定注册5人，上场3人；设置俱乐部会计机构，建立财务制度，制定俱乐部资金筹集、利润与分配以及终止清算等规定；制定运动员保险、赛场观众意外伤害保险等制度。这些制度的建立与实施，标志着中国职业足球俱乐部开始走上与专业运动队有本质区别的全新的发展轨道，也反映出在社会转型期的历史条件下推行职业体育俱乐部制是一项极其艰苦的制度创新。

1994年4月，万宝路全国足球甲级联赛揭幕，甲A与甲B共有24家俱乐部参加，标志着职业足球俱乐部正式开始运作。1995年，中国足协进而提出职业足球俱乐部的两大任务：一是俱乐部要逐步向具有法人资格的经济实体过渡，朝着自我管理、自我发展的方向迈进；二是注重机制转换，加强制度建设，要求各俱乐部应充分理解和遵守中国足协推出的各项规章制度，结合俱乐部的实际情况加以补充、修改，加强市场开发，完善梯队建设，完善财务制度与奖惩制度。同时又颁发了运动员体测、足球比赛纪律、商业性比赛管理办法、比赛监督、教练员岗位培训、裁判员违纪处罚等规章制度。随着社会各界的积极参与,足球俱乐部的推进十分迅速,人们对俱乐部制度的实施抱有很大信心与希望。足球需要继续改革,改革的任务已由破坏传统体制转入构建新体制。然而,由于改革整体缺乏力度,改革的均衡性和推进的协同性出现差异,使新的运行机制极不平衡,在将俱乐部推进市场的同时,无法控制足球运行的总态势。在 1996—1998 年期间,足球俱乐部的运作出现一系列问题:一是中国国家队在国际重大比赛中未实现预定目标,反映出足球整体水平不高,社会意见很大,甚至怀疑俱乐部改革的方向;二是一些俱乐部为了追求比赛成绩,不顾市场收入的实际,滥发奖金与大幅度增加工资,相互攀比,破坏了正常的分配原则;三是在运动员转会中出现大量违规行为,扰乱了运动员转会的正常秩序和合理流动,破坏了公平竞争;四是一些俱乐部急功近利,短期行为明显,造成后备人才供求关系严重失调;五是赛风不正,消极比赛、裁判不公现象时常出现,引起社会不满;六是一些重大关系没有纳入法制轨道,导致了一些矛盾。到 1998 年,中国足球俱乐部进入困难时期,各种矛盾与问题暴露得十分明显。在 1999 年,足球俱乐部的改革进一步突出体制改革的整体性,重点解决新的运行机制的结构均衡性和功能的协调性,优先发展竞赛市场、人才市场和中介市场,加快职业体育俱乐部的市场主体培育,建立以足球市场机制为基础,以间接手段为主的宏观调控体系。

以推行职业足球俱乐部制度为突破的足球体制改革,是对传统竞技体育体制的根本性改革和机制转换,与过去体制相比发生了明显变化,主要体现在:以职业俱乐部为基础的足球管理体制初步建立;足球训练和组织体制发生了根本性变化;初步建立了相对完整的竞赛体制;足球产业和市场开发初见成效;有一定的规章制度可以遵循;运行机制发生了深刻变化。先行一步的足球俱乐部,尤其是甲 A 足球俱乐部,在 7 年努力中所取得的成功与教训,事实上已成为我国其他运动项目推行职业俱乐部过程中极其可贵的依据与经验。

(二) 我国职业体育俱乐部的发展

在职业足球俱乐部改革初见成效的影响下,篮球、排球、乒乓球等运动项目分别在 1995 年、1996 年底和 1998 年实行了主客场形式的职业俱乐部联赛。

1. 篮球俱乐部

1995 年,中国篮球协会以全国男篮甲级联赛赛制改革为突破口,以产业化、职业化为方向,推动了我国篮球职业化进程和俱乐部的建立。1995 年 10 月在北京召开的全国男篮甲级联赛会议上,中国篮协颁布了《中国篮协运动员转队转会条例》和《俱乐部暂行管理条例》,揭开了中国篮球职业化改革的序幕。1995—1996 年赛季的男篮甲 A 联赛,有 12 家俱乐部展开了主客场比赛。1996—1997 年赛季,由中国香港精英公司赞助,8 家俱乐部参加了首届全国男篮CNBA 联赛,为我国职业篮球俱乐部的建设积累了经验。1998—1999 赛季,俱乐部联赛采用了类似美国 NBA 规则的四节制,同时借鉴 CNBA 运作的一些成功经验,受到观众的欢迎,极大提高了上座率。

1998 年 9 月之后，中国篮协为了进一步完善职业篮球俱乐部的运作，先后下发了《运动员注册管理办法》《运动员管理办法》《男篮俱乐部运动员收入的管理办法》等文件。我国篮球职业俱乐部正在由企业赞助向企业参与管理与经营，向实体化、法人化转变。目前大多数俱乐部属于体委与企业联办，少数属于私人、集体、国有企业独资办。

经过 5 年的改革实践和 4 个赛季的俱乐部联赛的成功举行，俱乐部引起了众多篮球爱好者和社会的关注，篮球竞赛的经济价值得到开发利用，形成了一定规模的球市，为企业提供了商机，同时也迈出了产业化发展的步伐。在俱乐部制度的引导下，篮球市场的巨大潜力吸引了国内外企业的介入，众多篮球俱乐部纷纷建立，一种适应篮球社会化、产业化发展需要的俱乐部管理体制已现雏形。

2. 排球俱乐部

1996 年 12 月 21 日，中国排球协会以赛制改革为突破口首次推出了跨年度比赛的主客场联赛，有男女各 8 支甲级队参加。当时排球项目仅有个别赞助型的俱乐部，因而大多数参赛队仍属专业队身份。在 1997—1998 赛季，允许各队有两个主场，以此进一步开发排球市场，帮助各队解决经费不足的问题。1998 年 7 月 9 日，中国排球协会先后下发了《中国排球协会俱乐部运动员转会暂行规定》《中国排球协会关于排球俱乐部管理暂行规定》《中国排球协会关于发展排球俱乐部的意见》等文件。《意见》中提出“排球俱乐部的性质一般应为公益型的社会团体”，可以是赞助式、体委与企业联办或股份制形式，现阶段以体委为主的联办形式较为适合我国排球的情况；希望各甲 A 队伍 1998—1999 赛季起，以俱乐部名义参赛，从 1999—2000 赛季起，非正式注册的俱乐部将不允许参赛；从 2000—2001 赛季起，非俱乐部的甲 B 队伍不再允许参赛。这样，中国排球制定了推进排球俱乐部制的时刻表，以参赛资格为契机大力推进排球俱乐部的建立。1998—1999 赛季，全国排球联赛获得维达纸业（广东）股份有限公司冠名赞助，使联赛经费大有改观；比赛实行每球得分制，增加了比赛的紧张激烈程度；首次有 7 名运动员按中国排球规定临时转会，并有一名外籍球员出现在女甲联赛赛场上。1999—2000 赛季，全国排球联赛由上届男女各 8 支队伍扩大到各 12 支队伍，这些参赛队伍均按照规定完成俱乐部注册，且企业协议投资金额明显提高；赛前有 3 名运动员永久转会，9 名临时转会，出现了运动员流动的迹象；19 个比赛主场主要分布在一些中小城市，大部分主场仍由省体委竞赛部门承办，个别俱乐部开展了一些经营活动。

2000 年 4 月，中国排协召开了全国排球俱乐部研讨会，下发了《2001 年步步高无绳电话杯全国女排赛和 2001 年步步高 DVD 杯全国男排赛方案（草案）》，全面修改了比赛办法，一改以往全国排球联赛由组委会大包大揽的做法，明确规定各俱乐部为承办单位，承办权属于各参赛俱乐部，俱乐部承办主场各项组织工作并支付全部比赛费用。这将有助于明确俱乐部市场主体地位，促使俱乐部开展经营活动，推动排球职业化进程和俱乐部建设。

3. 乒乓球俱乐部

1993年底,由北京市体委与香港联汇丰集团、中国澳门南光集团有限公司合作,建立了我国第一家乒乓球俱乐部——北京联汇丰乒乓球俱乐部。1994年中国乒协提出"双轨制",对俱乐部运动员实施"双重身份,统一管理"。随后中国乒协颁发了《中国乒乓球协会俱乐部章程(试行)》。在此期间,辽宁、上海、陕西等相继建立了12家乒乓球俱乐部。乒乓球俱乐部多属省市体委与企业联办,体委按省市乒乓球队原有拨款数额,支付运动员的基本工资、训练费用,对日常竞赛训练进行组织管理,维持原省市专业队的组织形式;企业每年向俱乐部投入一定数额的经费或注册资金,负责运动员、教练员的奖励、比赛、部分福利等方面的开支。俱乐部的任务是冠以企业名称,参加一年一度的全国乒乓球俱乐部比赛,提高企业知名度来回报企业的投资。

1995年中国乒协开始推行乒乓球俱乐部赛事。1995—1997年以赛会制形式举办了三届全国乒乓球俱乐部比赛。1998年首次以主客场形式推出了"红双喜中国乒乓球俱乐部甲级联赛",1999年举办了"阿尔卡特中国乒乓球超级联赛",两次比赛分别有男女各8家乒乓球俱乐部参加。1999年还举行了分站赛会制形式的俱乐部甲级联赛,男女各10家俱乐部参加。我国乒乓球俱乐部尚处在起步阶段,目前俱乐部的一个显著特点是俱乐部与省市队并存的"双轨制",绝大多数的乒乓球俱乐部属于"养人不养队",仅对专业队中4~5名尖子队员的训练竞赛活动提供经费的冠名权赞助形式。我国乒乓球俱乐部"双轨制"的运行特点是对乒乓球原有训练体制不作根本性改革,保证乒乓球在国际上的优势地位,专业队体制仍为乒乓球运动发展的主渠道,俱乐部和专业队共同发展。因此就形成了俱乐部运作上的一些特殊做法,如只有"自由人"才能进行俱乐部间的转会,他们属于世界杯、世界锦标赛冠军或奥运会前三名的选手;俱乐部与自由人签署的合同有效期限最多一年,转会费定得比较低,一般不超过10万元,且转会前后工资增幅不超过30%。1999年10月,中国乒乓球羽毛球运动管理中心召开会议,推出一系列改革:从2000年开始,全力推出超级、甲A、甲B俱乐部联赛;超级联赛扩军,由原男女各8支队伍增加到各12支;将全国锦标赛参赛运动员限制在20岁以下,取消锦标赛预赛,即全国锦标赛将成为青年锦标赛;俱乐部联赛成绩与九运会挂钩,凡参加九运会的单位和个人必须参加2000年国内举行的任何一个级别的俱乐部赛;俱乐部联赛成绩进入中国乒协电脑排名,其结果作为九运会团体抽签排位依据。与此同时,中国乒协还下发了《中国乒乓球俱乐部运动员转会细则(修订稿)》《中国乒乓球协会比赛积分排名方法》等有关文件。截至2000年5月,全国各省市一、二线乒乓球队均成立了乒乓球俱乐部,共计122家,其中超级联赛24家,甲A联赛20家,甲B联赛78家。

20世纪90年代初期,中国开始对原有管办不分的竞技体育管理体制进行改革,在吸取国外相关经验的基础上,推行了单项协会实体化改革。20个运动项目中心相继成立,以足球改革为突破口的职业体育试点开始起步。随后,篮球、排球、乒乓球、羽毛球、网球、围棋和自行车等项目也纷纷成立了职业体育俱乐部或半职业体育俱乐部。从整体上看，目前我国职业体育俱乐部仍处在初创阶段，各地区、各项目的发展状况相差较大，很多项目的职业体育俱乐部还处在“翻牌子”“卖牌子”的阶段，只有足球、篮球等少部分职业体育俱乐部开始步入“创牌子”的阶段。

（三）我国职业体育俱乐部的类型

目前我国职业体育俱乐部的类型，大体上可分为如下 3 类：

第一类是政企联办型。这是我国竞技运动项目由原来的专业队向职业队过渡时期最常见的一种模式，目前，除足球职业俱乐部之外，绝大部分开始职业体育试点的运动项目俱乐部都采用这种运作方式。这种类型的俱乐部实际上只能算作是“准职业体育俱乐部”。因为，这类俱乐部基本上都是以社团法人注册，由企业出资、体委（政府）出队和场地设备，合作组建，其名称大都是在专业队队名前冠上企业名。在组织机构上，一般都是双方联合成立董事会，由企业一方任董事长和总经理，体委一方任副董事长和副总经理，董事会一般由 7 名董事组成，其中企业 4 人，体委 3 人，企业方主管经营，体委方主管球队的训练和竞赛。在经营方面，俱乐部一般都聘用专职或兼职人员，开辟了门票、广告（场地广告和队服广告）、电视转播权、会员费、转会费及球迷商品开发等收入渠道。俱乐部都有自己固定的主场，同体育场馆建立了租赁关系，以一定比例的门票收入分成或直接支付租金的方式，获得主场的使用权。

第二类是有限责任公司。即一家企业一次性出资从体委买断运动队及相关场地设施，独资组建的俱乐部。这类俱乐部具有企业法人资格，按《公司法》规定的设立条件在工商行政管理部门注册登记，并受《公司法》的保护。西方发达国家职业体育俱乐部大都是这种形式，我国只有足球职业俱乐部和少数篮球职业俱乐部按这种方式组建和运作。如四川全兴集团出资从四川省体委一次性买断省足球队，成立自己独资的职业足球俱乐部就是这种形式。这种俱乐部最显著的特征就是企业拥有俱乐部的全部产权。

第三类是股份有限公司。是指依照《公司法》的有关规定设立的，俱乐部全部资本分为等额股份，股东以其所持股份为限对俱乐部承担责任，俱乐部以其全部资产对俱乐部的债务承担责任的企业法人。也就是说，这类俱乐部是由若干个企业共同出资组建。按照我国《公司法》的规定，设立股份制职业俱乐部的方式有两种：一是发起设立。即由发起人（应当有 5 人以上）认购俱乐部发行的全部股份而设立的俱乐部，如辽宁足球俱乐部、上海申花足球俱乐部基本上可以算作这种形式。二是募集设立。即由发起人认购俱乐部应发股份的一部分（不得少于俱乐部股份总数的 35%），其余部分向社会公开募集（必须经国务院证券管理部门批准后，公告招股说明书，并制作认股书）而设立的俱乐部。也就是我们通常所说的上市公司。目前，国内还没有上市的股份制俱乐部，但这种形式在英国、西班牙的职业足球俱乐部中相当普遍。如我们熟悉的英超足球俱乐部中的曼联、西汉姆联队等都是上市公司，西班牙最著名的足球俱乐部中大约有 60% 是上市公司。所以，目前以股份有限公司的形式设立的职业俱乐部，在我国还处在萌芽阶段。

(四)我国职业体育俱乐部发展中存在的问题

由于我国职业体育俱乐部起步晚,政府主管部门对职业体育俱乐部的管理尚处在摸索阶段,因此,当前我国职业体育俱乐部的发展中还存在一系列亟待解决的问题,主要有以下几个方面:

1. 项目管理中心或协会与职业俱乐部之间的利益矛盾

我国目前的项目管理中心或协会是政府体育行政部门机构改革的产物,是体育行政部门直属的事业单位。它们在管理方式和行为方式上短期内表现出浓重的行政色彩并不奇怪。同时,由于我国事业单位改革整体上滞后,事业单位在政策上又允许搞经营和创收,因此,它们在管理上沿用行政手段,经营上利用管理者的身份搞垄断经营就很难避免。这也必然造成它们与俱乐部之间的利益冲突。近年来,甲A各足球俱乐部与我国足球协会的矛盾,以及各篮球职业俱乐部与篮球项目管理中心的矛盾,实质都是利益上的矛盾。从长远看,如果这个问题解决不好,将危及我国职业体育在新世纪的生存与发展。

2. 职业体育俱乐部注册不规范

由于现在称之为职业俱乐部的实际上只是准职业俱乐部,有些俱乐部只在民政部门注册,而没有到工商行政管理部门注册。同时,在注册过程中各地把握的尺度也不相同,同等条件有的给予注册,有的不予注册,并且有不少俱乐部尽管注册了,但是并不具有真正的和独立的资产支配权。注册上的不规范不仅直接带来俱乐部产权不清的问题,而且也给俱乐部自主经营开发造成了困难。

3. 职业体育俱乐部产权不清晰的问题比较突出

目前我国职业体育俱乐部组建过程中普遍存在对体委一方拥有的有形和无形资产不进行评估或没有给予一个合理的估价,体委方为促成企业注资,往往在组建谈判中有意回避这一问题,并在合作协议上只注明企业方投资的比例和利益分成比例。但是,当俱乐部组建后,尤其是遇到利润分成或债务分担的情况时,因产权不清造成双方利益上的矛盾不断激化,结果常常导致合作关系的破裂,影响到俱乐部的正常经营和存续。

4. 职业体育俱乐部普遍存在经济效益低下的问题

近年来,尽管我国职业体育俱乐部自身经营素质和“造血”功能有所提高,但整体的经营绩效仍然堪忧。据谭建湘等人对国内21个职业俱乐部的调查,“俱乐部亏损严重的占47%,少量亏损的占0.5%,基本持平的占31.5%,略有赢利的占21%”。造成俱乐部经济效益不高的原因主要有5个方面:一是项目管理中心或协会自身垄断经营制约了各俱乐部经营方式的选择和经营领域的拓展;二是受非经济因素的影响,联赛和各俱乐部主场、职业体育俱乐部的发展趋势及电视转播权的市场价格严重偏离价值,影响到俱乐部的收益。而国外职业俱乐部的经营收益中电视转播权分成是最重要的财源;三是由于绝大多数俱乐部没有依照《公司法》进行合法的工商注册,俱乐部开展经营活动在一定程度上也受到限制,并且在经营过程中发生纠纷,其自身的权益也难以得到法律的保护；四是俱乐部经营内容单一。目前大部分俱乐部只是靠门票收入、广告收入和冠名收入维持，而对其他经营领域开发不够；五是俱乐部经营人员素质不高，服务营销、关系营销的意识淡薄，不注意对俱乐部整体形象的设计、包装和开发，与媒体和目标赞助商沟通不够，俱乐部各类产品的销售市场定位不准，未能建立起球迷(消费者)对俱乐部的忠诚。

5. 缺乏高层次的专项法律法规

职业体育俱乐部是体育企业，作为企业，其运作受《公司法》《合同法》和《民法通则》等法律的规范和保护，但是职业体育俱乐部是一类特殊企业，它的经济活动存在区别于一般企业的特殊性，因此，还需要政府的体育行政主管部门适时制定一些专项的法规来进行规范和调控。而目前我国针对职业体育的经济立法还是空白，也没有相应的部门规章制度。如果这一领域长期处在无适用法规可依、无专项规章可循的状况，将会危及职业体育在中国的生存与发展。

思考题

1. 如何理解职业体育俱乐部的含义？
2. 应该怎样对职业体育俱乐部进行分类？
3. 试述职业体育的特点。
4. 简述中国职业体育俱乐部的发展现状，并比较与发达国家职业体育俱乐部的异同。

第二章　职业体育俱乐部的经营与管理

第一节　职业体育俱乐部的组织机构

既然足球俱乐部是经济实体,那么足球俱乐部的组织机构必然是按企业管理模式进行设计的。世界各国的足球俱乐部因规模、层次的不同,基本结构会有所差异,但一般的组织机构基本一致,我国也大体如此。如德国曼海姆足球俱乐部组织机构,其中有3个重要人物:即主席(或董事长)、总经理和职业队主教练。主席(或董事长)负责整个俱乐部的管理,具有很强的经济实力,且必须有绝对权威。总经理负责处理整个俱乐部的日常事务和比赛事宜,他是由董事长或董事会任命的。总经理应该既是经济管理专家,又是足球行家,是位既要保证俱乐部赚钱,又要使球队赢球的大管家。通常负责与教练员和运动员签订合同,发放比赛奖金以及处理球队内部的各种问题。关于球队买卖队员,教练员可以提出自己的看法,但决定权主要掌握在总经理手中。他还负责多项对外事务:租借体育场、与赞助商签订合同、与社会公众的联系等。

俱乐部下设的5个部门,各负责管理某一方面。财会部门的主要工作是门票、商店、租用体育场等。体育部门主管运动队。市场部涉及对外关系的联络,包括赞助商、广告等。会员部负责组织、管理俱乐部会员的活动。法律部则是处理与俱乐部相关的各种法律问题等。在这些部门中,体育部是最大的机构。

职业足球俱乐部的主教练是举足轻重的人物。他负责全队与训练和竞赛有关的一切事务,包括物色、选拔和淘汰运动员;制订比赛、训练规划和计划;设计和实施技术、战术、身体素质、心理和智能等方面的训练;确定比赛战略和战术以及参赛运动员的人选,并进行现场指导;负责运动员的恢复以及必要的生活管理和监督;保证球队在比赛中赢球,取得好成绩。如时间允许,他还要观看青少年队的比赛,同青少年队的教练员一起商讨,提出自己对训练的建议和对队员的看法等。职业队的主教练有责任,也有权力对业余队和青少年队的训练、比赛及其如何发展进行干预,但职业队教练员不为这些队设计、制定发展规划,各个队的具体训练计划、内容、方法等,都由各队教练员自己安排。

职业队的助理教练工作较为单一,主要是按主教练的布置协助完成具体工作,包括准备活动、布置场地、训练器材等。同时也进行一些临场的统计和负责队员的各种文件、资料、档案等管理工作。

职业队的队医、按摩师,主要工作是为队员训练、比赛后按摩,队员受伤的处理,以及训练比赛中或比赛后，让队员饮用配制好的运动饮料。此外，运动员和按摩师之间的关系一般都比较融洽，有什么知心话大都愿意和按摩师交谈，因此，按摩师大都身兼运动心理师，利用按摩的机会对运动员做些心理疏导工作。

此外，还有其他管理人员，主要负责准备训练和比赛器材及其他杂事。

第二节　职业体育俱乐部的管理体系

一、职业体育俱乐部的一般经营管理模式

(一) 各级管理者职责

职业体育俱乐部的一般经营管理模式可分为三级经营管理体制，如图 2－1 所示。最上层是全国性质的项目协会，中层是本项目职业体育俱乐部联盟，最基层是各地方职业体育俱乐部。其具体职责分别如下。

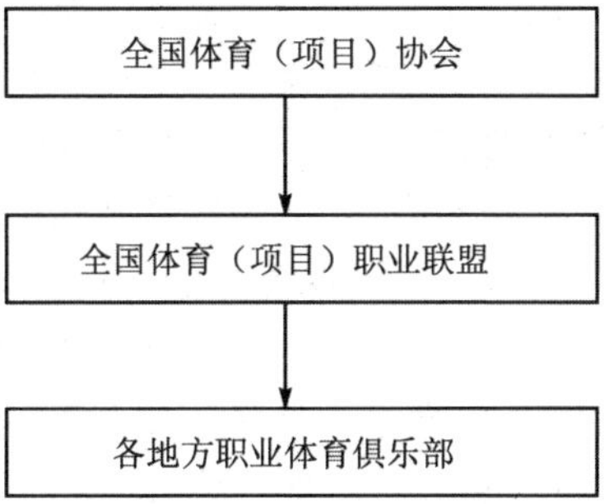

图 2－1　职业体育俱乐部一般经营管理模式

1. 全国体育(项目)协会的职责

全国体育(项目)协会的职责是提出各种政策、法规。

2. 全国体育(项目)职业联盟的职责

一个理想的职业运动协会除了进行确定职业队的数量和合理分布及合理分配新队员组织领导外，还必须善于利用本身的地位优势和有利条件努力创收，协助所属各职业俱乐部解决部分经费问题。各职业运动协会手中最大的王牌，就是它所垄断的职业队各类比赛。围绕着这些比赛而产生的电视转播权、杯名权、场地广告权和专利权是取之不尽、用之不竭的财富源泉。因此，各职业运动协会无不在这些问题上大做文章，千方百计地扩大财源。这方面有两点比较普遍的做法值得注意。

首先，由协会垄断电视转播权，统一对外联系，然后将收益平均分配给各有关俱乐部。这样做的好处是一致对外，一揽子解决电视转播问题，既有利于协会利用竞争机制待价而沽，让各电视公司展开竞争，最后选择出价最高的一家与之签订合同，以获取最大经济效益。同时也可使电视公司避免多头联系，有利于提高其转播的计划

性。例如,美国职业美式足球协会和电视台签订的 1988—1990 年长期转播合作共计 14.3 亿美元,平均分给 28 支职业队,每队每年可分得 1 700 万美元。美职业棒球协会和哥伦比亚广播公司签约转播 1990—1994 年职业棒球联赛共计 11 亿美元,加上和体育与娱乐有线电视网商定的同一时期的转播费 4 亿美元,共计 15 亿美元。总共 28 支职业队,平均每队每年可分 1 000 余万美元。美国职业棒球界有一半以上的职业队仅靠此分成就可以维持了。德国足协职业联赛委员会也和电视界签订了一揽子转播合同,甲级队和乙级队每队每年从中可分别获得 400 万和 200 万马克。日本职业足球联盟的做法稍有不同。该国总共有 10 家职业足球俱乐部队,联赛每轮有 5 场比赛,其中有一场由联盟确定向全国转播,其余 4 场比赛则由各主场俱乐部负责向地方电视台联系转播。全国转播每场 1 000 万日元,地方转播每场 300 万～500 万日元。所有电视转播收入均上交联盟,由其均分给 10 家俱乐部。

其次,关于杯名权、场地广告权和专利权,开始时大都由各职业运动协会自己经营,后来随着经营范围的扩大,竞争日益激烈,经营的难度也不断加大。不少协会渐渐感到力不从心,于是逐渐改为委托一些专营企业代理。这样做的结果,往往使协会的收入大大增加。日本职业足球联盟成立较晚,直到 1991 年才成立。因而吸取别国经验,一步到位,一开始就把经营权委托给两家企业代理。联盟杯名权和场地广告权由博报堂代理。博报堂是日本排名第二、世界排名第七的国际名牌公关公司,注册资金 10 亿美元,在全世界各主要城市均设有代办处。该公司保证向职业足联提供议定的职业队联赛广告收入额度,同时收取 10%～15%的佣金。如广告收入超过这一议定的额度,仍按此比例提成后上交给职业足联。如有不足,则由该公司补偿。因此,就足联而言是旱涝保收,比较合算。这对博报堂而言,也可多劳多得,有一定的激励作用。目前联盟杯名的赞助商有两家:三得利和日本信贩。他们的赞助金额每年均不少于 400 万美元,分别拥有第一阶段和第二阶段比赛结束时以自己公司名义命名的杯名权和下列权利:在职业足联拥有的场地广告范围(指主席台对面的一侧及两端角球区拐角处的场地,其余地方的广告权归各主场俱乐部所有)内摆放广告牌,其中免费和付费的各两块;可以在本公司产品上使用职业队联赛的标志;可以获得该阶段每场比赛的 100 张赠票和另一阶段每场比赛的 50 张赠票;杯名将在职业队联赛所有材料和印刷品上出现,新闻媒介传播时不得删改。除这两家正式赞助商外,还另有 9 家赞助商可以在职业足联场地广告范围内摆放场地广告,在本公司产品上使用职业队联赛的标志,也可获得每场比赛的 50 张赠票。

此外,还有一批赞助商的产品可以获得“职业队联赛指定产品”的名义,如柯达公司的胶卷,美津浓公司的运动服装和器材等。日本信贩公司还获得发行带有各足球俱乐部标志的购物信用卡的权力。该公司按商定的比例向各俱乐部提供使用这类信用卡所售商品的利润。这样,俱乐部的支持者越多,所发售的信用卡及所分享的利润也就越多。当然,赞助商也就跟着获取更多的利润。由于经营得法,赞助商十分踊跃。但职业足联场地广告范围有限,于是职业足联和博报堂又另辟蹊径,安排其他比赛和活动。例如职业足联全明星东、西部大赛的杯名权被柯达公司以高价夺走。“我们热爱日本职业队联赛”的大型文体活动,则由富士和西铁城两家公司赞助举办。大名鼎鼎的麦当劳晚来一步,只获得了一个销售职业队联赛纪念品的专营权。职业队联赛专营商品的设计、生产和销售业务由索尼创意公司代理。该公司是索尼公司的一家子公司,实力雄厚,国际信誉卓著。该公司首先设计了职业队联赛的标志及各职业足球俱乐部的会徽和吉祥物,接着又围绕这些专营设计和创造了一系列的纪念品和商品。这些物品经职业足联商品化委员会确认后,由索尼创意公司交付属下的各公司生产。产品归购买专营权的销售商销售,职业足联则按商定的比例向索尼创意公司收取提成利润。

3. 各地方职业体育俱乐部的职责

各地方职业体育俱乐部负责具体的有关职业运动队的建设和管理。职业运动员和职业教练员是职业运动队的基础和核心。其水平与质量直接影响职业运动队以及职业体育俱乐部的命运,因此职业运动员和教练员的管理对职业运动队来讲具有头等重要意义。

(二) 职业运动员的管理

职业运动员是职业运动队的基础和灵魂,其水平与质量直接影响职业运动队以及职业体育俱乐部的命运。因此,各个职业体育俱乐部和运动队无不把运动员看成是自己的生命线,下大力气抓好运动员的管理,使之发挥最大效益。国外对职业运动员的管理一般均遵循下列几个原则。

1. 进行法制管理

所谓法制管理是指严格按照法律、规章、制度和合同来进行管理,使这些法律、规章、制度和合同起引导、规范和保障作用。

首先,一些国家通过宪法或其他专项法律来规范和保障职业运动员的合法地位和权益,使他们的职业合法化。例如,1973 年通过的阿根廷宪法中有“职业运动员章程”专门条款,并明确表明,“足球运动员协会”是国家承认的一个工会组织。法国的“民法”除明确规定职业运动员的合法地位外,还有专门条款论述职业运动员章程和职业集体协议,明确规定职业和半职业运动员的酬金、义务、资格和条件以及申请加入职业运动队的办法,限定除特殊情况外,21 岁前不能签订职业运动员合同,规定第一个合同期为 4 年,以后每个合同的期限至少为 1 年等。西班牙通过皇家法令“劳动者章程”对职业运动员的特殊劳资关系做出明确规定,对合同和体育工作的权限进行规范和总体规划,对职业运动员的资格和人数严加限制。

凡实行职业体育俱乐部制的国家,一般都有职业运动员的工会组织性质的某某职业运动员协会,以维护职业运动员自身的权益,协调和有关部门之间的关系。

其次,各主管运动协会都通过法规对职业运动员的资格、就业、转会、参赛条件、合同、奖金及纠纷处理等问题做出明确规定,一方面为了确保职业运动员的质量,另一方面也是为了规范和保障他们的义务和权利。例如,美国篮球协会规定职业篮球运动员必须是大学毕业生。德国足球协会规定职业足球运动员必须符合下列三个条件方能参加职业队联赛:① 年满 18 岁(以当年 7 月 31 日为限)或者曾是青年 A 组(17～18 岁)球队队员,并且拥有足球俱乐部业余成人一队的资格证书;② 已在职业足球俱乐部一队(即主力队员)见习一年;③ 所在职业俱乐部已向全国足协(指甲级队员)或赛区足协(指乙级队员)提出申请并获得批准者。此外,一般都规定,业余运动员一旦变为职业运动员后,其和俱乐部之间的关系便从会员关系转变为雇佣关系。职业运动员一个赛季内只能代表一家俱乐部参加比赛,俱乐部同意转会者例外。为保护本国队员的就业机会,一般都对外籍队员的人数加以限制。以足球为例,一般国家规定每家职业俱乐部外籍队员不得超过 3 名。有的国家放宽为 5 名,但规定同时上场的外籍队员不得超过 3 名。低级别的运动员可以参加高级别队的比赛,但高级别的运动员不得参加低级别队的比赛。

不少国家的单项运动协会还实行退休制度来维护职业运动员退役后的利益,使他们老有所养。例如,美国棒球、篮球、美式足球和冰球这四大球的协会规定,每个职业运动员只要每年向自己的协会交纳少量的会费(约 1 000 美元),退休后便可领取养老金。一般规定运动员必须代表球队至少参赛 3～4 个赛季,45 岁开始可以领取养老金。至于具体金额,各个运动项目不同。以篮球为例,养老金额和在协会服役的年限挂钩,每服役一年,可领养老金 1 440 美元。如果服役 10 年,那么每年可获养老金 14 440 美元。但如果 45 岁退休,只能领取养老金的 60%,只有到 50 岁退休时才能领取全部养老金。养老金的来源由运动员所在俱乐部和有关运动协会共同承担。以冰球为例,俱乐部承担 75%,运动协会承担 25%。

再次,职业体育俱乐部和职业运动员之间签订合同。合同具有法律作用。一经签字,双方都必须严格遵守合同的所有条文,任何一方均不得违背,否则要负法律责任。合同的内容一般包括以下几点:

① 聘任期限。一般年轻运动员首次聘任的时间都较长。如法国规定职业足球运动员首次聘任时间为 4 年,以后每次聘任时间至少为 1 年。但有些职业体育俱乐部为了保持自己的优势地位,对看准了的一些著名球星不惜代价,尽量延长合同期限。例如,美国夏洛特黄蜂职业篮球队,1994 年和 24 岁的篮球新星中锋拉利·约翰逊签订了一份长达 11 年的合同(只是由于美国篮协规定合同年限不能延续到球员的 35 岁生日之后,否则还会更长),总金额为创纪录的 8 400 万美元。在合同期内运动员不得再另行接受其他任何合同。

② 运动员的工作内容。严格规定运动员在合同期内必须无条件地参加俱乐部的各种训练和比赛安排,不得参加本俱乐部以外的任何比赛活动。如参加地方或国家代表队,则需经俱乐部批准。此外,未经俱乐部允许,也不得参加电台和电视台的节目,不能穿俱乐部的制服拍照,不能参与同所从事的运动项目有关的其他一切活动。

③ 工资。为了激励运动员打好每一场比赛,一般都实行固定工资加奖金制,并

且均和每一场比赛挂钩。固定工资一般采取分期付款,即将商定的年固定工资分成若干等份,于每场比赛后的 48 h 内连同奖金一起支付。运动员有义务参加由主管运动协会设立的“运动员养老金计划”,其应交纳的费用由俱乐部从工资中扣除。

④ 旅差费用。运动员为俱乐部去外地比赛时,旅途和食宿费用均由俱乐部负担。如在本地比赛,这类费用一律自理。

⑤ 体格检查。在每一个赛季(一般为一年,有不少项目还采取头一年的下半年加下一年的上半年这种跨年度制)开始前,运动员必须接受俱乐部指定部门的全面体格检查。如检查不合格,俱乐部有权立即解雇。如属一时性的伤病,则暂时停止执行合同,直到能重新正常参加训练和比赛时为止。在这期间不支付工资。暂停时间将按合同规定的期限顺延。运动员在训练和比赛时如因公受伤,则由俱乐部担负指定医院和医生的医疗费用。如是老运动员,在工伤休假期间享受全额工资。但俱乐部的这一义务将不超过本赛季。新运动员受工伤,其工伤休假期间的待遇则视情况另议。

⑥ 纪律要求。运动员必须保证在各种比赛中始终保持俱乐部所需要的高水平的技能和斗志,保证其表现能得到俱乐部和主教练的完全满意。如果主教练认为他在合同期内任何时间的运动表现不符合要求,或者工作和行为不能令人满意,或者不具备某一级别运动的水平并占据了一个有限的名额,俱乐部有权终止和他签订的合同。主教练是确定运动员水平和能力的唯一法官。如果提前中止合同,俱乐部只支付给此前应支付的那部分工资。此外,运动员无论在场内外的任何时刻,只要出现无节制、不道德、情绪低落或其他任何类似表现,因而被俱乐部认为他有损俱乐部的利益,没有表现出第一流的竞技状态(除非是因公受伤),那么,俱乐部都有权给予纪律处分,直至解除合同。运动员如受贿而故意输球,或者作弊、用比赛打赌,俱乐部和主管协会有权予以罚款、暂停直至取消合同。

⑦ 转会。俱乐部有权出售、交换或转让与运动员签订的合同,让运动员到其他任何俱乐部去效力。运动员必须无条件地接受这一分配,并及时到新的俱乐部去报到。必须如同在原俱乐部一样坚定地执行合同条款。

最后,职业体育俱乐部通过严明的纪律规章来进行管理。职业运动员的日常劳动就是训练和比赛。为了确保训练和比赛的正常进行,各职业体育俱乐部除了在和运动员签订的合同书中原则规定运动员必须遵守纪律和道德规范外,还通过严明、详细的纪律规章来规范运动员的行为。下面举英国布朗米奇职业足球俱乐部的运动员纪律规定来予以说明。

① 训练纪律:正式运动员必须在上午 10 时和下午 2 时 15 分,学徒队员必须在上午 9 时 30 分准时到达训练场地。任何人未经允许不得擅自离开场地,不得迟到、早退。因病或受伤而不能参加训练或比赛时,必须持有医生证明并得到领队的批准。训练或比赛时出现任何伤病必须向医务处报告。每个人都有义务协助训练管理员保持训练场馆的整洁,并爱护训练用具和服装。队员的亲友,未经领队或教练的同意在

任何时候不得进入更衣室。更衣室内任何时刻都严禁吸烟。

② 本地比赛:所有队员不管上场与否,必须于赛前1 h到达比赛场地。开赛前35 min起,任何人不得以任何理由离开更衣室。所有队员到达时必须注意着装,保持仪容整洁,包括要穿上衣,打领带。

③ 外出比赛或参加其他活动:有关队员必须带好用具提前15 min到达出发地点。必须保持仪容整洁,包括穿上衣、打领带。未经领队允许,任何人不准携带亲友随队出访,队员也不得单独活动。

④ 关于病假:队员在家生病,应立即打电话通知俱乐部。队员必须定期接受全面体格检查。

⑤ 关于第二职业:未经领队批准,队员不得参加其他的商业工作或在所属俱乐部以外的地方经商,也不准应聘(邀)参加其他任何工作。比赛前4天起不得擅自参加庆祝活动和跳舞,更不准擅自参加其他任何比赛活动。

⑥ 关于发布新闻:除领队外,任何人不得擅自向新闻界透露与比赛有关的事情。

违反以上规定者,轻则罚款,重则按照合同予以处分直至解除合同。

2. 按照价格法则激励运动员奋发图强,努力拼搏

职业运动员的工资和奖金是其运动水平和业绩的标志。水平越高,业绩越好,所获得的报酬就越多。上述价格法则已被职业体育俱乐部普遍采用,并取得了明显的激励作用。

首先,起点工资均较高。由于职业运动员所创造的票房价值和广告价值均很高,加上运动员是一项既比较危险,从业年龄又较短的职业,伤、病的概率较高,导致终生残疾甚至死亡的事例时有发生,一般到30多岁便“人老珠黄”而不得不退役。退役后漫长岁月的生活费用虽然有养老金,但那只是杯水车薪,主要还得靠他们在职时的积蓄。因此,他们的收入理应高于一般职业。

在德国,职业足球甲级队和乙级队队员的平均年工资分别约为30万和16万马克。这一收入本身就有很大的吸引力。因为该国职工平均年工资约为4万马克。也就是说职业足球队员平均工资约相当于职工平均工资的4.0～7.5倍。日本职业足球队一队队员的年龄一般在25～30岁,年薪约为2 000万～3 000万日元。日本同龄职工的一般年收入约为500万～600万日元。二队队员的年龄一般为20～25岁,年收入约为800万～1 500万日元。这一年龄的职工的一般年收入约为200万～300万日元。这意味着他们的年收入约相当于职工平均收入的4～5倍。美国职业篮球一般队员的年薪为20万～30万美元。如果考虑到美国总统的年薪为20万美元,一般教授的年薪约为7万美元,那么,美国职业运动员的工资就相当高了。有的俱乐部为了鼓励老运动员,使他们尽量延长运动寿命,还对已婚队员及他们的子女给予优待和补贴。例如西班牙巴伦西亚足球甲级俱乐部,1987—1988年赛季招收运动员时规定月薪未婚队员1 300美元,已婚队员1 400美元,每个孩子月津贴150美元。

其次,拉开差距,突出明星的地位。著名球星是场上的灵魂和核心,他们的出现不但对本队起组织、指挥和稳定军心的作用，对对方起牵制和威慑作用，而且还是吸引观众和赞助及广告，提高球队档次和知名度的法宝。因此，他们成了著名俱乐部的金字招牌，工薪高出一般队员许多倍。例如，日本足球明星三浦知良的年薪高达1.2亿日元，是普通队员的4～6倍。外籍球星济科的年薪更高达2亿日元，是普通队员的7～10倍。美国篮球一般球星年薪约80万美元，著名球星约为100万～120万美元，超级球星迈克尔·乔丹1992年年薪竟高达390万美元，相当于一般队员的13～20倍。

再次，奖金浮动，真正体现多劳多得，立功受奖。上面提到的是运动员的固定年工资，只是运动员年收入的一部分，对许多著名运动员来讲，更是年收入的一小部分。奖金所占比重往往要比工资高。而奖金是严格按照参赛次数、上场时间、比赛胜负和临场表现来划分的。以足球为例，德国联赛通常每胜一场，甲级队每个队员可获5 000马克左右的奖金，乙级队每个队员可获2 000马克左右的奖金。有的国家分得更细。例如，西班牙加的斯足球俱乐部规定，客场胜每人奖950美元，主场胜每人奖650美元，踢平每人奖400美元。此外，每次比赛一般只报15～16名队员，而一个队通常都有18～25名队员。不上场的队员没有奖金。上场队员的奖金也要根据上场时间的长短和表现的好坏而有明显区别。这一竞争机制促使每个运动员无论训练还是比赛，时时刻刻都全身心地投入，保持高度的敬业精神，刻苦训练，认真比赛，竭尽全力提高竞技能力和保持最佳的身体和运动状态。

最后，鼓励运动员通过广告活动提高知名度。如果说上述高额年薪和奖金在很大程度上是运动员的地位和价值在俱乐部内的体现的话，那么，他们的广告收益则是社会对他们的地位和价值的公开承认。运动员的广告价值和运动价值之间有着相辅相成的关系。运动价值是广告价值的基础和前提，运动价值越高，其广告价值也越大。而广告价值不但有利于刺激和促进运动员运动水平和价值的提高，同时也能大大提高运动员及其所在俱乐部的知名度。因此，各个俱乐部都想尽一切办法来为运动员做广告鸣锣开道，牵线搭桥，以期收到扩大影响，提高自身知名度的效果。加上前面已经提到过的体育明星所独具的广告效应，导致一些体育明星的广告价值越来越高，广告收入也像天文数字一样不断猛增。

3. 杜绝“铁饭碗”，坚持优胜劣汰，人才流动

职业运动员的流动在体育界的行话称为转会，这是增强竞争机制，促进运动水平提高的一个有利因素。如前所述，职业体育俱乐部在和职业运动员签订的合同中就明文规定，俱乐部有权随时解除它认为不合适的运动员的合同，或将运动员以高价转让给其他俱乐部。这两者对每个运动员都起巨大的鞭策和激励作用。如解除合同，不但意味着失业，而且背上坏名声，对以后的运动生涯非常不利，这是每个运动员所不愿意发生的事情。而高价转让则意味着身价和名声的提高，各种收入也会跟着增多，这是每个运动员所梦寐以求的事情。这种从正反两方面所起的鞭策和激励作用胜过千言万语，其效果不但显著，而且持久。职业体育的水平之所以那么高，发展速度之所以那么快,其魅力之所以那么大,在很大程度上取决于这种充满竞争的门户开放政策。因而,职业运动员市场成了体育市场的一个重要组成部分。为了维护职业运动员市场的秩序,国际以及各国有关单项运动协会均为运动员转会制定了一些规章制度。例如,国际足联规定,任何一个球员转会到国外去踢球,必须持有本国足协的批准书。其中必须写明运动员是否合同期满,转会费的问题是否已经解决,从哪一天起可以在新的俱乐部效力等。批准书一式两份,一份寄到国际足联备案,另一份寄交所到国家的足协。为了控制职业足球运动员的流动,有的足联对每个职业俱乐部的外籍球员的最高限额还做出规定。

(三) 职业教练员的管理

“名师出高徒”,教练员是运动队训练与比赛的设计者、指导者和指挥者,其水平、能力与态度均和运动队的成绩有着直接而密切的关系。国外在职业队教练员的管理方面有下列几个主要特点。

1. 十分注意教练员的任职资格

随着各个项目运动成绩的不断提高,决定运动成绩的因素日益增多,训练的难度也日益加大,因而对教练员的要求也越来越高。除了要有强烈的事业心,精通某一运动项目,具有这一项目丰富的比赛经验外,还必须掌握先进的理论和方法,具备运动生理学、心理学、生物化学、生物力学、管理学、教育学、社会学和训练学等领域的基础知识,并且融会贯通,创造性地运用到日常训练和比赛中去,才能技高一筹,立于不败之地。因此,过去那种运动员退役后自然直接升任教练员的做法已经落伍。许多国家都明文规定教练员必须拥有相应的学历。例如,美国严格规定,职业运动队的所有教练员必须毕业于指定的 60 所名牌大学(如毕业于其他大学还须在职业教练员指导下实习 1 800 h),并在职业教练员指导下工作 5 年以上,最后还要经过考试(篮球教练员考试时必须回答 3 000 个问题)合格方能予以注册。德国足协规定教练分 4 级:教师级、A 级、B 级和 C 级。教练员必须从 C 级开始,先培训,考试合格并在每一级岗位上工作两年后方能晋升。各级教练的培训和考试分别由下列部门负责:教师级教练由全国足协委托最高体育学府——科隆体育学院培训半年;A 级教练由全国足协负责培训 5～6 周;B 级教练由州级足协负责培训 4 周;C 级教练由地方足协培训 4 周。德国还规定,只有拥有教师级和 A 级证书的教练员方能担任职业队的教练。意大利足球教练分两级,也都必须经过相应的培训。

国外不但普遍重视教练员的任职起始资格,而且还十分强调业务进修。德国足协规定,持证教练员每 3 年必须轮流参加一次为期 20 h 的进修班并考试合格,方能重新予以注册。其他不少国家也有类似的规定。

国外各职业体育俱乐部,在执行这条规定时不很严格。取得某一级别的任职资格后,可低聘但不可高聘,无资格证书一般均不予考虑。荷兰著名足球明星、国家队队长克鲁伊夫退役后,被西班牙巴塞罗那俱乐部聘为教练,因无甲级教练员证书而遭舆论界的非议。由于他的名声太大,后经荷兰和西班牙足协特批并采取变通办法才勉强过关。无独有偶,西德“足球皇帝”贝肯鲍尔开始任国家队教练时,也因没有教师级教练证书而不得不采取以领队的名义代行教练员之职的变通办法来消除社会舆论的压力。

2. 实行合同制

俱乐部和教练员之间普遍实行合同制。合同一方面赋予教练员指挥训练与比赛的全权,其中包括任何时候都可以淘汰他认为不合适的运动员的大权;但同时又对教练员自身的工作和任期目标有严格的规定。每当赛季结束,甚至赛季期间经常有一些不堪重任,不能实现预定目标的教练员被革职。由于职业教练员的工资普遍较高(例如德国足球甲、乙级队教练员的年工资平均分别约为 40 万和 20 万马克,均约超过同级运动员平均工资的 1/3),同时待业的教练员很多(例如德国持有教师级足球教练证书的人约有 800 人,目前每年还以 26 人的速度在递增,而实际受聘执教的只有 120 人左右),所以竞争很激烈。每个教练员无不兢兢业业地勤勉工作。这一机制也是促进职业运动队水平不断提高的一个重要因素。

二、我国职业体育俱乐部的经营管理模式

我国职业体育俱乐部经营管理模式如图 2 - 2 所示,在我国的职业体育俱乐部组织管理结构中,作为最上层领导的国家体育总局与中华全国体育总会是分开的(以足球职业体育俱乐部为例加以说明),但他们的管理对象分别是国家体育项目管理中心和中国体育项目协会。而中国足球运动管理中心与中国足球协会,实际是一种“官员一套班子,分挂两块牌子”的混合机构。所以这时候名为实体的中国足球运动管理中心,已经具备了类似企业的、民间协会及政府派出机构的功能,成了集政府、社会、企

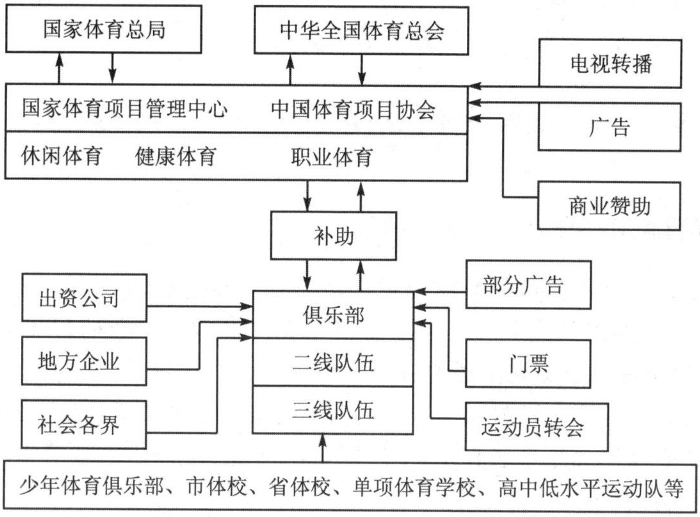

图 2 - 2　我国职业体育俱乐部经营管理模式

业三种功能于一体的特殊产物。它牢牢并直接控制着足球职业俱乐部联赛的三大经济来源:商业赞助、广告、电视转播权出售。并从暗箱操作起步,在遭到各俱乐部强烈反对后,才逐步加大了透明度,但直到目前仍有保留。中国足球运动管理中心目前采用的经营管理模式是中心将收到的各种资金集中后,根据各个俱乐部的实际比赛成绩,作为俱乐部运营补助款项,按等级下拨。另外,中心下放俱乐部拥有一定数量的场地广告经营权,但是这些在比赛场地广告牌的具体数量、位置、规格等与商业有关的主要经营活动,都受到足球运动管理中心严格限制。至于其他资金来源则主要靠各家俱乐部自己努力了。

现在各家职业体育俱乐部,大都实行总经理、总教练负责制。具体分工为总教练负责训练和日常训练的相关管理,总经理负责寻找资金。据调查,我国职业体育俱乐部的总经理们70%以上的精力在为钱奔波,主要是"游击队"的战略战术。因为目前职业俱乐部总经理们50%以上是刚刚"挂靴"不久的运动员,或直接由企业转过来的"出资方代表"。现在虽然有所改变,特别在个人的学历层次上有了很大提高,但对职业体育经营了解得太少。因此,要求他们运用现代经营管理理论是困难的。

我国的职业体育俱乐部,在经济形式或名称上与经济发达国家的职业体育俱乐部几乎没有区别,大多数是以"合资、独资、股份制"申报成立的。但由于我国目前正处于特殊的社会经济发展环境,特殊的市场经济发展时期,特殊的历史变革背景,使职业体育俱乐部大都处于社会主义计划经济体制的延长线上。其中大约50%以上的职业体育俱乐部,实际上是政府与事业、政府与企业(国有企业)、事业与企业(国有企业)形式联办的一种我国特有的职业俱乐部。因而在经营管理中自然地体现了政府意志的痕迹和离开市场法则的运作模式。所以,我国职业体育俱乐部的内部经营管理只停留在如何去获取更多经济利益,还没有上升到把职业体育俱乐部作为一种人类的共同文化,纳入企业或地方、社区活动的整体中去发展。

第三节　职业体育俱乐部无形资产的经营与管理

一、职业体育俱乐部的生产经营特征

职业体育俱乐部作为体育竞赛表演的生产经营性企业,除具有一般企业的共性特征外,还具有区别于其他第三产业,区别于一般文化娱乐企业的特征。

(一) 运动员是俱乐部最重要的资产

资产指可作为生产要素投入生产经营过程中,并能带来经济效益的财产。在体育竞赛表演的娱乐产品生产过程中,生产要素的搭配、组合比例是固定的,否则无法正常进行竞赛活动。

职业体育俱乐部的核心是由一批高水平运动员组成的职业运动队,它的社会效益、经济效益主要来自于职业运动员,没有运动员就没有观众,没有电视转播,更不会

有赞助商。一家职业体育俱乐部可能会拥有充裕的资金、优秀的经营管理人才、设施良好的运动场地等生产要素，但它们都无法替代运动员来比赛。运动员作为俱乐部生产过程的劳动力要素，需要掌握专门的技能，其培养、训练的周期较长。运动员的供给量也不会随着市场价格的变化做出及时调整，即供给弹性很小。而且不管运动员市场的供应量如何之大，处于一流水平的运动员数量近似于常数，总是供不应求的。因为运动员水平是一个相对的概念，在一定的地域范围内，一流水平的运动员永远是极少数人。在国外职业运动员市场常可见一名运动员的转会费高达数百万乃至数千万美元，反映出优秀运动员特有的价值与稀缺程度，也反映出运动员在职业体育俱乐部中的重要地位与作用。一家职业体育俱乐部的价值主要取决于职业队的价值，职业队的价值又源于与俱乐部签署工作合同的运动员。一家职业体育俱乐部可能因一名球星的变迁，使其价值与经营收入出现巨大的起伏。因此，职业队与运动员的管理培养对职业体育俱乐部有着十分重要的意义，俱乐部的工作几乎都围绕着球队、运动员展开，由此产生一系列的活动，如运动员工作合同、运动员工资奖励等福利、运动员转会、运动员管理规章制度、运动员形象的包装与开发、后备人才培养等，目的都在于使这一重要资产得到充分开发利用，使俱乐部资产保值增值。

（二）竞赛水平是俱乐部生存发展的基础

职业体育俱乐部提供的商品是体育竞赛娱乐服务。它的主要成分是运动员在竞赛中高超的运动技能。运动员在比赛中的表现涉及俱乐部产品的质量，它是以运动竞赛为载体的。因此，俱乐部的竞赛水平就成为俱乐部生存发展的基础。

首先，俱乐部竞赛水平与其经营收入相连。从一般意义上讲，俱乐部的经营收入与竞赛活动的层次级别呈正比，即竞赛次数越多，竞赛级别越高，俱乐部的经营收入越多。竞赛水平高的俱乐部不仅有机会参加各种国内外比赛，包括国内外商业性比赛，而且因竞赛活动级别高，对抗激烈，观众踊跃，可获得较高的门票定价与销售额以及理想的电视转播权售价。

其次，俱乐部的竞赛水平与其社会影响相连。俱乐部的竞赛水平高，对观众吸引力大，就容易引起社会的关注，产生较大的社会影响。这将进一步提高俱乐部开拓市场的能力，丰富经营的内容，如广告赞助、运动员转会的市场价值，俱乐部无形资产等方面收益增加。可见，职业体育俱乐部的竞赛水平虽与经济无直接联系，但实质上与俱乐部的经济收益有着十分密切的联系。俱乐部经济收益最佳时期，也往往是俱乐部竞赛水平最高、比赛成绩最好的时期。每家职业体育俱乐部的经营者都将俱乐部的训练竞赛放在重要位置，甚至为改善训练条件、提高竞赛水平不惜一切代价。因为只有俱乐部竞赛水平提高了，俱乐部的知名度才能提高，无形资产才能升值，经营领域才能拓展，经济上的良性循环才能形成。

（三）俱乐部生产经营活动的合作性

运动员高超的运动技能要在激烈的竞争对抗中才能得以充分表现，也正因为体育竞赛紧张激烈给人以刺激、兴奋的享受，竞赛结果的偶然性或不可预测性给人以悬念,赋予了体育竞赛特殊的魅力,将观众吸引到竞赛场上来。体育竞赛不同于表演,自身无法构成对抗,必须有对手的参与,而且彼此水平越接近,对抗越激烈,比赛结果越具有不确定性,对观众的吸引力也越大。体育竞赛的这一特点决定了职业体育俱乐部的生产经营活动不同于其他企业,也有别于文化娱乐企业。一家企业可能独立从事某一产品的生产经营,它所处的垄断地位不仅不影响它的发展,还可以从中获得垄断性利润。职业体育俱乐部则不然,必须由各家俱乐部共同组织起来生产经营一个共同的产品——竞赛。俱乐部在对抗与合作中实现产品的生产经营,要求各俱乐部间建立起协调、合作制约的关系,并解决一系列问题。如竞赛活动的协调就涉及竞赛规则、比赛裁判、竞赛规程和竞赛纪律等。又如各俱乐部利益的维护,涉及参赛俱乐部的条件、竞赛活动的收益分配方法、俱乐部主客场的确定、俱乐部的活动范围、运动员转会制度等。这就形成了职业俱乐部联赛组织及其各俱乐部必须遵守的章程、规定及合约。随着职业体育俱乐部的发展,俱乐部运作的成功越来越依赖于彼此间的合作,越来越需要联赛组织机构的监督、制约和协调作用。如果失去了俱乐部彼此间的合作,俱乐部的生产经营与运作也是不可能成功的。

(四)无形资产的开发利用是俱乐部的主要经营内容

职业体育俱乐部的经营尽管也有类似俱乐部标志性产品等实物型商品经营,但主要经营内容是俱乐部的无形资产。无形资产没有实物形态,却又依托于一定的实体。“它指特定主体控制的,不具有独立实体,对生产经营与服务能持续发展作用并能带来经济利益的一切经济资源。”职业体育俱乐部的无形资产涉及俱乐部冠名权、电视转播权、场地、队服、球星的广告开发权以及俱乐部标志物的使用权等。即使是俱乐部实物产品、门票销售也与俱乐部无形资产有联系。实物产品由于附着了俱乐部的社会知名度,提高了市场品位及市场竞争力,因而也获得了超出实际价值的附加值。体育竞赛也同其他文化、服务商品一样,生产过程与结果的同时性以及生产与消费的不可分性,使消费者在消费前难以准确判断商品的质量,他们来看比赛是出于俱乐部良好的“商誉”,是出于对俱乐部与球星的关注、信任和爱戴,是受俱乐部社会形象、声誉的驱使。俱乐部无形资产的实质就是俱乐部的社会形象与声誉。现代职业体育俱乐部已不再局限于主场门票的经营,而更加关注与包括媒体在内的社会各界建立广泛联系,树立俱乐部品牌形象,构建球迷对俱乐部的归属感。职业体育俱乐部无形资产的高低,是以市场需要为基础来判断的。俱乐部社会形象越好,社会知名度越高,无形资产的市场价值也越高。绝大多数职业体育俱乐部的无形资产开发利用的获利远远超过其他收入,反映出俱乐部经营的一个显著特点,那就是不断提高俱乐部无形资产的开发与利用程度。

上述对现代职业体育俱乐部本质与特征的分析讨论,有助于我们深入地理解与认识这一事物。我们认为,作为与现代市场经济相适应的现代职业体育俱乐部应具备以下基本要素:一是将以体育竞赛为载体的体育文化娱乐服务作为商品进行生产经营;二是将营利作为发展的重要目标;三是拥有必要的资产或经费的法人实体;四是有一整套与现代职业体育发展规律、市场经济规律相适应的组织管理制度。建立与完善中国职业体育俱乐部的运行机制,必须着力构建这些基本要素。应该指出,职业体育俱乐部是一个历史的概念,它作为职业体育的一种是与社会政治、经济、文化以及体育功能的变化发展同步的。现代职业体育俱乐部已远非100多年前的面目了,它在市场经济的激烈竞争中不断完善自身机能。随着社会的发展进步,市场经济的不断完善,职业体育俱乐部的发展变化仍将继续。

(五)媒体对职业体育俱乐部经营的制约作用尤其显著

在现代社会,无论何种企业都应与媒体保持密切的沟通关系。这一点已经被越来越多的企业所认识。但是就其重要性而言,职业体育俱乐部作为体育文化企业,在这方面有着更高的要求。这是因为,职业体育俱乐部的训练竞赛活动需要有媒体不间断的报道,而职业体育俱乐部在媒体上的曝光频率和时间,又在很大程度上决定了俱乐部无形资产的市场价值。所以,对职业体育俱乐部的经营管理者来说,任何时候都不能与媒体为敌,而应致力不断改善与媒体的关系。目前,国际职业体育的发展趋势之一,就是职业体育俱乐部与媒体的互动关系越来越强,媒体与俱乐部合作经营越来越普遍,媒体大王收购著名俱乐部的动议或消息也不断出现。面对变动的新形势,职业体育俱乐部必须顺应潮流,主动与媒体建立起互利双赢的战略伙伴关系。

(六)中介机构的代理经营在职业体育俱乐部经营活动中占有重要地位

一般企业在经营活动中寻求中介机构代理经营的需求,尽管存在但并不强烈,自营还是一般企业经营活动的主要方式。但是,职业体育俱乐部的经营,尤其是围绕无形资产开发、球员转会、商业性赛事运作以及网络商机的策划等项商务活动,不仅专业性和时效性强、把握开发时机的要求高,而且还存在高收益与高风险并存的特点,因此,俱乐部除常规经营活动可以自己经营外,重大商务活动的运作和新兴业务的开发,一般都需要选择高水平中介机构来代理经营。因为代理的收益要远远高于自营的收益,与代理的收益相比代理成本的支出就变得微不足道。管理有序、经营有方的职业俱乐部一般都是善于选择中介机构以达成最佳赢利目标的俱乐部。学会委托、善于委托是职业体育俱乐部成功经营的制胜之道,也是区别于一般企业经营的重要特点。对此,职业体育俱乐部的经营管理者应有足够的认识。

二、无形资产的经营

无形资产的经营主要包括:俱乐部冠名权、电视转播权、场地、队服、球星的广告开发权以及俱乐部标志物的使用权。

(一)冠名权经营

冠名权经营是我国职业体育俱乐部经营内容中最主要的一项。目前,我国各项目职业俱乐部冠名权转让收入一般都占俱乐部经营收入的一半以上,其中甲A各足球俱乐部冠名权转让收入约在1 000万~2 000万元之间,甲A男篮各俱乐部冠名权转让收入约在200万~800万元之间,排球职业俱乐部的冠名权转让收入约在100万~

500万元之间。另外,甲A足球俱乐部除开发俱乐部冠名权之外,还进一步开发了城市冠名和球队冠名。冠名权经营实际上就是职业俱乐部寻找冠名赞助商的过程,它的开发过程和经营技巧与体育组织寻求赞助商的过程及运作技巧基本相同。但是,应指出的是,在我国职业体育刚刚起步阶段,冠名赞助商的开发除了要考虑经济因素,按市场规律办事之外,还要考虑运用非市场因素,尤其是要注意发挥当地政府在选择目标赞助商中的牵线搭桥作用。这一点尽管不规范,但是在转型期却十分有效。对那些市场化程度相对较低的项目俱乐部来说,在职业化初期学会利用政府力量来达成冠名权转让的经营目标尤为重要。

(二)转播权经营

体育活动,尤其是体育赛事的转播权经营是体育产业开发的重要内容。体育活动转播权包括广播电台转播权、电视转播权和网上转播权。由于电视在当前的媒体中居主导地位,因此人们谈体育赛事转播权,主要是指电视转播权。电视转播体育赛事最早出现在1936年的柏林奥运会。1948年BBC为拍摄伦敦奥运会而付费,标志着电视转播权商业化经营的开始。1968年墨西哥奥运会组委会获得400万美元的电视转播收入拉开了重大赛事电视转播权大规模市场开发的序幕,而国际奥委会第一次从组委会手中接受15万美元的电视转播合同收益的"捐助",意味着体育组织开始从转播权无形资产开发中获益。国际奥委会从1972年慕尼黑奥运会开始主动参与电视转播权的商业开发,之后奥运会电视转播权销售收入开始呈现几何级数的增长(见表2-1)。

表2-1　奥运会电视转播权销售收入情况

亿美元

时间	届次	收入	递增率/%
1972	20	0.18	—
1976	21	0.23	28
1980	22	0.87	278
1984	23	3.6	314
1988	24	4.01	11
1992	25	6.4	59
1996	26	7.0	9
2000	27	16	73

我国大型赛事电视转播权的商业开发始于1990年的北京亚运会。1993年国家体委曾筹备成立"中国体育电视台",由于受国家政策限制,最后未能实现,但国家体委的申办工作却促成了中央电视台增设第五频道——体育频道。1994年我国开始了足球职业化的试点,中国足协与中央电视台签订了1994—1998年的甲A联赛电视转播合同,中央电视台体育频道首次用广告时段对体育组织电视转播权给予补偿,

即中央台转播每场比赛均给中国足协 2 min 广告时段。但是，由于体育组织广告销售既无渠道，又无专业人员和销售经验，因此效益极差。1998 年中国足协开发从中央电视台获得的广告时段，年收入只有 50 万元，只相当于中央电视台转播一场甲 A 比赛获得的广告收入。同期，一些地方足球俱乐部也开始了面向地方电视台的销售尝试。

1996 年中央电视台主动出击，与中国乒乓球协会联手举办了“乒乓球电视擂台赛”。该项赛事由双方无偿投入各自的资源，赛后效益共享。此项赛事因符合合作双方共同的利益，展示了旺盛的生命力，开创了体育组织与电视媒体互利双赢的局面。目前，“羽毛球电视擂台赛”也按这种方式运作。1997 年中央电视台以每播 1 h 体育节目补偿 1 min 广告时段的方式，支付第 8 届全国运动会组委会电视转播费。上海组委会全力运作，取得了较好的经济效益。

1998 年在成都举办的“女飞人大赛”，是目前国内赛事电视转播权商业化运作程度最高、最成功的一例。该项赛事的组委会(受中国田径协会委托)以 60 万元价格将赛事电视转播权出售给四川电视台。四川电视台因此项赛事获得四川沱牌曲酒 80 万元赞助，同时，又将其买断的转播权以 10 万元的价格分别卖给国内 11 家电视台，实现了 12 家电视台联播的局面。此外，四川台还向另外十几家电视台出售场地证(每家 1 万元，中央电视台由组委会代交)。从上述开发中，四川台不仅进行实况转播，还获得了 100 多万元的收入。

1998 年 4 月国家体委经过周密的论证和调研，批准所属的中体产业股份有限公司与中国教育电视台合作，成立了“中体影视有限公司”。成立该公司的目的在于，利用教育台的频道资源，制作、传播体育节目(含转播大型赛事)，形成一个竞争性市场。尽管由于多种原因，这种效益目前还没有完全显现，但随着主客观条件的改善，这一举措的战略意义将会被越来越多的人所认识。

1999 年在国家体育总局的指导下，中国足协就 1999 年足球甲 A 联赛电视转播权的销售进行了改革，采取了新的签约方式——“分割销售”。所谓“分割销售”，是指根据媒体的不同性质(有线转播权、无线转播权和卫星转播权)和不同地域(全国性转播权和地方性转播权)进行分别销售。经过运作，全国性转播权由中央电视台和中国教育电视台购买，卫视转播权由香港卫视购买，地方有线、无线转播权由各地方俱乐部与地方电视台协议销售。经过改革，甲 A 足球联赛的电视转播权的市场价值有了显著提升，仅上海一地的销售，协议金额就高达150 万元。

根据我国职业体育的现状，职业体育俱乐部的经营管理者应该高度重视转播权的经营开发。首先，要切实转变观念，真正把电视转播权看做是一种商品，是俱乐部无形资产商业开发的重要内容，并设置专门机构和专业人员来负责此项业务的开发。其次，要做好主场赛事转播权这一特殊商品的营销工作。要根据地方电视台的实际需要，系统包装主场赛事，树立主场赛事的品牌形象，创造性地策划卖点，提高转播权的市场价值。再次，要对主场赛事转播权的价格进行科学评估，提出合理交易价格。

俱乐部主场赛事的电视转播权价格主要应从六个方面进行评估：一是主场赛事对当地政府、企业和观众的实际影响力；二是现场观众上座率和电视观众收看率的测算；三是购买方(电视台)获益情况的测算；四是了解其他俱乐部电视转播权销售价格；五是买方实际的经济实力；六是当地政府对买方的影响力。尽管俱乐部主场电视转播权最后的市场销售价格不以俱乐部测算的结果为准，但是，科学的价格评估，对交易谈判中争取主动权，达成尽可能高的交易价格至关重要。最后，要做好售后服务工作，为购买方(电视台)实现转播权的市场价值提供力所能及的帮助，树立良好的形象和声誉，与电视台建立长期的互利合作关系。

近年来，随着国际互联网迅猛发展，上网人数剧增，大企业、大公司纷纷“触网”，设立网站、注册网页，开展自己的电子商务。一些网络公司也开始注视体育产业，尝试着在体育市场上掘金。职业体育俱乐部的经营管理者要有前瞻意识，做好主场赛事网上直播权销售的前期策划和准备工作，力争早日实现网上直播权的市场销售，拓展俱乐部的财源。

(三) 广告经营

体育广告有很多种，如赛场广告牌(含广告横幅、广告旗和广告气球等)、比赛服装(含器材)广告、门票广告、体育电视片广告和赛场实物广告等。其中应用较多、效果较好的是赛场广告牌和比赛服装广告两种。由于这两种广告载体分别处于赛场背景和运动员身上显著位置，无论是现场观看还是电视转播时重复出现率均很高，广告效益最为明显。当然，这两种广告形式的费用也最高。

大型国际比赛的场地广告牌，一般都由著名的跨国公司所垄断。1986 年墨西哥第 13 届世界杯足球赛的场地广告客户共 12 家，总共 8 个比赛场地，每个场地若竖两个广告牌收费 700 万美元，若竖 4 个广告牌则收费 1 000 万美元。而到 1994 年美国第 15 届足球世界杯时，这类一级广告客户的费用已增至 1 700 万～2 000 万美元。大大小小的公司为买广告权共耗资 5 亿美元。日本读卖职业足球俱乐部队队员服装胸前广告(300 cm^2)为可口可乐公司所做，年度广告费为 300 万美元；衣袖广告(30 cm^2)为麦当劳公司所做，年度广告费为 100 万美元。

这类广告的效果也很惊人。原西德普马运动服装、器材公司，抓住名不见经传的 16 岁小伙子贝克尔使用该公司球拍荣获 1985 年温布尔登国际网球大赛冠军的机会大做广告，使全国顿时煽起了一个普马网球拍热。该公司的网球拍年产量，仅仅一年的功夫就由 1.5 万把上升到 7 万把，1987 年时更猛增到 28 万把左右。每把球拍的售价也从 199 马克上升为 349 马克。由于球拍上印有贝克尔的签名，他可分红 30%，仅此一项他一年就可分到 260 万马克，当然普马公司赚的钱就更多。

目前，重大体育比赛时都有两个战场：一个是在场上，运动员们为夺取更好成绩和名次而不遗余力地拼搏。另一个是在场下和幕后，为的是争夺体育广告权，其紧张、剧烈、错综复杂和刺刀见红的程度与场上运动员相比有过之而无不及。足球王国巴西，1994 年世界杯足球赛前上演的一出体育广告争夺战就非常耐人寻味。

赛前，巴西两家主要体育电视台转播世界杯赛时的广告时间，已分别被南极洲和大地两家啤酒公司出巨资捷足先登。而该国销售量第一的布拉马啤酒公司却受到冷落。该公司不甘失败，于是以 2 500 万美元的代价，委托该国广告业巨擘菲希尔来创造一个别开生面的世界杯宣传攻势来压倒对方。菲希尔长袖善舞，充分发挥他的广告才赋，利用足球比赛的特点，精心策划，导演了一出令人拍案叫绝的活广告剧。

首先，他利用布拉马公司沿用了多年的“第一”口号，通过各种媒体大肆宣传“第一号的啤酒与实力排第一的巴西国家足球队相得益彰”的主题。然后，他设计了一个向上伸出食指的拳头作为布拉马的标志到处张贴和散发，大肆宣传。同时他还推出一首名为“第一”的广告歌曲到处播放，其中有一句为“射球入网，满足人们对进球的‘渴’望”，巧妙地把人们对国家队的期望和啤酒联系起来。经过反复宣传，使“第一”和竖起食指的拳头成了家喻户晓的布拉马啤酒的象征。当巴西队和阿根廷队举行热身赛时，菲希尔首次公开亮相他的杰作。他买下大量门票，并让 3 000 名巴西球迷清一色穿上巴西国家队传统的黄、绿两色球衣，上面都印着竖起食指的图形，分批集中地坐在观众席显眼的位置，形成若干个小气候。此外，他还向观众印发 10 万张宣传品，悬挂大批横幅、旗帜和 10 m 高的气球，上面也都印有十分醒目的特殊标志。菲希尔同时还雇佣了 6 支 20 人的乐队，分布在看台上不断演奏“第一”之歌。只要电视镜头一转到看台上，到处都能形声并茂地看到和听到布拉马的广告。尤其令布拉马公司和菲希尔本人大喜过望的是，当巴西名将贝贝托射入一球后，他竟情不自禁地竖起了食指向欢呼的观众致意，这时场上场下的一片沸腾，到处都可看到竖起的食指，听到“第一”的歌声……

但是，“南极洲”和“大地”亦非等闲之辈，它们强令电视台采取防范措施，消除“布拉马”的影响。于是这两家电视台绞尽脑汁最后共同商定了一项回避对策，即在世界杯比赛期间，电视台另置摄像机。每当转播到美国 ABC 电视台提供的讯号中有着“第一”服装的巴西球迷出现时，便立即切入其他画面。不料此举反而弄巧成拙，恰恰又给“布拉马”和菲希尔提供了新的攻击口实：巴西足球只有在让巴西球迷亮相时才能有生气。这种无视、冷落、甚至害怕本国球迷的做法，在广大球迷和观众中所引起的逆反心理，却从另一个角度助长了菲希尔为“布拉马”所设计的活广告的始料未及的效果。

然而，在我国职业体育俱乐部的广告特许经营权只是部分的经营权，如场地广告经营权相当一部分由国家单项协会或项目管理中心来统一经营，俱乐部只能从中分享少部分收入。因此，目前我国各职业俱乐部广告特许经营权的收益占俱乐部总收入的比重不大。但是，尽管如此，俱乐部广告特许权的经营仍是一项十分重要的商业资源，切不可轻视。广告特许权经营既可以由俱乐部的市场开发部来自营，也可以交由中介机构（体育经纪公司、广告公司）来代理经营。然而无论是自营还是委托，作为俱乐部的经营管理者来说，都应了解本俱乐部广告特许权的市场需求、市场价值、营销方式和定价策略，并善于根据潜在客户的需求来分类包装广告特许权产品，使俱乐部广告特许权产品多元化和系列化,以适应企业客户多样化的购买需求。同时,俱乐部还应在履约上下工夫,确保广告赞助商各项权益的落实,并做好与主要赞助商的沟通工作,力争与赞助商建立长期合作的伙伴关系。

(四) 球迷产品经营

球迷产品经营是指俱乐部为引导球迷形成对俱乐部的归属感而向球迷提供的产品和服务。它既包括俱乐部标志产品的生产(一般是由获得俱乐部授权的企业来生产)和经营,如队服、鞋帽、围巾、纪念品和球星卡等,也包括会员(球迷)俱乐部、各类主题餐厅、酒吧、咖啡屋以及训练营观摩等服务性产品的生产和经营。

球迷产品的经营,首先是拓展俱乐部财源的一个重要渠道。它的经营领域十分宽广,潜在的市场价值十分可观。俱乐部切不可轻视,而应在新产品开发和营销手段创新两方面花大力气。目前,国内部分职业体育俱乐部已经在这一方面有所作为。例如,辽宁足球俱乐部有限公司与辽宁省邮电管理局签订了一份协议。根据该协议,由上赛季11名辽宁抚顺队主力队员和全家福组成的一套12张的辽宁足球球星"200"电话卡全年预计生产100万张。这套面值分别为30元和50元的电话卡既有实用价值,又有收藏价值,市场调查表明,此卡深受广大球迷的喜爱。这就是典型的球迷产品创新的案例,通过这种创新,辽宁足球俱乐部开辟了新财源,取得了很好的经济效益。

其次,球迷产品的经营也是树立俱乐部品牌形象和引导球迷形成对俱乐部归属感的需要。在职业体育产业中,俱乐部本身就是一个品牌,俱乐部的经营管理者应有策划和包装俱乐部品牌的意识,而任何一个品牌都是由一系列的标志组成的。如可口可乐作为一个世界最知名的品牌,它是由红白相间的广告图案、红色卡车、自动售货机、喷泉式饮料机、零售商招牌、红色太阳帽和T恤衫等一系列标志组成的,人们看到其中任何一个标志就想到可口可乐这一品牌。设计、生产、经营球迷系列产品,目的也在于此。同时,球迷对俱乐部的归属感也需要有标志物来显示和强化。欧洲各大职业足球俱乐部都为本俱乐部的球迷生产一系列印有俱乐部特殊标志的产品,而球迷看球时也总是佩戴着这些标志产品,以示对俱乐部的归属和支持。所以,搞好球迷产品的生产和经营活动,是职业体育俱乐部整体经营中的重要环节,具有战略意义。一句话,没有品牌形象的职业体育俱乐部永远不可能成为一流的俱乐部,球迷对俱乐部没有归属感的俱乐部必将是失去成长性的俱乐部。

(五) 俱乐部标志物的使用权的经营

俱乐部标志物的使用权是指向经济部门出售职业体育俱乐部的名称、会徽以及职业队联赛或其他重大比赛的名称、标志、吉祥物的使用权和"指定产品"名称权,以及带有这些标志的纪念币和各种纪念品的生产经营权,以此来为商品做广告,提高商品的知名度和销售量。由于一些重大比赛是人们向往已久的盛大节日,同时也具有纪念意义,人们为了赶时髦装扮一点节日气氛,或者为日后留下一些纪念品,因此也爱屋及乌,顺便买些带有比赛名称和标志的纪念章、纪念币、短袖衫、遮阳帽、打火机、钥匙链和手提包之类的纪念品，因而使得这些产品非常畅销，能吸引许多广告客户。这类广告的客户由于不受数量的限制，任何企业均可参加，因此涉及面广，广告费用虽然不像其他几种广告形式那样高，但积少成多，总收入也不少。美国职业篮协、棒协和美式足协则采取自己垄断某些小纪念品的产销的方式，每年分别投资 15 亿、20 亿和 25 亿美元，均可从中获纯利 10%左右。日本职业足联将此类专利权交由索尼创意公司代理，每年可带来 1 000 余万美元的纯收入。

第四节　职业体育俱乐部的注册与运动员转会

各个国家对职业运动员的注册与转会规定大同小异。以足球为例介绍其注册与转会的大体程序。

一、注　册

中国足球职业化起步时，中国足协便制定了有关文件，使得足球工作有章可循。注册是一项重要、细致、政策性很强的工作，它直接影响各俱乐部、教练员、运动员、裁判员的参与比赛资格。中国足协要求各省市、自治区、直辖市体委、足协、行业体协、总政文化部体育局，必须成立注册领导小组或工作班子，由协会主要领导人负责抓紧、抓好此项工作。

（一）俱乐部注册

1. 注册要求

职业或半职业队的俱乐部在中国足协注册，业余队俱乐部在所在地会员协会注册，办法如下：

(1) 填报“俱乐部注册表”一式三份，寄至中国足协或会员协会。

(2) 中国足协或会员协会批复一份，并发给注册证明书。在中国足协注册者，注册表一份存档、一份送会员协会备案。在会员协会注册者，一份存档、一份送中国足协备案。

(3) 注册俱乐部按期交纳会费。

2. 注册规定

(1) 足球俱乐部应是具有独立法人资格的经济实体或相对独立法人资格的事业实体。

(2) 足球俱乐部应依照《中国足球协会俱乐部章程》成立，并建有相应的组织管理机构，依章开展活动。

(3) 各类足球俱乐部必须具有符合《中国足球协会俱乐部章程》要求的物质条件。

(4) 足球俱乐部必须建有代表队和后备梯队。

(5) 足球俱乐部实行聘任制，必须与管理人员、教练员、运动员、工作人员签订工作合同。

(6) 足球俱乐部应为教练员、运动员、工作人员提供保险。

(7) 足球俱乐部可以在比赛中获得分成。

(8) 足球俱乐部实行会员制,可以吸收会员。各俱乐部吸收的会员将自然成为中国足球协会俱乐部会员。

3. 注册时间

每年一次。具体按中国足协通知办理。

(二) 教练员注册

1. 注册要求

专职教练员在中国足协注册,兼职教练员在会员协会注册。

教练员注册可由俱乐部统一办理,也可由体委代办,或教练员个人申办,办法如下:

(1) 专职教练员填报“教练员注册表”一式三份寄至中国足协。兼职教练员填报“教练员注册表”一式三份,寄至所在地会员协会。除填表外须另附一寸照片一张。

(2) 专职教练员由中国足协批复一份,留档一份,送会员协会备案一份。并发给教练员证。

兼职教练员由会员协会批复一份,留档一份,送中国足协一份(可以是复制件)。并由中国足协发给教练员证。

(3) 按规定交纳注册费。

2. 注册规定

(1) 执教职业队和半职业队的教练员必须满足以下条件:主教练员有高级教练员岗位培训合格证书,助理教练员有中级以上的教练员岗位培训合格证书,外籍教练员有其本国执教职业或甲级队的教练员证书。

(2) 外籍教练员必须有所在国足协允许其在国外执教的证明。

(3) 并非:

① 在中国足球协会停止教练工作期间内。

② 与俱乐部有争议尚未结案。

③ 与另一家俱乐部合同尚未解除的教练员。

(4) 具有县、市级以上的医院或俱乐部指定医院所出示的身体健康状况的体检合格证明。

执教职业或半职业队的教练员应当在敬业态度、为人师表、乐于探索、逻辑思维能力、训练方法知识、训练与比赛原则知识以及激发动机能力方面有一定的素养并有不断改善的执着追求。

3. 注册时间

每年一次。具体按中国足协通知办理。

（三）运动员注册

1. 注册要求

对各级运动员按年度实行分级注册，并颁发比赛许可证。运动员注册以俱乐部为单位在所在地会员协会注册。

(1) 填报“运动员注册表”一式四份，寄至所在地会员协会。除注册表贴照片外另附一张一寸免冠照片。

(2) 属于职业或半职业运动员者，会员协会将注册表一份存档，三份寄至中国足协。中国足协批复后，一份存档、两份退回会员协会(其中一份转俱乐部)。并发给运动员会员证。

属于业余运动员者，由会员协会批复，寄一份至中国足协存档，并由中国足协发给运动员会员证。

(3) 按规定交纳注册费。

2. 注册规定

(1) 运动员注册和领取比赛许可证，可同时进行，亦可分别进行。

办理比赛许可证的截止时间是该项比赛开始前两个月，许可证有效期限与注册有效期相同。

比赛许可证由主办比赛的协会核发，其中职业或半职业运动员的比赛许可证，由中国足协与法人代表签订比赛许可证合同的基础上办理，业余运动员比赛许可证由比赛主办协会办理，持高一级比赛许可证者可参加此级别以下的比赛。但须符合年龄规定。

(2) 运动员注册时应了解注册的有关条例和规定，由本人字迹工整地逐项填写四份注册表并签名(未成年队员可由父母或监护人代签)，同时应有俱乐部负责人的签名。注册表涂改无效。比赛许可证丢失者必须申报补发。

(3) 注册种类分为：职业或半职业运动员，业余运动员，俱乐部受训运动员，俱乐部少年候补运动员。

(4) 职业或半职业运动员系指与俱乐部签订职业或半职业工作合同的运动员，因此注册时应交验与俱乐部签订的合同书。

业余运动员系指未签订合同的运动员。该运动员注册时应交验俱乐部运动员会员证。

俱乐部受训队员系指与俱乐部签订试训合同的运动员，注册时应交验试训合同书。

俱乐部少年候补队员系指在俱乐部接受系统训练，并被俱乐部选定为培养对象，签订少年候补队员合同者，注册时应交验少年候补队员合同书。

(5) 运动员注册和获得比赛许可证后，在注册协会管理范围内，可代表某一俱乐部，在任何地区和范围内参加相应的比赛，亦可加入由省级协会组织的省临时代表队参赛。超越注册协会管理范围者，必须办理转会手续和重新注册，尔后方可代表新协会管理范围内的某一俱乐部参赛。在同一协会范围内的转会,不需重新注册。但新年度注册时应申明原先注册情况,并呈交转会证明。会员协会也应对俱乐部转会费的支付情况进行核查。

本条规定因运动员身份和资格问题发生争执时,可上报中国足协裁决。

(6) 一名运动员在同一时期内只能作为一家俱乐部的会员在一个协会注册。如果发生作为两家俱乐部会员或在两个协会注册情况,第二次注册自动无效。

(7) 未经注册的运动员不能转会。运动员被俱乐部除名或因伤残而除名,一旦被注册协会确认后,即不再有注册资格。除非经注册协会确认处罚结束或经医院正式确诊伤病痊愈。

(8) 任一运动员没有注册和领取比赛许可证参加比赛,该俱乐部将受到联赛扣分或经济上的惩罚,该运动员也将受到经济上或停止足球运动1～3年的制裁。

(9) 任何通过欺诈等不正当手段获得注册和比赛许可证的单位和个人,或利用职权滥发注册和比赛许可证的单位和个人,都将视情况受到经济、行政或工作上的严厉处罚。

(10) 凡注册的运动员必须服从中国足协组建各级国家队的调遣。如有违反,将视情况给予运动员或该俱乐部停赛或吊销许可证的处分。

(11) 各个级别男运动员注册时应符合下列年龄规定:

① 职业、半职业和成年业余队:到协会注册之日年满18岁。

② 青年队:到协会注册之日年满16岁。

③ 少年队:到协会注册之日年满14岁。

④ 儿童队:到协会注册之日年满10岁。

(12) 各个级别女运动员注册时应符合下列年龄规定:

① 成年队:到协会注册之日年满16岁。

② 青年队:到协会注册之日年满14岁。

③ 少年队:到协会注册之日年满12岁。

④ 儿童队:到协会注册之日年满10岁。

(13) 各个级别男女运动员注册时应有年龄证明。不符合规定年龄者,不准参加该项正式比赛。

(14) 外籍运动员注册和领取比赛许可证均按上述有关规定办理,但必须持有国际足联印制、该运动员所属国家协会负责人签署的转会证明。转会证明由俱乐部保存,其影印件交注册协会和中国足协存档。

(15) 每一年度或每一赛季,一家俱乐部注册的外籍运动员不得超过3人,上场比赛不得超过3人。

(16) 注册表格和比赛许可证上应贴有运动员本人近照,由协会盖钢印或印章后生效。

(17) 比赛许可证丢失或损坏、俱乐部或运动员级别发生变化者,必须更换新的比赛许可证。

(18) 职业或半职业运动员注册费 60%上缴中国足协，业余运动员注册费 20%上缴中国足协，其余列入注册协会财政收入。

(19) 具体规定的解释权属中国足球协会。

(四) 裁判员注册

1. 注册要求

(1) 执行中国足协裁判委员会关于裁判员注册管理办法的规定。

(2) 按规定交纳注册费。

2. 注册规定

(1) 中国足协裁判委员会及其地方裁委会将依照注册程序和管辖范围，对各级足球裁判员按年度实行分级注册管理。

① 国际裁判员、国际助理裁判员、国家级裁判员、国家级助理裁判员在中国足协裁委会注册，并在地方裁委会备案。

② 国家一级以下(含一级)裁判员在地方裁委会注册，并在中国足协裁委会备案。

(2) 各级足球裁判员必须属于某一地方裁委会，并由地方裁委会统一办理注册。中国足协裁委会不办理个人注册。

(3) 一名裁判员只能代表一个地方裁委会进行注册。

(4) 裁判员注册的年龄规定：国际级裁判员、国际级助理裁判员、国家级裁判员、国家级助理裁判员均为 45 岁以下。

(5) 裁判员注册时应了解注册的有关规定，由本人字迹工整地逐项填写两份注册表并签名，同时应有地方裁委会负责人的签名和盖有地方足球协会(或体委、行业体协、直属体院)的印章，注册表涂改后无效。

(6) 在地方裁委会办理注册登记后，应将每人一份注册表寄至中国足协裁委会，另一份存档。中国足协裁委会在收到注册表后，应通知地方裁委会注册生效，如发生不符注册规定时，将退回注册表，此注册无效。

(7) 各地方裁委会在向中国足协裁委会办理裁判员注册时，必须上交一份上一年度裁判工作总结和下一年度工作计划。不交者，将不予办理注册。

(8) 中国足协裁委会将对注册的国家级裁判员、国家级助理裁判员颁发证书、手册和胸徽。其他级别的裁判员证书和手册由地方裁委会颁发。

(9) 中国足协裁委会及地方裁委会对注册的各级裁判员进行管理。

① 只有经过正式注册和持有裁判证书及手册的各级裁判员，才有获得参加中国足协及会员协会举办的任何足球比赛裁判工作的资格。

② 国家一级以上(含一级)裁判员、助理裁判员除参加中国足协裁委会指派的比赛外，将由中国足协裁委会委托地方裁委会对其进行管理。

③ 中国足协裁委会和地方裁委会对各级裁判员的管理应包括：

a. 指派参加比赛的裁判工作。

b. 裁判业务、理论、英语、体能的培训和考核。

c. 组织思想教育和职业道德的学习。

④ 中国足协主办的全国各级正式足球比赛、商业性比赛以及会员协会、会员俱乐部主办的双边以上商业性比赛的裁判员由中国足协裁委会统一选派。

(10) 凡经注册的各级裁判员必须遵守中国足协及其会员协会举办的各级足球比赛的各项规定和中国足协裁委会制定的有关规定,如有违反,将视情节给予以下处罚:

① 通报批评。

② 停止数场执法工作的资格。

③ 降级。

④ 停止终身执法工作的资格。

(11) 本规定的解释权属中国足协裁委会。

3. 注册时间

每年一次,具体按中国足协裁委会通知办。裁判员的注册手续由其所在地方裁委会办理,注册表由中国足协裁委会统一制作。

二、转　会

职业足球中,足球运动员转会是正常的、合理的行为。在中国足协管理范围内,足球运动员转会必须遵守和执行中国足协制定的运动员转会细则。本着平等互利,有利于足球事业发展,有利于调动运动员积极性的原则,保障运动员从事足球运动的各项权利,运动员亦应尽其义务。

(一) 国内转会

1. 转会的条件与运转

(1) 凡在中国足球协会及其会员协会注册的运动员,可以申请转会。俱乐部也可以根据需要申报。

(2) 从注册之日起,即可提出转会申请或申报。转会申请必须由运动员本人提出,转会申报由俱乐部提出,申请或申报均不得经过中间人提出,否则无效。

(3) 中国足球协会在接到转会申请和申报后,将运动员列入公布的转会名单,只有列入转会名单的运动员才可以转会。必要时可以增加公布转会名单的次数。

(4) 转会的申请书可向中国足球协会索取,或按中国足球协会下发的样本复制。申请书须逐项如实填写,凡不如实填写者,申请书作废。

(5) 凡转会运动员,需中介机构参与,具体事宜办妥后,报中国足协批准,公布转会名单。

(6)符合下列条件之一者可以申请列入转会名单:

① 与原属俱乐部合同期满或两个月后合同将满的运动员。

② 在青少年队超龄,而原培养单位没有职业或半职业队的运动员。

③ 原培养单位同意转会的运动员。

④ 所定合同以正当理由终止的运动员(如,俱乐部同意或俱乐部违约)。

⑤ 由于俱乐部解散(不含俱乐部更名)而不能参加比赛的运动员。

(7) 属于下列情况之一者不得列入转会名单:

① 经中国足球协会核准,原俱乐部除名后未恢复参赛资格的运动员。

② 在中国足球协会处罚期内的运动员。

③ 在原培养俱乐部(含体工队转为俱乐部)成年队未满 26 岁,而俱乐部不同意转会的球员。

④ 合同期未满,原俱乐部不同意转会的运动员。

⑤ 在甲级队联赛中当年降级(组),而俱乐部不同意转会的运动员。

⑥ 未在中国足球协会及其会员协会注册的运动员。

(8) 30 个月以上未参加任何俱乐部比赛或从来不隶属任何俱乐部的球员应在所属地区足球协会注册为"自由人",否则将不能转会并代表任何俱乐部参赛。

(9) 申请和申报列入转会名单:

① 合同期满并在一个月前已书面通知所属俱乐部要求转会的运动员,或在合同期满一个月前已得到俱乐部书面通知不再续约的球员,可以向中国足球协会提出申请,中国足球协会在核实情况后,将该队员列入转会名单。

② 俱乐部有责任将符合转会条件的运动员名单,或俱乐部愿转出的运动员名单按时向中国足球协会申报,中国足球协会将此列入转会名单。

③ 列入转会名单并不意味着球员必须转会,原俱乐部有权优先与运动员协商新的工作合同,新的工作合同应在名单公布后 7 日之内签订,此时可以撤出转会名单。7 日之后,球员自然进入转会程序。俱乐部对球员转会资格有异议,也必须在公布转会名单后 7 日之内提出,过期中国足球协会不予受理。

④ 永久转会的球员,首次合同期满时,如俱乐部要求续约,在俱乐部不违反原合同的情况下,球员应至少续签一年合同。

⑤ 注册为"自由人"的球员应由注册协会为其申报转会,球员本人也可以申请转会。

⑥ 转会名单可以随时向中国足球协会申报。每年 12 月 14 日 24 点,申请转会截止。12 月 15 日公布转出名单,12 月 23、24 日确定转入名单,12 月 28 日前俱乐部双方签订转会协议,并办理工作合同及注册事宜。

⑦ 17 岁以下(含 17 岁)队员流动不受转会时间限制,但必须转会手续齐备、转会(或输送)协议符合规定并将转会证明报中国足球协会备案。凡年满 18 周岁的球员要求转会,若准备转入甲、乙级队,必须上报并进入公布的转会名单且转会时间与甲、乙级队相同。按中国足协规定年限以后出生的球员不受名额限制,若转入其他级别队,转会办法同 17 岁以下队员,但该队员当年不能参加甲、乙级队联赛。

2. 转会费或培训费

(1) 运动员转会应由接受俱乐部向原俱乐部或培训单位支付转会费或培训费。

经双方协商同意，也可不付转会费或培训费，但是需要双方法人代表签订书面协议加予确认。

(2) 转会费数额由双方协商确定。中国足球协会对双方商定的超过或少于参照标准的转会费额不持异议。转会费的参照标准如下：

① 运动员转会费以运动员转会前年收入为基数，乘以加值系数后的总数为参照标准。运动员的年收入包括：

a. 工资。

b. 训练津贴和伙食津贴。

c. 合同中明文规定的奖金和出场费。

② 加值系数如下：

a. 俱乐部系数：转出俱乐部系数＋转入俱乐部系数/2＝俱乐部系数。

甲A第一名系数为3.4。以下系数递减0.1。

甲B第一名系数为2.2。以下系数递减0.1。

乙级队第一、二名系数为1.5。以下系数均为1。

b. 运动员年龄。25～28岁系数为1。每减少1岁系数加0.1(至18岁)，每增加1岁系数减0.1。

c. 当年国家队正式名单上的运动员系数为1，国奥队队员系数为0.6，国青队队员系数为0.5(三项中只计一项)。

d. 当年全国最高级别比赛的最佳运动员和最佳射手系数为1。

e. 当年南北明星队员或运动健将系数为0.5。

以上五项中C、E只适用一项，此外各项相加即为加值系数。

③ 转会费在俱乐部双方签订协议时先付50%，余款可在其后6个月内付清，但须按付款当时银行定期存款利率补齐余款利息。未取得对方同意不按时付款者，将按转会细则的有关条款处理。

④ 在俱乐部之间，转会费只付给与运动员签订合同的俱乐部，合同期满不再参加比赛的运动员，在30个月之内如要办理转会，仍须由原俱乐部转出。

⑤ 俱乐部吸收未签订合同的运动员，或非业余俱乐部吸收业余运动员，均应向培养单位支付培养费。培训费为基数×加值系数的总数，即：培训费基数×加值系数＝培训费。如果培训单位不止一个时，则各单位按在本单位培训的年限×加值系数中的年龄系数后的比例，分配培训费。培训费基数如下：

a. 转入甲A俱乐部队10万元。

b. 转入甲B俱乐部队5万元。

c. 转入其他队5 000元。

加值系数如下：

a. 18岁系数为3。

b. 每增加1岁系数加0.1。

c. 每减少 1 岁系数减 0.1。

d. 赴国外培训一年以下系数加 1,一年以上系数加 2。

⑥ 全部自费培训的运动员,培训费 60%付给运动员的父母或合法监护人,40%付给培训单位。部分交费培训的运动员(如自交伙食费)培训费 60%付给培训单位,40%付给运动员的父母或合法监护人。只向俱乐部或培训单位交纳会费的运动员,培训费全部付给培训单位。

⑦ 对于双方协议不收或少收培训费,中国足球协会不持异议。

3. 转会应由双方俱乐部签订转会协议书

(1) 协议书具备下列条款:

① 转会费数额。

② 运动员待遇及报酬。

③ 双方的权利及义务。

④ 转会生效日期。

⑤ 违约责任。

(2) 转入非业余队的协议,应报中国足球协会批准。转入业余队的协议应报运动员所属会员协会批准。接受转会费或培训费的单位,应将转会费或培训费的 5%上缴批准协会,5%付给俱乐部所在会员协会或体委。此款应于收到第一笔转会费或培训费的一周之内汇给会员协会。上缴批准协会 5%的钱款于 6 个月内付清。批准协会或会员协会未收到该款项,则转会无效。在此情况下,如责任在接受方,而运动员代表新俱乐部参加比赛,判对方以 3∶0 胜;如责任在转出方,则停止该俱乐部参加批准协会举办的所有比赛。

(3) 下列转会无效:

① 非双方俱乐部签订的协议。

② 显失公平的协议。

③ 以合法形式掩盖非法目的的协议。

④ 恶意串通,损害中国足球协会或第三者利益的协议。

⑤ 以欺诈手段或乘人之危,使对方在违背真实意愿的情况下签订的协议。

⑥ 无效的转会协议,从一开始就没有法律约束力。

4. 转会协议解除条件及有关事项

(1) 有效协议只有双方同意方可解除。单方面终止合同,另一方可坚持履行合同条款或要求对方赔偿因此而造成的实际损失。

(2) 因意外事故或不可抗拒因素造成合同不能履行,双方应本着实事求是,公平合理的原则协商解决。

(3) 双方协议解除合同,依协议规定。

(4) 任何俱乐部想雇佣有合同在身的运动员时,首先应书面通知运动员所在俱乐部,才可与运动员洽谈。违反此规定的行为,只要有关俱乐部提出不满,将提交中国足球协会纪律委员会处理。

(5) 在运动员合同期已满的情况下(指合同到期,并已在合同到期前两个月书面通知对方),队员可以与新俱乐部直接洽谈。但转会始终只是俱乐部之间的事,任何俱乐部与运动员之间不能签订转会协议。

(6) 运动员转会后与俱乐部签订工作合同,所有待遇应与俱乐部其他运动员相当。在此之前,接受运动员的俱乐部不得在转会费之外,以工资、户口、住房等引诱运动员转会,此为不正当行为,违反者将受到中国足球协会纪律委员会的处分。

(7) 转入联赛名次低于原俱乐部的运动员,在新俱乐部的工资和奖金不得高于原俱乐部的水平(可以有地区差价)。违者将吊销比赛许可证。

(8) 运动员转会原则上与户口、人事关系无关。运动员转会后,户口可以留在原单位或留在街道办事处,人事关系可以留在原单位或当地人才交流中心。如需要办理转移的可由当事双方协商解决。

5. 办理国内转会的程序

(1) 每年在规定日期内,运动员或俱乐部上报转会名单。

(2) 需要转入的俱乐部根据中国足协公布的转会名单与运动员所在俱乐部联系。

(3) 俱乐部与运动员洽谈转会。

(4) 俱乐部双方签订转会协议,接受方交第一笔转会费,受费方交付会员协会5%款项,并将收款票据复印件报中国足球协会。

(5) 接受方俱乐部与运动员签订工作合同。

(6) 接受方俱乐部上报转会协议和工作合同。转出方俱乐部向中国足球协会付5%款项。转会完成。

6. 转会的联系与洽谈

转会的联系与洽谈可以委托中国足球协会承认的中介机构办理。

7. 国内转会的方式

(1) 凡运动员在两家或两家以上俱乐部之间流动,即为转会。凡永久性转会,运动员今后再转会,须由新俱乐部转出,但是第二次转会时,原俱乐部可从高出的部分中获得20%的分成。

(2) 经双方协商定期借用的运动员为临时转会,双方应就临时转会时间(不得少于3个月)和临时转会费达成协议。借用期满运动员回到原俱乐部。再转会时由原俱乐部转出。

(3) 不论何种转会,均需按时付款。违者,中国足球协会可取消转会协议。

(4) 一名运动员在与一个俱乐部签订合同后,在合同有效期内不能再与另一个俱乐部签订合同。如果再签订另外合同,不仅无效,还将被中国足球协会处以5 000～10 000元人民币的罚款。

(5) 每个俱乐部在一个赛季年度,最多只能从国内转入5名运动员。如吸收

21岁以下运动员可不占名额。新建俱乐部可酌情增加转会人数,但需报中国足球协会批准。

(二)国外转会

1. 国外转入条件与运转

(1)国外转入。

① 中国足球协会所属各俱乐部,在每个赛季年度可以最多吸收3名境外运动员。

② 吸收境外运动员需在每年规定日期内,上报队员名单。并通过中国足球协会的体能测验。

③ 吸收境外运动员需与对方俱乐部签订协议书,协议书应包括:

a. 转会日期。

b. 是否有转会费?如有转会费,数额是多少?

c. 运动员工资和待遇。

d. 违约的责任。

e. 如有国家协会声明,应附上。

④ 协议书需报中国足球协会核准。

⑤ 只有收到对方协会签发的国际转会证明(临时转会也需要国际转会证明),方可参加中国足球协会举办的比赛。

⑥ 索要国际转会证明时,由中国足球协会致函对方国家或地区协会。所需费用由转入俱乐部负担。

⑦ 境外运动员应与转入俱乐部签订工作合同。内容与中国运动员相同,但可另附必要条款(如回国参赛、探亲等)。

⑧ 转入运动员如发生争议或违约等,可通告对方国家足协或报国际足联请示仲裁。

(2)在涉外转会中,运动员只分为业余和非业余两种。业余运动员转会,接受方俱乐部不付转会费;非业余运动员转会由双方协商转会费。队员身份由国家协会按章程确认,必要时将有关材料报国际足联审核。

2. 转入程序

(1)按规定日期上报名单。

(2)上报转会协议。

(3)经中国足球协会要求,对方协会开具国际转会证明。

(4)中国足球协会收到转会证明转会生效。

(5)如果中国足球协会向对方国家协会提出转会要求之日起60天内,转会队员的协会仍未发出国际转会证明或提出拒发转会证明的理由,中国足球协会有权发一临时证明,准许外籍队员在国内踢球。临时证明自提出转会要求之日起,一年后即为永久证明。如果在此期间收到对方国家协会的回复,讲明不发转会证明的正当理由,则临时证明终止。在上述60天内,运动员不得参加中国足球协会举办的任何比赛。

3. 国内转出条件与运转

(1) 运动员符合下列规定之一者,可转会到其他国家或地区协会所属俱乐部踢球:

① 男年满28周岁,女年满25周岁的现役运动员。

② 符合上述年龄,已办理退队手续的运动员。

③ 由中国足球协会派往国外培养的运动员。

④ 经中国足球协会认可,按双方体育交流协议交换或派往境外踢球的运动员。

⑤ 俱乐部同意,经中国足球协会批准到足球先进国家踢球的运动员。

(2) 转出运动员应符合下列条件:

① 思想要求进步,生活作风正派,有自我控制能力。

② 体能测试合格,保持良好的技、战术水平。

③ 在训练和比赛中一贯表现良好。

(3) 中国足球协会在接到对方正式邀请函后,才开始办理转会手续。

(4) 运动员办理转会手续应出示下列证明:

① 对方正式邀请函。

② 会员协会或俱乐部开具的同意转会的证明。

③ 双方签订的协议书。

(5) 转会协议书应包括下列条款:

① 转会费数额。

② 运动员工资和待遇。

③ 运动员与转入俱乐部双方的权利与义务。

④ 违约的责任。

⑤ 合同期限。

⑥ 中国足球协会如果有声明,应附在协议中,签字双方均应遵守。

(6) 涉外转会分为临时转会和永久转会。临时转会双方要在转会协议中写明转会时间,并不得二次转会。永久转会所有权已归对方,运动员可以二次转会,但原俱乐部有权在转会协议中写明:如果二次转会时转会费高于原转会费,原俱乐部应得的分成比例。

(7) 转会协议应报中国足球协会核准,如无违反国际足联和中国足球协会有关规定的条款,中国足球协会对协议不持异议。

(8) 转会手续齐备后,由中国足球协会秘书长或主管副秘书长签署国际转会证明,转会自此生效。

4. 国际转会费的确定与使用

(1) 转会费由双方俱乐部商谈确定数额。

(2) 转会费的使用如下:

国际转会费的10%上缴中国足球协会;85%归运动员所属俱乐部;5%归运动员本人,如俱乐部与运动员签订有不提成协议,此5%按协议处理。

(三)转会仲裁规定

(1)凡在转会中出现争议,可向中国足球协会诉讼委员会提出申诉,中国足球协会诉讼委员会将做出裁决。有关转会费的争议,将按不超过参照数30%的标准裁决。按照中国足球协会章程,有关争议不得在中国足球协会之外寻求申诉或裁决。

(2)在转会中如有一方不履行协议,中国足球协会可做出下列处罚:

① 中止协议。

② 罚款。

③ 按协议规定赔偿对方损失。

④ 停止运动员比赛资格。

⑤ 停止俱乐部比赛资格。

(3)在转会后,运动员不履行合同,中国足球协会可做出下列处罚:

① 中止合同。

② 罚款。

停止该运动员一年以上直至终身参加比赛的资格。

(4)当事人申请裁决应将申请裁决书一式两份和调查费2 000元递交中国足球协会。中国足球协会在接到申请裁决书后30天内做出裁决。

(5)对第一次裁决不服,可在接到裁决书后7天内,以书面形式要求中国足球协会复议,并交纳手续费1 000元。中国足球协会在接到申请复议书后15天内进行复议,并做出决定,此决定为最终决定。

(6)第一次裁决由中国足球协会诉讼委员会做出,复议的决定由中国足球协会常务委员会做出。在讨论申诉时与申诉有关的人员应回避。

由于中国足球职业化刚刚起步,注册与转会的规定,在今后实践中会作必要的修改和完善。

思考题

1. 简述职业体育俱乐部的组织机构。

2. 举例说明我国职业体育俱乐部的经营管理模式与一般职业体育俱乐部经营管理模式的异同。

3. 举例说明职业体育俱乐部的生产经营特征。

4. 举例说明职业体育俱乐部无形资产经营的内容。

5. 简述我国职业体育俱乐部注册的内容及要求。

6. 职业运动员国内转会与国外转会的区别有哪些?

第三章　商业健身房

第一节　商业健身房的定义与类型

一、商业健身房概述

中华人民共和国国家质量监督检验检疫总局 2002 年 9 月 6 日发布的中华人民共和国国家标准 GB/T18266《体育场所等级的划分 第 2 部分：健身房星级的划分及评定》中规定了中国健身房的定义和健身房的等级划分标准。

(一) 商业健身房的定义

健身房(gymnasium)，指设有集体健身场地、负重和有氧健身器械设备以及健身指导人员，并向消费者提供有偿健身与健美服务的体育场所。

(二) 商业健身房的等级划分

中国星级健身房用五角星表示，用 5 个五角星表示五星级，4 个五角星表示四星级，3 个五角星表示三星级，2 个五角星表示二星级，1 个五角星表示一星级。

中国星级健身房划分为 5 个星级，即五星级、四星级、三星级、二星级和一星级。星级越高，表示健身房的级别越高。

中国星级健身房的划分，是以健身房的设施设备、维护保养、清洁卫生、环境与安全救护、服务水平以及健身指导员的配置为依据来评定的。

二、商业健身房的类型

商业健身房企业，因经营宗旨、经营目标、经营战略及经营项目的不同而表现出各种各样的形式，下面就我国商业健身房企业目前存在的主要形式作一简单介绍。

(一) 附属型商业健身房

这种健身房的存在形式是将健身与健美项目经营作为某一机构的附属形式存在，常被称为健身馆、健美中心、健身中心、健康俱乐部或康乐部。健身房是从属于某一经营机构或非经营机构，起到完善这一机构功能的效果。

根据机构的特点和健身房的服务对象与目的，这种“附属型健身房”可分为以下几种类型：

1. 以营利为目的的健身房

这种存在形式也是目前最广泛的形式，又是“健身房”这一名词产生的最初形式。即星级宾馆、酒店和饭店的健身房或康乐部形式。

在星级宾馆、酒店或饭店的健身房或康乐部可以是与其他部门并列存在的，但宾馆、酒店或饭店规模小的也可以从属于其他部门，如餐饮部或前厅部。这种部门是在完善自己宾馆、酒店或饭店的服务功能的基础上以不同的形式收取客人的费用，达到营利的目的。例如，对住店客人免收健身房锻炼的费用，但房价有所提高，对店外客人要按规定收费。

2. 以完善服务项目为目的的健身房

这类形式存在于以营利为目的的经营机构，但健身房不是以营利为目的，只是作为一个免费享用的项目或场所。例如一些旅游区的宾馆或酒店里的健身房。

3. 以职工福利为目的的健身房

这种存在形式是某些商业健身房、事业单位的工会或基层组织，为满足本单位职工的文化体育生活的需要而设立的健身房。

（二）独立型商业健身房

这是继星级宾馆、饭店或酒店健身房形式后最新兴起的一类健身房存在的形式。这种“独立型健身房”常常以经营健身与健美锻炼项目为主，并附设有少量的其他服务项目，如健美餐饮、客房、娱乐项目、运动服装、健身器材和美容美发等。

根据健身房的经营项目，独立型健身房可分为以下几种类型：

1. 综合经营型健身房

这种形式的健身房是集健身、健美、娱乐、运动服装以及美发美容等多种服务项目为一体，有的以某一项目为主要特色来吸引会员。这种形式的健身房往往以健美专有名称命名，如×××健康城、×××健美中心、×××健美大世界、×××健美俱乐部等。

2. 主次兼营型健身房

这种健身房机构以经营健美运动项目为主，同时兼营健身器材设备、运动服装、健身运动饮料、运动餐饮和健美图书音像等服务项目。如×××健美馆、×××健美宫、×××减肥中心、×××健美乐园、×××瘦身中心、×××形体美俱乐部等。

3. 单一经营型健身房

这是一种广泛的大众化的健身房形式，即经营机构只经营一种健身或健美运动项目，投资少、设备简单、价格低廉。如男女减肥健美班、男子器械健美班、女子形体健美班、瑜伽会所及大众健身操培训班等。

三、商业健身房组织机构的设置

不论是独立型商业健身房，还是附属型商业健身房，要想健康、有序、高效运转，就必须设计科学合理的组织机构、配备较高素质的各级管理人员、健身指导员和工作人员，制定严格的管理制度和岗位责任制。只有在严格、科学的组织管理的基础上，才能增强商业健身房的吸引力和市场的竞争能力，取得最佳的经济效益和社会效益。

(一) 商业健身房的组织机构

现代商业健身房存在着两种不同的组织机构形式,即独立形式(指独立型商业健身房)和附属形式(指星级宾馆、饭店或酒店的健身房形式),而且无论是独立型的商业健身房还是星级宾馆、饭店或酒店的健身房,其规模大小各一。因此,其相应的组织机构也就有所不同。

下面对不同类型健身房的组织机构进行简单介绍。

1. 星级宾馆、饭店或酒店健身房的组织结构

健身房作为一个独立的服务部门或隶属于某一部门的服务部门,它一般适用于大、中型高级宾馆、饭店或酒店,集健身、健心、健美、娱乐和休息于一体,是星级宾馆、饭店或酒店除客房、餐饮之外的一个重要而又必不可少的配套服务设施。随着旅游业的不断发展和旅游观念的更新,健身房设施越来越多,各星级宾馆、饭店或酒店作为竞争手段而倍加重视,因此,它的组织结构模式也越来越趋于合理化。

下面介绍两种类型健身房的组织结构模式:

(1) 与其他部门并列的组织结构图。这种模式在宾馆、饭店或酒店是一个中层结构,与其他部门并列,其结构模式如图 3-1 所示。

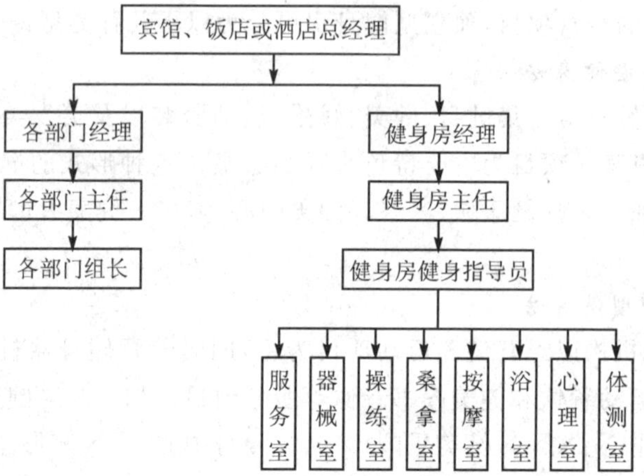

图 3-1　并列的组织结构图

(2) 根据健身房服务项目设计的组织结构图。这种模式在星级宾馆、饭店或酒店中是一个独立的、主要部门,不隶属于其他部门,其结构模式如图 3-2 所示。

总之,星级宾馆、饭店或酒店的健身房的从属关系一般有两种方式:

① 对于健身房设施服务项目较少的星级宾馆、饭店或酒店,健身房一般归属餐饮部或客房部管理。

② 对于健身房设施服务项目较多的星级宾馆、饭店或酒店,健身房一般与餐饮部或客房部并列为宾馆、饭店或酒店的主要部门。

从现代商业健身房专业化管理的要求来看,健身房设施宜集中设置,统一管理。

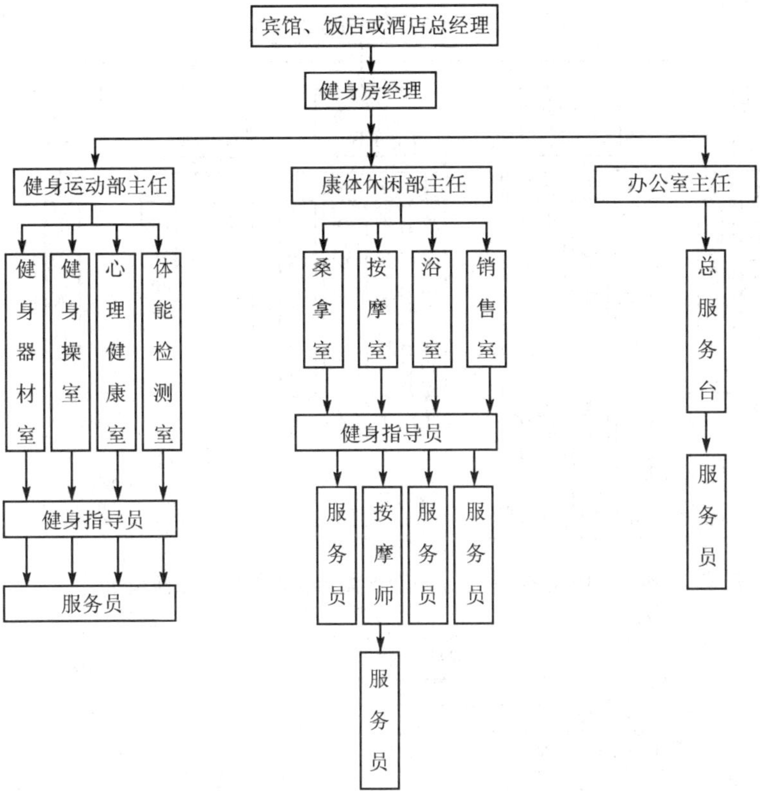

图 3-2　根据服务项目设计的组织结构图

采用这种方式,像健身器材练习室、健身操练习室、心理健康练习室、体能检测室、桑拿室、按摩室、美发美容室和各类浴室等各设施项目相对集中,其所需要的更衣室、卫生间和观赏休息室等配套设施可以共用,这样可以节省建筑成本,提高使用效率。

2. 独立型商业健身房的组织结构

独立型商业健身房不存在像隶属星级宾馆、饭店或酒店那样的复杂的人事和业务关系问题,在组织机构上只表现本商业健身房内部经营的管理层次。商业健身房从组织结构和管理层次上有 4 个部分和层次。一是高层管理者,包括总经理、副总经理;二是中层管理者,包括各部门主任;三是基层管理者,包括各类健身运动项目部门的健身指导员;四是一般工作人员,主要是服务员、工人及勤杂人员。下面用组织结构图的形式来表现独立型商业健身房的管理层次。

(1) 综合经营型商业健身房和主次兼营型商业健身房的组织结构图,如图 3-3 所示。

(2)单一经营型商业健身房组织结构图,如图 3-4 所示。

3. 商业健身房组织机构的设计原则

由于商业健身房健身器材和设施日趋复杂化,在参考上面两种模式的同时,应结

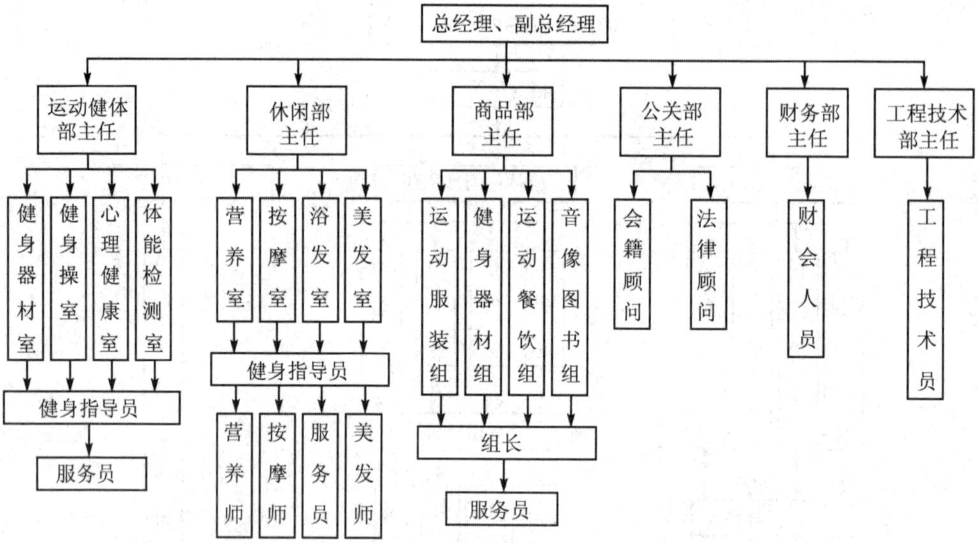

图3-3　经营型、主次兼营型商业健身房的组织结构图

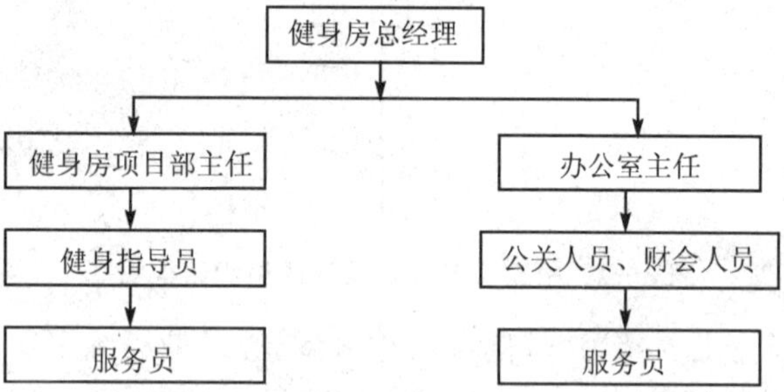

图3-4　单一经营型商业健身房的组织结构图

合本商业健身房的具体情况自行设计组织结构。自行设计时一定要遵循以下原则:

(1) 以工作区域划分部门的原则。

就是把某一特定区域内职工组成一个部门。如健身运动部就含有健身操项目和健身器材项目,因其集中在一个区域,故划为同一部门。

(2) 从职能上划分部门的原则。

就是把从事同样工作任务的职工组成一个部门。如公关部就是按公关销售职能划分的。

(3) 从管理范围上划分部门的原则。

就是将从事多种工作性质不同,但又相互联系的员工组成一个部门。

(4) 垂直统一领导原则。

也称为统一指挥原则、链形指挥原则,它要求每个职工只对一位管理者负责。同时,管理者不应超过下级管理者直接处理基层问题。因为这样做的结果使职工们分不清究竟谁是他们的直接领导，从而降低了下级管理者的威信。因此在组织结构上必须体现出垂直统一的领导方式。

（5）管理层次与管理范围适度原则。

垂直统一领导必然产生管理层次。如果管理层次过多，会降低管理工作的效率；管理层次过少，又会降低管理工作的质量。而管理层次与管理范围又是相互对立的。即管理范围大，管理层次就会少；反之，管理范围小、管理层次就会加大。在这种对立关系中，商业健身房组织机构的设计应遵循适度原则，即适当的管理层次与适当的管理范围（管理范围在4～8人之间）达到管理工作质量与效率最佳的目的。如何做到适当，要结合商业健身房经营的规模、项目、特点及员工素质而定。

（二）商业健身房的管理层次

现代商业健身房机构的管理层次与范围，要根据商业健身房内部的具体情况而定。

（1）健身房经营规模大、项目全的商业健身房或星级宾馆、饭店或酒店的健身房，可设四级管理层次，最基层管理人员，管理的范围最多为6～8人，如图3－5所示。

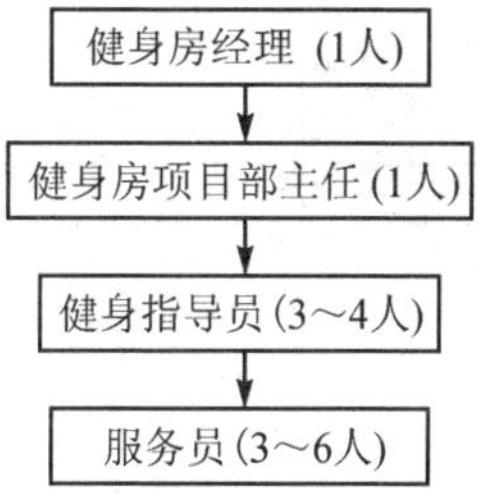

图3－5　项目全、大规模商业健身房的管理层次图

（2）健身房经营规模大，但项目少的独立型商业健身房或附属型商业健身房，管理层次应减少，较高管理层管理范围在1～2人为宜，较低管理层可在4～8人，管理层次分为三级，如图3－6所示。

（3）健身房经营规模小，项目多的独立型商业健身房或附属型商业健身房，管理范围不多于6人，管理层次不多于三级，如图3－7所示。

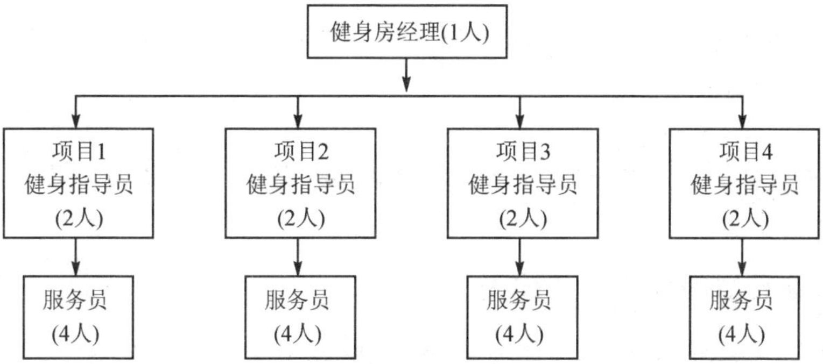

图3－6　少项目、大规模商业健身房的管理层次图

（4）健身房经营规模小、项目少的独立型商业健身房或附属型商业健身房，管理层次以少为宜，管理范围在6～8人左右，如图3－8所示。

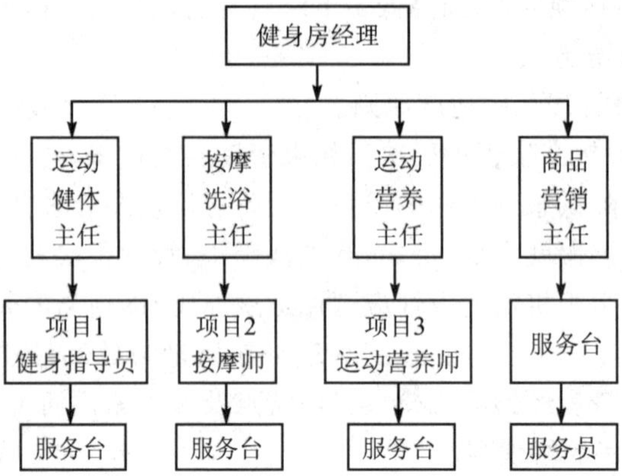

图3-7　多项目、小规模商业健身房的管理层次图

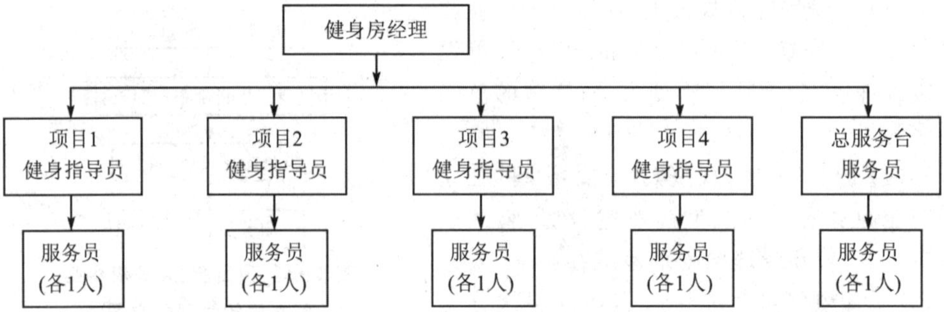

图3-8　少项目、小规模商业健身房的管理层次图

(5) 对于员工素质高的商业健身房可扩大管理范围,减少管理层次。如果管理人员有较强的管理能力,可适当让其多管理几个员工或项目;反之就应当减少。

(6) 如果健身房经营项目多,管理人员管理的项目增加,管理的人员范围应当减少;反之就应当增加。

第二节　商业健身房的健身器材设备与配置

一、商业健身房的健身器材设备

随着科学技术的发展,为了使健身与健美锻炼变得更"舒适"、更"方便",于是各种健身器材设备被研制出来,而且制造越来越精美,品类越来越多样,功能越来越完善,已成为现代体育产业中不可分割的一部分和日益受到广大健身与健美消费者喜爱的一类重要消费品。

（一）商业健身房健身器材的类别

目前，市场上健身器材设备的类别、品种可以从不同方面进行不同的归纳划分。

1. 不同阻力形式的品种类型

健身器材设备通过有意识地提供一定阻力，模拟一种或几种健身与健美运动的形式，使健身与健美锻炼者的肌体在克服阻力中实现健身与健美和体疗康复的目的。因此从其所提供的阻力形式上可分为如下几种：

（1）重力阻力式（又称负重阻力式）：可分为外加负重式和身体自重式两种。采用外加负重式如负重块的健身器材设备进行锻炼时，肌肉收缩克服的阻力来自外加负重块的重量。随着肌肉力量的增加，可不断增加负重块的重量；也可利用杠杆的原理，增长阻力臂或缩短阻力臂的方法来达到增加阻力的目的。外加负重块的健身器材设备的体积一般比较大，占地面积相对较大，价格也较贵。自重式健身器材设备是利用健身与健美锻炼者自身重量作为负荷，也可用调节作用点的方法进行负荷的调节。自重式健身器材设备占地面积较小，价格也相对较低如骑马式自重健身器材，就是模仿骑马姿势克服自身重量进行健身与健美运动，锻炼效果好，而且很有趣味性。

（2）液压阻力式：它是利用液体在受压时，体积不发生改变，而通过调节受压液体流出道的口径以调节阻力。液体多采用油剂。液压健身器材设备有多种形式，可进行多部位的身体锻炼。液压健身器材设备噪声小，操作简单，阻力调节方便。

（3）摩擦阻力式：目前，此类健身器材设备大多采用机械摩擦式阻力。例如近年来的一些健身车就是采用在其飞轮外套上一耐磨尼龙带，调节尼龙带与飞轮之间的紧密程度（摩擦力）以调节运动负荷。

（4）弹性阻力式：这是一种弹性物体在形态发生被动改变时产生阻止变形的阻力形式，亦可称为弹力。目前，所用的弹性物体主要有弹簧和橡胶，例如常用的弹簧拉力器就是其中一种。弹簧直径的粗细及其钢性程度是决定阻力大小的主要因素。

（5）磁性阻力式：目前，磁性阻力式中的磁力一般为永磁发生的磁力。并且，按其结构形式又可分为两种。一种是通过环状永磁圈与线圈的相对转动产生感生电流而形成阻力；另一种则是通过金属体直接切割永磁块的磁力线产生阻力。另外，采用给予线圈通电的方式也可产生（电）磁性阻力，但此种电磁式的阻力器材却很少见。采用磁性阻力式的健身器材设备，不但运动噪声低，而且还具有阻力柔和、运动舒适等特点。

（6）空气阻力式：一般是指采用叶片轮转动时必须克服空气阻力的原理设计制造的健身器材设备。改变叶片的长度和宽度可作为调节阻力的方式，也可利用传动装置之间的齿轮传动比作为调节阻力大小的方式。但是，目前最常见的空气阻力式健身器材设备，则是通过健身与健美锻炼者自身运动速度的变化而进行运动阻力的自然调节。

(7) 其他阻力式。

应当指出的是,单一阻力形式的健身器材设备是不存在的。实际使用中的健身器材设备的阻力往往是复合型的。

2. 不同功能上的品种类型

(1) 有氧代谢运动器材设备。

最常用的有氧代谢运动器材设备有:跑步机、健身车、划船器、健骑机和健步机等。

(2) 负重运动器材设备。

最常用的重力负荷运动器材设备有:杠铃、哑铃、弹簧拉力器、单功能或多功能力量锻炼器材设备等。

(3) 一般体疗康复器材设备。

最常用的体疗康复器材设备有:带式按摩机、按摩椅、增氧健康器、摇摆机和桑拿美容器等。

3. 不同运动形式上的品种类型

(1) 主动运动式器材。

最常用的主动运动式的器材设备主要包括:哑铃、杠铃、拉力器、举重器、单功能或多功能力量锻炼器械设备,以及主动运动跑台、功率自行车、健骑机、登山器或漫步机等。这类器械设备适合于不同年龄的人使用,它们是健身房必备的常规器材设备。

(2) 被动运动式器材。

最常用的被动运动式的器材设备主要包括:电动平板跑台、带式按摩机、摇摆机和按摩椅等器材设备。它们属于低强度有氧代谢运动方式。其作用是促进人的血液循环,消除疲劳和增强人的心肺血管功能。这类器材设备适合于不同年龄的人使用,它们是健身房必备的器材设备。

4. 不同功能数量上的品种类型

(1) 单一功能器材。

这一类器材设备结构简单,功能单一,操作容易,价格低廉。如单功能的跑步机、健身车、划船器、健骑机、摇摆腹肌练习器、数显踏步机、滑雪机、健(减)腹器、腰腹健身器(转盘)、杠铃、哑铃和拉力器等。

(2) 多种功能器材。

这一类器材设备是将多种运动形式组合在一起,以实现多种健身与健美功能。一般又可分为两种,一种是以某项运动的功能为主,增加其他健身与健美运动的功能。如多功能的跑步机和多功能划船器等。二是综合力量锻炼器材设备,一般是通过多站位或多组合的不同运动形式来实现多功能的健身与健美锻炼的。

5. 不同运动锻炼数据处理及输出部件的品种类型

现代多数健身器材设备还带有运动数据处理的仪器、仪表等,具有运动量测量、体能测量和监控辅助功能及趣味性娱乐功能。如运动锻炼的计时、定时和自动报时,运动量计数和显示，运动阻力大小调节，人体适应尺寸的调节；人体运动生理生化指标（如血压、心率、能量消耗和血色素等）的测量、显示以及判定等。主要有：

（1）机械仪表式。

（2）普通电子仪表式。

（3）电脑智能型。

6. 不同质量档次的品种类型

（1）普及型：结构相对简单，功能较少，运动数据处理为机械仪表式或普通电子仪表式，价格较低。

（2）中档次型：功能较全，运动数据处理为电子仪表式。

（3）高档豪华型：结构复杂，外观造型美观，带有电脑程控式或智能式运动数据处理系统。

（二）商业健身房健身器材的产品型号

目前，国内外市场上健身器材设备产品的型号编制一般均是由英文字母（或汉语拼音字母）和阿拉伯数字组成。例如国产著名品牌“澳端特（ORIENT）”健身器材设备的型号编制，就是由两个汉语拼音字母和四位阿拉伯数字组成。其中，第一个汉语拼音字母用“J”表示“健”，第二个字母用“S”表示“身”，这两个字母即表示“健身”之意。拼音字母之后的前两个数字表示产品的系列编制序号，紧接着的后两位数字则表示该系列中的品种的编制序号。对于同系列中某个品种若在改进后其结构、功能等无较大的变更，则在数字后加上字母“A”“B”“C”……以示区别。

（三）商业健身房健身器材的主要品种系列介绍

1. 健身车系列

这类产品是一种模拟自行车运动形式的健身器材设备，属于耐力型有氧代谢运动。健身车系列有普及型、测功型和程控磁阻型以及运动影像模拟型，如图 3-9 所示。

普及型健身车又有圆管式、方管式、手把固定式、摩擦阻力式、单阻尼油缸手把摇动式和双阻尼油缸手把摇动式等。一般采用链条传动，骑行阻力由旋转式加载器无级调节。骑行速度和里程可通过机械仪表或电子仪表直观显示，运动计时与报时可由操作者随意设定。

测功型健身车除了具有普及型的功能外，还具有骑行输出功率和骑行阻力矩的测试以及卡路里能量的有效换算功能，能使健身健美锻炼者掌握每天摄入和输出能量的平衡，从而取得健身和健美的双重效果。

程控磁阻式健身车是机电一体化的产物。它将一般健身车的链条传动改为同步带传动，将棘轮、棘爪实现单向运动的飞轮改为高精度的单向滚针超越离合器，将机械摩擦的阻力源改为磁性阻力源。控制仪表采用大屏幕数字显示程控系统，具有运动量编程，时间、心率预置，里程、速度、频次显示，功率、能量、里程和时间扫描等功能。这种健身车噪声低，功能全，数字显示清晰准确，骑行舒适，是较高档次的健身与健美锻炼的消费品。

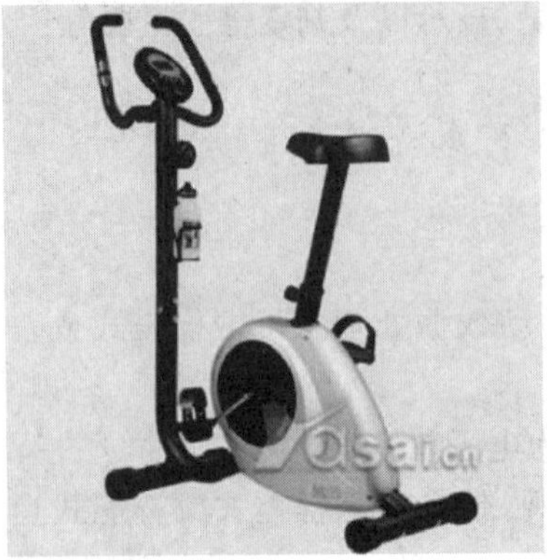

(a)

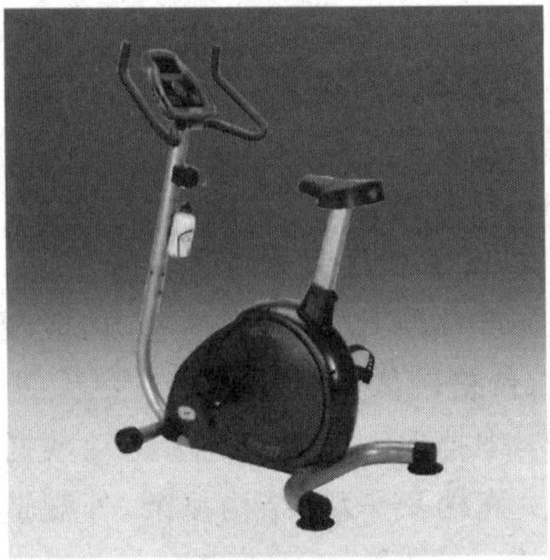

(b)

(c)

(d)

(e)

图 3-9　健身车系列

运动影像模拟型自行车也是一种机电一体化的产物。其突出的特点是能将自行车运动的影像(含竞赛追逐运动的影像,以及公路、河流、山川、乡村、城市等)以及运动量数据、人体运动生理指标等均可在彩色屏幕上显示出来,使健身与健美锻炼者具有身临其境、回归大自然的逼真感受。这是目前世界上最高档次的健身器材设备的品种,相应的价格也较昂贵。

2. 跑步机系列

这类产品是一种模拟跑步、散步运动的健身器材设备,如图 3－10 所示。跑步和踏步属于全身性有氧代谢运动。跑步机系列主要有主动性跑步机和被动性跑步机两大类。同时,按其跑道的结构又有滚筒式、平板式和综合式三种。

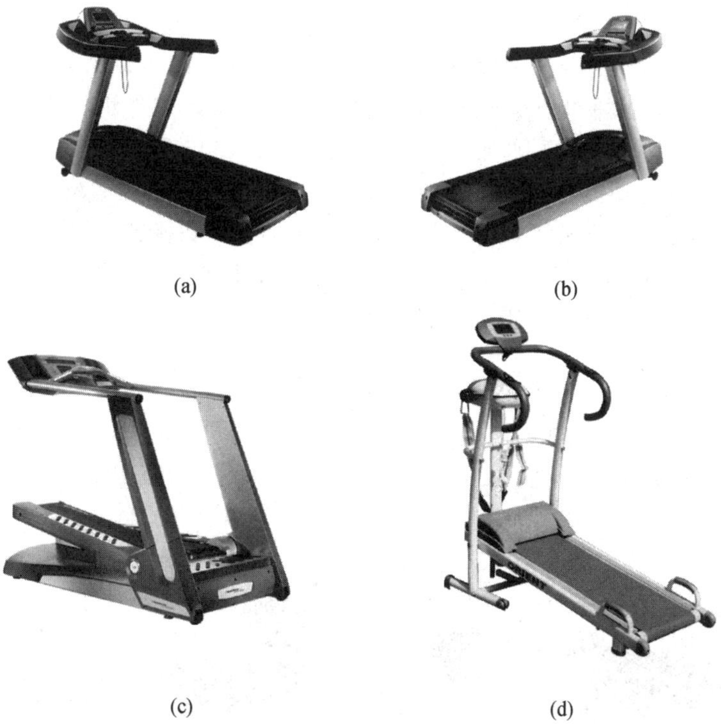

图 3－10　跑步机系列

被动性跑步机又称为电动跑步机,它一般属于电脑程控式,功能单一,豪华高档,价格昂贵。主动式跑步机是依靠人体为动力而进行主动性跑步的跑步机,按其健身与健美功能数量可分为单功能和多功能两种;按其跑道结构可分为滚筒式、平板式和综合式。

被动性跑步机或电动平板跑台的动力是电源,驱动滚筒使胶皮带运动,人在胶皮带上跑动。调节胶皮带运动速度的快慢,便可调节运动负荷。由于人的运动属于被动运动,因此,如果人的跑速一旦低于跑台的运转速度,人就有可能从跑台上摔下。所以,电动平板跑台对于心血管机能不全者或其他慢性疾病患者并不适宜。而主动运动跑步机或跑步平台,是以锻炼者自身的肌肉收缩作为能源,人停止运动,器械亦停止转动。因此,主动性跑步机(跑步台)相对比较安全。

单功能滚筒跑步机由多组装有滚动轴承的滚筒组成,表面设置有整齐排列的按摩点的橡胶传送带,用以实现主动性拖力跑步运动,里程速度显示采用机械仪表或电子仪表。多功能滚筒式跑步机是在单功能的基础上,适当改变了结构及造型,增加了按摩、扭腰、仰卧起坐、俯卧撑、划船及蝴蝶机运动等功能。市场上多功能滚筒式跑步机主要有 12 功能、13 功能、30 功能和 31 功能等几十个品种。滚筒式跑步机具有跑道灵活、跑动流畅,并可以进行脚底按摩等优点,是国内健身器材设备发展最常见的普及型健身器材设备。

平板式跑步机是近年来最流行的品种。单功能平板跑步机由质地坚固、表面光滑的覆膜胶合板组成平板跑道支承,高质量的锦纶跑带组成平坦的跑道。多功能平板跑步机增加了划船、扭腰、仰卧起坐、俯卧撑、骑行及蝴蝶机运动等十几种至几十种健身与健美锻炼的功能。同时,还具有计时、测速、计程、卡路里能量测试及心率测试等多种辅助功能。市场上平板跑步机主要有单功能、12 功能、13 功能、15 功能、16 功能、37 功能和 38 功能等几十个品种。平板跑步机的特点为:使用稳定、传动灵活,无机械噪声、安全可靠性好、使用舒适和造型新颖等,是目前理想的健身房用健身器材设备。

3. 划船器系列

这类产品是一种模拟划船运动的器材设备,如图 3 - 11 所示。其特点是占地面积小,适用范围广,价格便宜,娱乐性强。

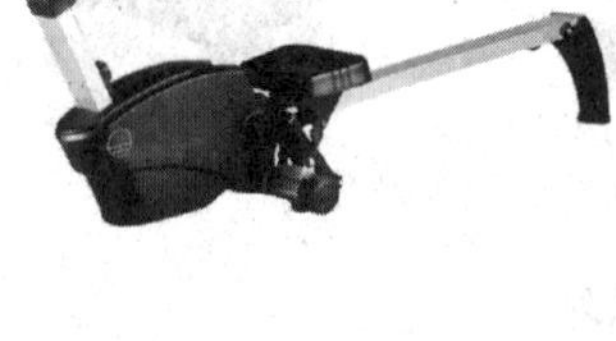

(a)

(b)

图 3 - 11　划船器系列

划船器可分为单铝轨、双铝轨和赛艇模拟器等十余个品种。单铝轨划船器一般由矩形钢管组成主架,坐垫采用弧线造型,阻力形式一般为可调阻尼油缸,阻力有十多个挡位可调。双铝轨划船器的主架由两条高质量的铝合金导轨组成,单向阻尼缸为阻力源,手把杆上设置三组力矩调节孔,用以调节划动力的大小。赛艇划船器造型如赛艇，主架采用方管和圆管优化设计，划桨运动范围大，使用时有投身于赛艇角逐之感。

目前，国际上最先进的划船器则采用水的阻力作为运动阻力。划船运动时可听到“哗哗”的流水声，使锻炼者具有身临其境的感觉。

4. 登山器系列

这类产品是以模拟登山运动的登山健身器，又称为台阶机、踏步机、楼梯机和平衡健步机或太空慢步机，如图 3－12 所示。登山运动是一种价值很高的全身性有氧代谢运动方式。

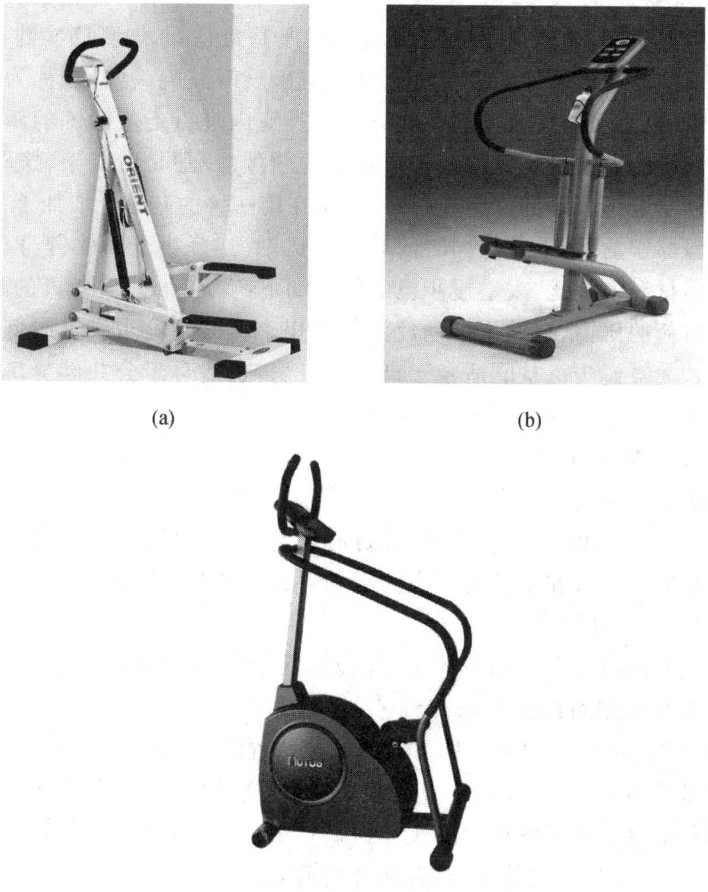

(a)　(b)　(c)

图 3－12　登山器系列

登山器材设备的常见品种有十多种，其中一种为手脚并用的台阶机。还有一种采用等动量液压阻力器的台阶机，双脚可以自由上下运动，在身体达到最佳状态时加速，也可以在身体疲惫时减速。并加有保险装置，以防发生意外事故。

平衡式登山器主体采用矩形钢管焊接结构，踏杆为四连杆机构，使踏板在运动中始终处于水平状态。其阻力源为单向阻尼反弹油缸或单向阻尼油缸，阻力大小可通过力矩的调整或可调阻力油缸的挡位调节来实现。豪华式登山器主要采用矩形和圆形钢管优化设计。单向阻尼油缸有 12 个挡位可调，并配有大平面防滑踏板、高弹力光滑扶手套，是一种造型美观、使用舒服、操作方便的健身器材设备。

磁阻式豪华型登山器以磁性阻力器为阻力源，单向滚针超越离合器实现单向传动，同步传送带传递动力，并以造型优美的大型护罩遮盖整体传动系统。运动数据处理及输出采用大屏幕的计算机控制系统，具有运动编程、运动时间预置，心率、运动频次、卡路里能量测试，以及各种运动数据、体能数据显示等几十种辅助功能。使用该器械设备无机械噪声，功能全，显示准确、清晰，平稳舒适等，属高档次健身器材设备。

利用悬垂摆动原理设计的慢步机比台阶机出现时间晚一些，被称为太空慢步机或空中慢步机，也是目前适合人们在健身房或是室内进行走步锻炼的新型健身器材设备。现在流行的太空慢步机的结构形式分为两种：一种是由支架、摆动架(包括脚踏板)、连接杆及电子表等部件组成；另一种是在前一种的基础上增加了手握摆动杆，便于锻炼者腿部摆动时，手臂也同时前后交替运动，达到更全面的健身与健美效果。与其他健身器材设备相比，太空慢步机的优点如下：在运动过程中，人的膝关节、踝关节不受冲击负荷的压力，减缓了运动疲劳的产生。在太空慢步机上锻炼属于有氧代谢运动方式。太空慢步机是既适合于家庭健身房，也适合于公共健身房使用的轻型健身器材设备。

5. 椭圆运动器系列

具有椭圆运动轨迹的健身器材设备是近年来国内外新推出的系列品种，它除具有运动宁静无噪声、功能适用无虚设、全身心参与无空缺等特点外，其突出的优点是健身与健美功能的设计完全遵循了人体运动时的和谐性、全身性和自然性的运动生理规律，如图 3 - 13 所示。

根据椭圆运动器材设备的具体运动轨迹，还可分为规整性和自然协调性两类。

规整性椭圆轨迹的长轴为一常量 A，它等于其基圆的直径 D。但是，其椭圆的短轴 B 则为一变量，它是随着人体下肢的操控位置而变化的。具有这种运动轨迹的健身器材设备的特点是，人体的全身运动受到了规整性运动规律的约束，其目的主要在于使人体的运动生理系统受到有规律协调性的调整，进而改变不良的或紊乱的人体机能系统，同时达到增强体质、健美体型的目的。

自然协调性的椭圆运动轨迹一般没有特别的限定。基于人体运动生理的自然性和自动协调性，其椭圆运动轨迹也就充分体现了人体实际运动时的自如性和差异性(含不同个体运动差异和相同个体的不同运动差异)。同时，也正是因为产品立体空间中多个自由度的设置，才适应了人体实际运动时自然性和差异性的要求。具有这种运动轨迹的健身器材设备的主要优点是，其人体的全身运动基本不受限制性运动规律的约束，其目的主要是使人体运动时的运动规律和运动生理系统达到强弱和谐、

(a)

(b)

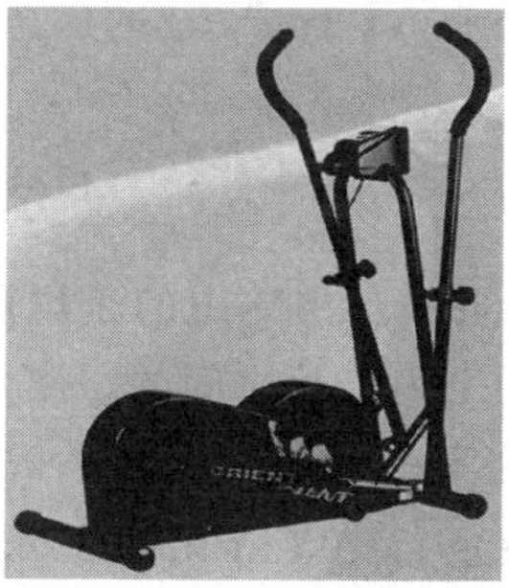

(c)

(d)

图 3－13　椭圆运动器系列

顺其自然的自动调节，同时达到增强体质、健康身心和健美体型的目的。

规整性椭圆运动轨迹健身器材设备，主要适用于年龄相对较大、身体素质相对较弱的人；自然协调性椭圆运动轨迹健身器材设备，主要适用于身体素质较好、人体机能强和韧性较强或年龄相对年轻的人。但什么事物都不能一概而论，应根据各自的具体实际情况进行科学的选择。

6. 杠铃系列

杠铃有标准杠铃和非标准杠铃两种，如图 3－14 和图 3－15 所示。

(a)

(b)

图 3－14　杠铃系列 1

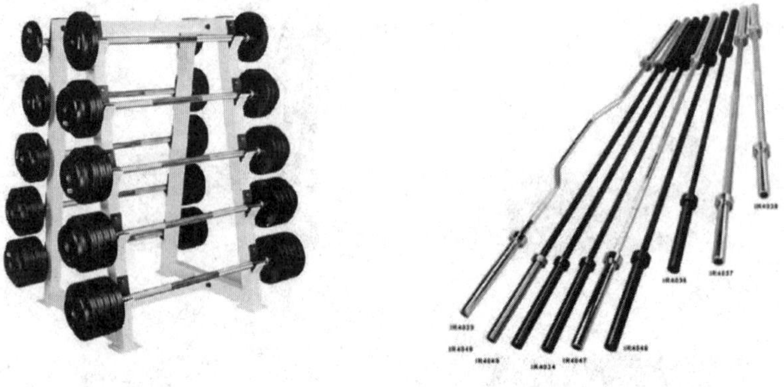

(a)　　(b)

图 3-15　杠铃系列 2

(1) 标准杠铃:由横杠、杠铃片和卡箍三部分组成。比赛用的是国际标准杠铃,按规定横杠总长度不超过 2.20 m,直径 0.28 m,两个内卡箍之间的距离为 1.31 m,最大的杠铃片直径为 0.45 m。杠铃片质量、颜色如下:150 kg(绿色);25 kg(红色);20 kg(蓝色);15 kg(黄色);10 kg,5 kg,2.5 kg(白色);1.05 kg 和 0.25 kg。

(2) 非标准杠铃:结构同于标准杠铃,尺寸要求并不严格,制作要求不高,质量可以自由确定,采用民间使用的石担也可以代替。此外,为达到某些特殊要求,如需发展某局部的肌肉,可按需要制作各种形态的特种杠铃(如屈轴杠铃、弓形杠铃和环形杠铃等)。

7. 哑铃系列

哑铃有固定质量和可调节质量的两大种类,如图 3-16 和图 3-17 所示。它们大都是用金属或非金属材料浇铸或切削加工而成。

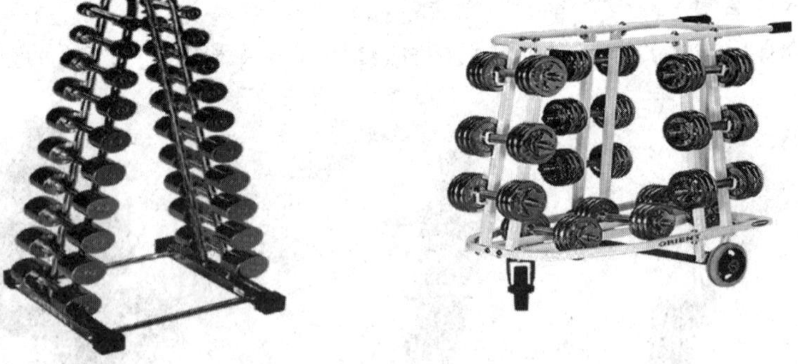

(a)　　(b)

图 3-16　哑铃系列 1

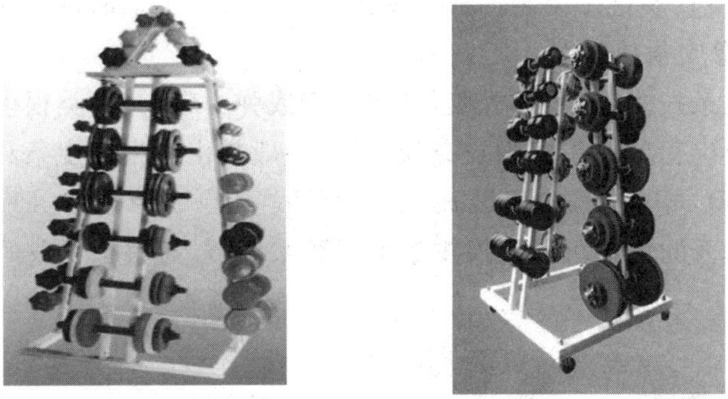

(a)　　(b)

图 3－17　哑铃系列 2

（1）固定质量的哑铃：它是由圆铁棒（木棒、塑料棒）两端连接两个铁球（木球、塑料球）组成，它的质量是固定的。一般都是用生铁或塑料浇铸加工而成，其表层再经喷漆、彩色包胶、镀钛金和景泰蓝等工艺处理加工制成。也有用硬质木材经切削加工和涂漆工艺处理制成的木质哑铃。另外，还有一种主要用于发展下肢肌力的新的脚套式哑铃，它是在普通哑铃上附加可调节的弹性固定带组成。

哑铃两个铁球（木球、塑料球）之间的铁棒（木棒、塑料棒）长度为 120 mm，直径约为 28～32 mm。哑铃铃体的形状有圆球形、长方形、多角形和扁圆形等。但要求一副（两只哑铃）哑铃的质量必须一致。哑铃的质量有 1 kg，2 kg，3 kg，4 kg，5 kg，6 kg，…，40 kg 等。

（2）调节质量的哑铃：俗称“小杠铃”。它是由短铁棒两端套上大小不等的圆形铁片中间为握把组合而成。其质量可根据使用时的需要而随意调节，可轻可重。两个小卡箍套于铁棒两端固定圆形铁片，类似缩小了的杠铃。这种组合式调节哑铃的短铁棒其长度为 420～460 mm，两个卡箍之间的距离为 20～140 mm，直径约为 28～32 mm。也可将圆形铁片套在铁棒的中间，两端为握把，组合成两手握棒式调节哑铃。还有一种特制的并握把组合式调节哑铃，专门用于锻炼臂部肌群。另外，还有一种可带用的塑料制成的空腔哑铃，使用时可以根据需要装进水、豆子和沙子等来调节质量。组合式调节哑铃的质量有 3 kg，5 kg，8 kg，10 kg，15 kg，20 kg，…，60 kg 等。

8. 拉力器系列

拉力器的种类繁多，按其材料构成和使用特点可划分为橡皮条拉力器、钢丝弹簧拉力器和滑轮拉力器 3 大类。拉力器的负荷质量可分为固定式和可调节式两种。拉力器的用力形式有牵引、推拉和挤压 3 种形式。它们大都是用金属或非金属（如橡胶、塑料、木材等）材料加工并配以各种握把手和辅助设备组装而成。

（1）橡皮条拉力器。

橡皮条拉力器，一般是用非金属橡胶材料浇铸而成，经过裁剪加工并配以金属、木质或 PVC 塑料软握把手组装而成。常用的橡皮条拉力器有以下 3 种样式。

① 牵引式橡皮条拉力器。

牵引式橡皮条拉力器,俗称橡胶带、橡筋带或弹力带,其种类很多,如图 3－18 所示。目前市场上出售的牵引式橡皮条拉力器,一般是由 5 根橡皮条和 2 个握把手(用金属、木质或 PVC 塑料制成)组装而成。它的拉力有 3 种规格:即 30 kg、60 kg 和 100 kg 3 种。拉力的大小可以用橡皮条的根数来调节,每根橡皮条的拉力约为 20 kg 左右。

(a)　　(b)

图 3－18　牵引式橡皮条拉力器

如果条件允许,也可以自己动手制作,具体方法如下:

a. 橡胶带拉力器,是由橡胶浇铸而成。两端有握手用叠块,中间连以带状的胶带。胶带宽度约为 2～3 cm,长度不等(根据锻炼者的身高和锻炼内容来决定,一般不少于 2.5 m)。它的拉力大小可根据橡胶不同的松紧度来确定。

b. 乳胶管拉力器,是由乳胶管(市场上有售)和两个握把手(用金属、木质或 PVC 塑料制成)组装而成。它的拉力大小可根据橡胶管的根数来确定。

c. 橡皮筋或弹力带拉力器,是由橡皮筋或松紧带加工制作而成。它有四种制作方法:

第一种是用橡皮筋(市场上有售)或废弃的轮胎内带编织而成,长度在 3～4 m 以上,用它可以进行各种各样跳皮筋的健身锻炼活动。这种器械尤其适合中小学生使用。

第二种是用一根宽 3 cm、长 30～40 cm 的松紧带,两边分别缝上小套子(把约 4 cm 长的小带子的两端,缝在松紧带的两头)制成的。并把套子分别挂在两手的中指或食指上,就可以做各种健身动作了。

第三种是用中间夹有橡皮条的花松紧带,长约为 90 cm,把两头结在一起拧几下,让两根松紧带绞在一起,套在手指上,就可以做各种健身与健美锻炼动作了。

第四种是用长为 140 cm、宽为 1 cm 的松紧带折成三折,先在一头 3 cm 处打一个结(可用其中一根将另外两根结在一起),然后往下编成小辫。编到离另一端 3 cm 处,再打一个结,就可以做各种健身与健美动作了。

② 推拉式橡皮条拉力器。

推拉式橡皮条拉力器,一般是用 2 根直径为 3～4 cm、长为 100 cm 左右的木棒、钢管或 PVC 塑料管和若干根橡皮条组装而成。每根橡皮条的宽度约为 2 cm,厚度约为 0.5 cm,橡皮条的长短可根据需要而定(也可用乳胶管或用中间夹有橡皮条的松紧带以及自行车内胎的橡胶带所替代)。每根橡皮条的两头用胶水粘紧做成套环,套住木棒的两头。为了使用方便,每根橡皮条的中间可再做几个套环,以便于根据动作的需要随时调节两根木棒之间的距离。另外,套环的制作方法,除了用胶水粘接法外,还可以先用胶布把橡皮条对折处缠绕固定,然后用细铁丝或麻绳扎紧,最后再用胶布把橡皮条对折处缠绕固定。这种固定方法不仅外形美观,而且扎接的非常牢固,不容易损伤橡皮条。

(2)钢丝弹簧拉力器。

钢丝弹簧拉力器,一般是用金属钢丝弹簧加工而成,其表层经过电镀工业加工处理,再配以金属、木质或 PVC 塑料软握把手组装而成,如图 3-19 所示。常用的钢丝弹簧拉力器有以下 5 种样式:

(a) (b)

图 3-19 钢丝弹簧拉力器

① 圆棒式钢丝弹簧拉力器。

圆棒式钢丝弹簧拉力器,俗称弹簧棒和弹力棒。弹簧棒长 75 cm,呈圆棒形状,棒的中间部分有 25～30 cm 长的强力钢丝弹簧,棒的两端再配上金属或 PVC 塑料握把手组装而成。它可以借助外力挤压使其弯曲,产生形变阻力,是专门锻炼上肢肌力的健身拉力器械。

② 提拉式钢丝弹簧拉力器。

提拉式钢丝弹簧拉力器,是由一根长 30 cm 的高强力镀锌钢丝弹簧(内置尼龙安全绳),在其一端配上金属或 PVC 塑料握把手,在其另一端配上两个脚踏板组装而成,外形呈“工”字形状。

③ 钳式钢丝弹簧拉力器。

钳式钢丝弹簧拉力器,是由两个长 75 cm 的金属或 PVC 塑料握力臂和 3～5 根长 10～15 cm的钢丝弹簧,经中轴固定组装而成,外形像一把长臂“钳子”。

④ 牵引式钢丝弹簧拉力器。

牵引式钢丝弹簧拉力器比较常用,一般是由 5 根钢丝弹簧和两个握把手(用金属、木质或 PVC 塑料制成)组装而成。拉力的大小可以用钢丝弹簧的根数来调节,每根钢丝弹簧的拉力约为 6 kg。

另外,还有一种专门用于锻炼前臂肌力的牵引式钢丝弹簧拉力器,它是由 6 根长 10～15 cm的钢丝弹簧和 2 个活动握把手组装而成。拉力的大小可以用钢丝弹簧的根数来调节,每根钢丝弹簧的拉力约为 5 kg。

⑤ 组合式钢丝弹簧拉力器。

组合式钢丝弹簧拉力器,它是由折叠金属架(架高 2.30 m)、钢丝弹簧、2 个握把手(用金属、木质或 PVC 塑料制成)、钢丝绳索和活动小滑车组装而成,可固定在墙壁上。每只拉力器装有 3～5 根钢丝弹簧(拉力的大小可以用弹簧的根数来调节,每根钢丝弹簧的拉力约为6 kg),两端各有滑轮相连,可灵活地向各个方向拉动,进行多种多样的不同角度及杠杆作用的健身与健美项目的锻炼。

(3) 滑轮拉力器。

滑轮拉力器,一般是由金属块或金属包胶块、有轨滑板车、钢丝绳索、握把手(木质、金属或 PVC 塑料)和滑轮(固定滑轮与移动滑轮)组装而成。常用的滑轮拉力器有以下两种样式:

① 滑轮重锤式拉力器。

滑轮重锤式拉力器,一般是贴墙固定安装或用金属架固定安装,它以无机械噪声的重锤铁块或金属包胶块为阻力源,如图 3 - 20 所示。重锤块是由相同质量(5 kg,7.5 kg和 10 kg 3 种规格)的铁块或金属包胶块重叠组装而成,可根据需求用插销装置自由锁定(增减)铁块或金属包胶块的数量。在它的另一端有一活动握把手或握杠,铁块或金属包胶块与握把手或握杠用钢丝绳索相连,作为力量传递媒介。重锤铁块或金属包胶块的两侧有两根金属立柱作为上下升降的固定轨道。通过数组滑轮

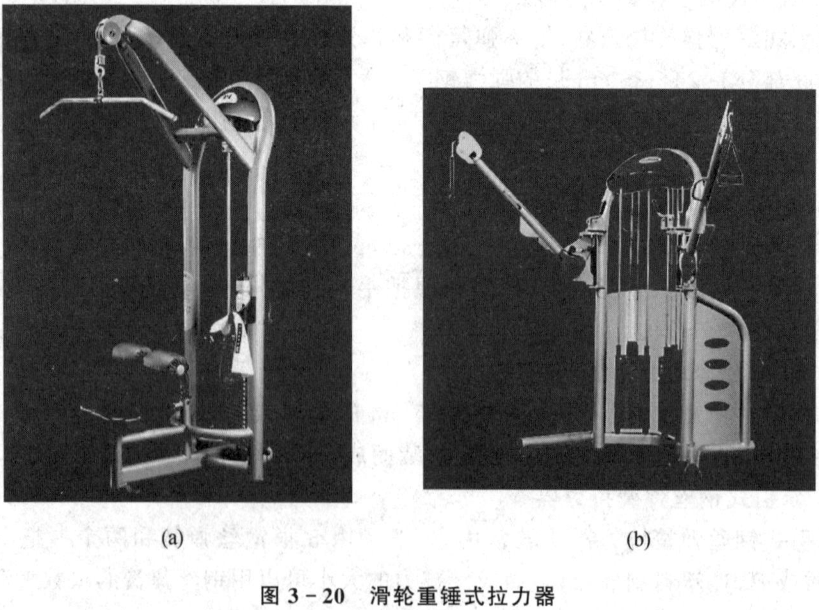

(a)　　(b)

图 3 - 20　滑轮重锤式拉力器

(固定滑轮与移动滑轮)组件带动锁定的重锤铁块或金属包胶块传递动力,可灵活地向各个方向拉动,从而实现多种多样的不同角度及杠杆作用的健身与健美项目的锻炼,可谓拉力器健身与健美运动中所有拉力器材里的巨无霸。

② 滑轮滑板式拉力器。

滑轮滑板式拉力器,又称“引力”拉力器。它是由折叠金属架(架高 1.5 m,架长 2.30 m)、两个固定滑轮、一根钢丝绳索、一个握把手(用金属、木质或 PVC 塑料制成)或脚套、一块活动滑板和一头搭在金属架上的两根金属固定轨道组装而成。滑轮滑板式拉力器没有外加配重,滑板在两根金属固定轨道上可以自由滑动,锻炼者在锻炼时要调整阻力(主要是锻炼者自身重量)的大小,可以通过调节滑板(两根金属固定轨道)的角度来实现。滑板与握把手或脚套用钢丝绳索相连,锻炼者站在(或采用跪、坐、卧等姿势)滑板上,经过滑轮(固定滑轮与移动滑轮)传动系统,可灵活地向各个方向拉动,进行多种多样的不同角度及杠杆作用的健身与健美项目的锻炼。

9. 多功能综合健身器材系列

这类产品一般为综合型力量式多功能健身器材设备,具有多站位多种运动方式,有单站、二站、五站、十站等几十个品种规格。一种是以坐姿蝴蝶机为基础发展起来的,另一种则是以卧推架为主体的综合健身器材设备。综合健身器材设备采用钢管焊接结构,表面喷塑或光亮镀铬装饰,以包胶重块为阻力源,强度高的绳索为力的传递媒介。通过各站位上、下、左、右的拉、推、举、伸、蹬等运动,达到对全身各部位肌体或局部肌肉群的健身与健美锻炼,如图 3 - 21 所示。

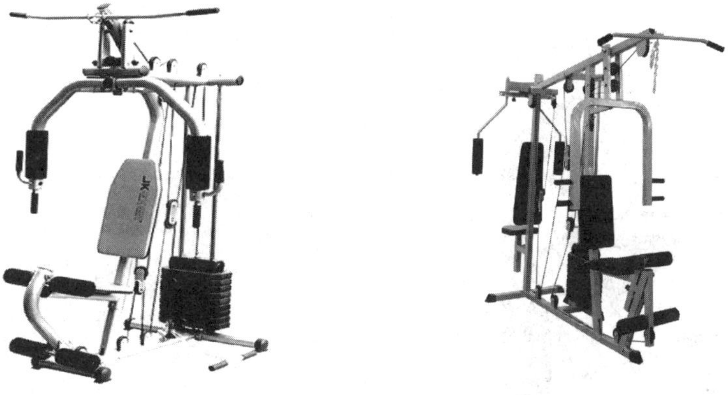

(a)　(b)

图 3 - 21　多功能综合健身器材系列(1)

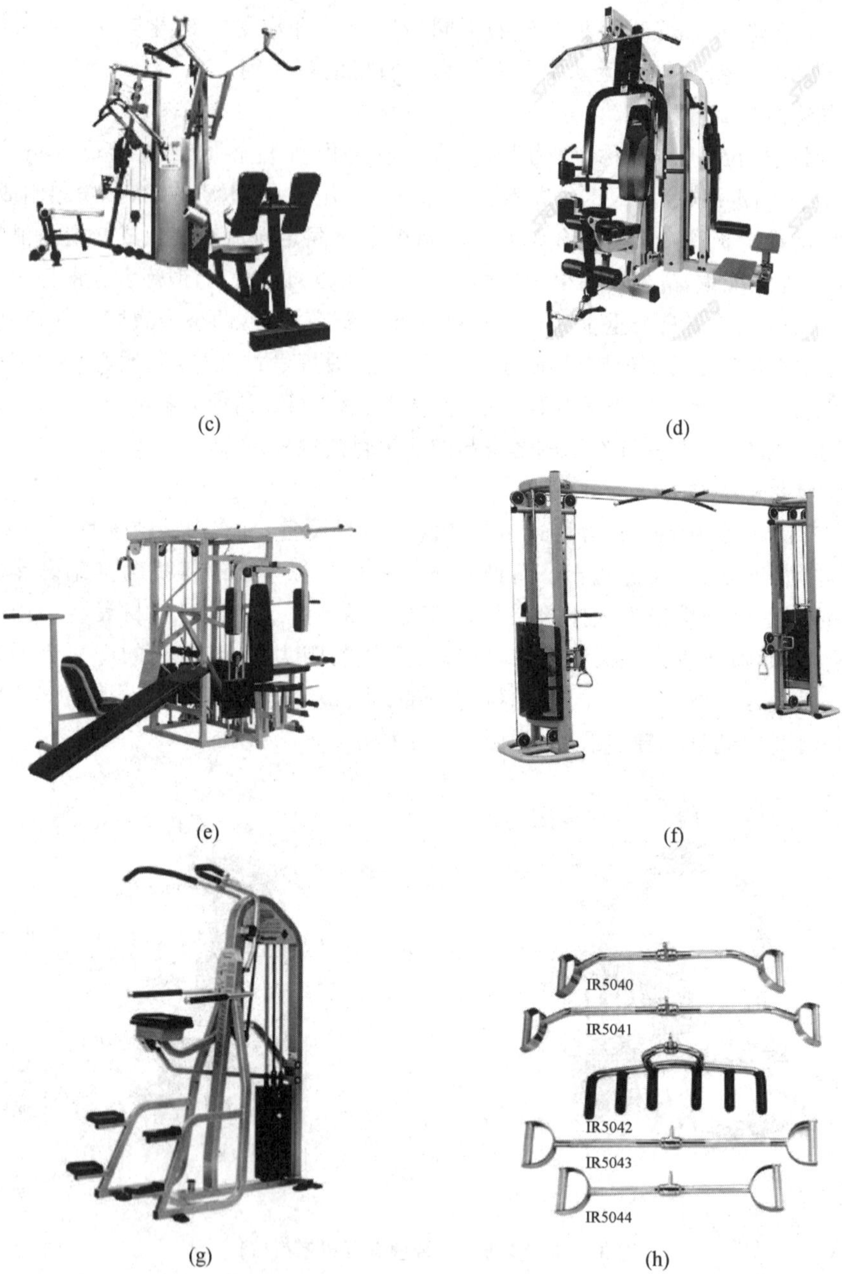

图 3－21　多功能综合健身器材系列(2)

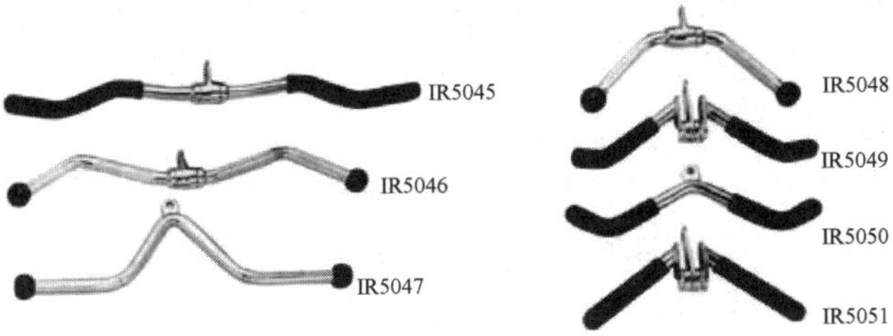

(i)

图 3-21　多功能综合健身器材系列(3)

有的综合健身器材设备采用双导杆作为配重块的定位和导向装置,用钢丝绳与滑轮组构成独特的传动系统,使多个站位多种功能仅用一组全封闭的包胶配重块即可进行全身各部位肌体的健身与健美锻炼。还有的综合健身器材设备则是将若干配重块组成多个重块垛,通过钢丝绳和动、定滑轮组,使不同站位的锻炼动作灵活地在几组重块垛上分别实现。再有一种是利用锻炼者自身重量,通过各种拉索、导轮和手柄等机构的组合和变换,进行多种健身与健美锻炼的运动。

10. 康体保健器材系列

这类产品主要有:机电式按摩器(包括大功率按摩器、强力红外按摩器、多功能按摩器、滚轮式按摩器、垫式按摩器、指压按摩器、按摩镜、造波按摩机、微电脑全功能按摩椅及组合按摩指式按摩器等)、电脉冲式按摩器(包括电脉冲按摩器、水下电脉冲按摩器等)、磁按摩器(包括月球车磁疗按摩器、脉冲磁疗足部按摩器、腰腹磁疗按摩器等)、增氧健身理疗机(俗称摇摆机)、健胸丰乳器、桑拿美容器和超声波护肤美容器等器材设备。这类器材设备适合于不同年龄的人使用,是现代健身房必备的健身器材设备。

(四) 辅助器材装备

1. 辅助器材

(1) 防汗衬圈。

天气炎热时,如果进行大运动量的锻炼,常会使人满头大汗,汗水就会顺着眉毛流进眼睛,令人难受不已。为防止汗水流到眼睛里损伤眼睛或影响视线,要带上一条纯棉制的防汗衬圈。防汗衬圈不仅可以防止此类情况的发生,还能使脸部和眼睛不被头发遮住,从而全神贯注地锻炼。

(2) 皮带帽。

它是专门用于锻炼颈部肌群的器材,采用皮带制成“帽子”的样子,由简易的帽套和一根一端系拉力器的链条或绳子挂钩组成。

(3) 腰带。

一旦开始参加大重量的锻炼,优质的腰带就是“无价之宝”。所有认真锻炼的人都要系这种腰带,特别是在练习深蹲、躬身划船、硬拉和推举动作的时候尤为需要。

腰带一般采用皮革制成,宽10~15 cm或更宽一些。它的作用是给腰部增加力量并使其得到保护。在进行大重量的锻炼时,系上这种腰带还可以增加信心和力量。

(4) 半指手套。

半指手套一般是用软皮革制成的。这种特制的半指手套可以防止手上的汗水流到光滑的握把或握杠上,而且也能预防手指和手掌生茧子。

(5) 固臂板。

固臂板一般采用铝合金制成,它是一种波形铝带,宽12.5 cm,长60 cm。用的时候,将其置于腰间,带子的一端套在脖子上。用此种铝板可使肘部在拉力器弯举和肱三头肌群下压时保持不动。用它还能使锻炼者在锻炼时无法"偷工减料",养成一种严格的锻炼作风。

(6) 腿套。

腿套最初是为芭蕾舞演员设计的,现在却成了健身健美锻炼者不可缺少的锻炼装备之一。这种腿套一般是用奥纶、丙烯酸、塑料纤维或尼龙制成的,目的是为了防止必需的热量散出,保持肌肉群的灵活性。

腿套也可以用天然纤维制作,这种纤维(如羊毛或棉花)的最大优点是在天气炎热时,可使腿部在最大限度上通风顺畅。在天冷时,可在人造纤维的腿套外面加上一个羊毛或棉制腿套,不仅防寒效果佳,还可以使潮气蒸发。

(7) 腰腹宽带。

腰腹宽带是用氯丁橡胶制成的,宽30~40 cm,里面衬一层富有弹性的织物。使用时将其围在腰腹间,这样就可以将热保存下来以促进汗液的分泌,它是让腰腹部发汗的一种有效的方法。这种腰腹宽带柔软而舒适,清水洗后干得很快。

(8) 深蹲带。

请不要把这种带子与一般的腰带混淆起来。深蹲带是用结实而富有弹性的材料制成的,它宽约30 cm。锻炼时系于腰上,以便向其提供更大的支持力量,包括腰的后部和前部,同时还可以防止腹部凸起,而这种情况在多次负重深蹲时非常容易出现。系上深蹲带可以使您增加信心,所以除一般腰带外还要准备一条深蹲带。

(9) 镁粉。

镁粉对于健身与健美锻炼者非常有用,特别是在夏天手掌易出汗时更是这样。擦些镁粉可以帮助抓紧器械的握把或握杠,对于防止双手(单手)外滑、握把或握杠不牢很有作用。

(10) 卧架。

它是健身与健美锻炼不可缺少的设备之一。它的支架一般用钢管焊接制作而成,板面为木质材料,上面包装有海绵和人造革;通常的长度约为1 600 mm,宽约为350 mm,高约为450~550 mm,按需要可进行升降。使用时还可将一端调高,另一端调低。主要可供做卧推、仰(俯)卧夹胸(飞鸟)、俯卧拉、仰卧臂屈伸和仰卧起坐(举腿和两头起)等动作时使用。

(11) 弯举调节凳。

它是健身与健美锻炼不可缺少的设备之一。这种凳子又称为斜板弯举凳。它的作用是,在进行各式器械弯举锻炼时防止上臂(大臂)移动并使其保持一定的角度。它不仅可以用于站姿锻炼,还可以用于坐姿锻炼。弯举调节凳的斜板的可调节角度为30°～90°。

(12) 垫子。

它是专门用于垫上健身与健美锻炼的设备,采用海绵和人造革缝制而成,垫子长1 800 mm,宽为600 mm,厚为20～30 mm。也可用同等规格的浴巾、充气垫、胶皮垫和毛毯等物品代用。可供做卧姿和跪姿等健身锻炼时使用。

(13) 单杠。

它是健身与健美锻炼不可缺少的设备之一。采用一根直径为280 mm,长度约为1 800 mm的弹簧钢或铁制横杠,固定在两根钢管支柱上,两端由钢索绳固定而成。单杠高度约为2 550 mm,可供做引体向上和悬垂举腿等动作时使用。

(14) 肋木。

它是健身与健美锻炼不可缺少的设备之一。肋木外形像"木梯子",它是由横木、立柱组成,有单列、双列和多列3种。横木可用木材、竹子和钢管制作,立柱可用木材和钢管制作。

(15) 镜子。

它是健身与健美锻炼不可缺少的设备之一。采用木筐架或铝合金筐架与水银镜子制作而成。镜子长度约为1 500 mm,宽度约为1 200 mm,厚度为3～5 mm。可供做自我观察锻炼动作和纠正错误姿势时使用。

2. 锻炼服装

参加健身与健美锻炼时,应尽量穿运动服(女子务必穿体操服和连袜裤)、运动鞋(应选择矮腰球鞋或厚底、薄帮、结实而又具有良好拱形的运动鞋)。不论穿运动服、T恤衫,还是穿短裤、背心(女子务必要戴运动乳罩),一定要宽大、舒适,质地柔软,通气和吸气性能良好,有利于身体自由活动。如果参加锻炼是为了祛脂减肥,那么就要购置里子要涂有一层胶的运动服,或选用厚实的尼龙绸背带式连衣裤(女性健美锻炼专用运动服),这种运动服的最大特点就是能保温排汗、祛脂减重。

(五)"非约束性负重锻炼器械"的特点

随着健身与健美运动的不断发展,健身与健美锻炼器械从原来较简单的哑铃和杠铃等,发展到现在已设计出品种繁多和功能完善的健身与健美锻炼器械。那么这些健身与健美锻炼器械的实用价值如何呢?实践证明,在采用单功能、多功能的健身与健美锻炼器械练习时,尽管这些器械设计的结构精密、外观精巧漂亮,但总会有一定的局限性,锻炼者肢体的运动方向、轨迹和角度一般都只能按器械规定的方向、轨迹和角度来进行,使肌肉和关节的活动受到一定的限制,它的主要优点是比较稳定和安全(见表3-1)。我们把它称为健身与健美"约束性负重锻炼器械"。

表3-1 负重器械比较表

“非约束性负重锻炼器械”	“约束性负重锻炼器械”
●需要平衡和配合,使用更多的肌肉来稳定	●其他身体部分稳定,容易隔离个别肌肉群
●接近现实生活,因此容易向日常生活技能转移	●练习路线被控制,脱离现实生活
●受伤可能性大	●安全,因为可控制重物的下落
●需要安全帮手	●无需帮手
●变换质量费时长	●快速容易的变换质量
●对可能的练习无限制	●严格限制运动的范围和角度
●花费少	●花费高
●减少室内混乱和器械丢失的可能性	●器械稳固但占用空间多

而持哑铃、杠铃等器械锻炼时,锻炼者肢体运动方向、轨迹和角度就可不受器械的制约,可随意改变和调整。因为哑铃和杠铃可以自由调节质量,而质量始终受肌肉和关节控制着,产生不同的反抗力。由于在动作的全过程中,它的活动范围和动作的幅度都比较大,使肌肉群能获得更深和更彻底的刺激。这样才能使健身与健美锻炼者体会到锻炼的创造性和机体的自我表现方法,我们把它称为健身与健美“非约束性负重锻炼器械”。

目前,专业或职业健美运动员在日常的锻炼中,都是以这种健身与健美“非约束性负重锻炼器械”为主。同样以哑铃和杠铃作为主要的锻炼器械,能占到整个锻炼课的2/3以上,而使用“约束性负重锻炼器械”锻炼只占到1/3或更少些。正如世界健美大师文斯·吉龙达所言:“哑铃和杠铃是健美运动锻炼的锤子和凿子,握在善于思考、锐意进取的人手中,就能雕琢出健美非凡的体格来。”

二、商业健身房健身器材设备的配置原则

在配置商业健身房健身器材设备时,应该把握好器材设备的配置目的性、功能全面性、使用兼容性和条件可能性等四项基本原则。

(一) 配置目的性原则

即商业健身房配置器材设备的目的是为健身与健美活动提供优良的物质条件和保障,全心全意地为健身与健美消费者服务。

(二) 功能全面性原则

即商业健身房配置的健身器材设备的各种功能要齐全,能使人体各个部位、各方面的身心素质都得到全面锻炼。可以选择使人体的头颈部、上肢、躯干、下肢及全身都能得到锻炼的器材设备,如腿部锻炼器、臂部锻炼器等。根据人体肌肉分布的对称性特点,同一部位关节能做屈伸、内收和外展等动作,要考虑配置使人体同一部位不同肌群都能得到锻炼的器材设备,如选择一种多功能腿部锻炼器材,可以使小腿做屈

和伸动作，既能锻炼股四头肌也能锻炼大腿股后二头肌群。同时，还要考虑到人体不同素质的锻炼，可以选择配置一些心肺功能耐力锻炼的器材设备，如：跑步机、健身车和登山器等。另外，要考虑锻炼后的恢复与康乐保健的需要，可选择配置如带式按摩器、按摩床椅或摇摆机等器材设备。

（三）使用兼容性原则

即商业健身房配置的器材设备应该能满足大众健身与健美锻炼的活动、健美教学与辅导、竞技健美运动训练、疗疾康复和娱乐活动等诸方面的使用与需要，同时还要能满足不同性别、不同年龄、不同爱好、不同锻炼基础和运动水平的人的健身与健美的需要，也就是要做到我们常说的“资源共享”。从大众健身与健美锻炼的角度来讲，商业健身房配置器材设备的数量至少应能满足 30 个人能够同时进行锻炼活动的需要，也就是说要有 30 个左右的功能位置，使 30 个人能同时在健身器材设备上锻炼。从竞技健美运动训练的方面讲，要考虑配置一些力量锻炼的专门器材设备，其功能能模仿专项运动动作，这样可以满足运动员专项技术和专项身体素质训练的需要，如多功能蹬腿器、多功能安全举重床、多功能臂部锻炼器及多功能腰背部锻炼器等。此外还需要考虑中老年人的需要，配置一些既能养身保健又能疗疾康复的器材设备，如太空漫步机、跑步机、登山器、健身车和划船器等。

（四）条件可能性原则

要充分考虑到商业健身房的场地条件和财力情况。一般来讲，由于各个健身房的场地情况不同，经费多寡不同，商业健身房的建设和器材设备的配置就不可能整齐划一。因此各商业健身房可根据自己健身房的具体情况，对有些器材设备略作增减，至于器材设备的档次各健身房应量力而行。另外，由于各健身房中的会员的年龄结构、男女比例不同，所以在健身房器材设备的配置方面，可在轻重器材设备和有氧运动与阻力运动器材设备的比例上面做些调整。

三、商业健身房健身器材的配置

根据健身房区城的划分情况，健身器材设备的配置基本要求如下。

（一）伸展练习区健身器材

此区域位置一般选择在健身房的入口处，该区域供健身与健美锻炼者做准备热身活动，柔韧性练习或做健身操和形体舞蹈练习使用，应配备体操垫、踏板、肋木、练功扶栏、地毯、镜子、音响和影视设备等器材设备。

（二）心肺功能练习区健身器材

心肺功能练习器材设备的摆放应靠近窗户，便于观赏室外景物，缓解练习时间较长而产生的乏味感觉。该区域配备的器材设备有：多功能跑步机、多功能健身车、赛艇模拟器、双轨划船器、平衡式登山器、滑雪（冰）机、骑马机和太空慢步机等。

（三）肌肉力量练习区健身器材

此区域位置首先要考虑安全问题。一般将该区域设在健身房最里边，即人员最少走动的地方。力量练习区是健身房的主要区域,所以应配备的器材设备也较多。该区域配备的器材设备有:多人站位联合锻炼器、多功能重块式锻炼器、十字式多用途拉力器、单功能专项力量锻炼器、肩部锻炼器、臂部锻炼器、腹部锻炼器、腰背部锻炼器、腿部锻炼器、举重床、仰卧起坐板、系列杠铃和系列哑铃等。应根据健身房面积的大小选择器材设备的配比。

(四) 体质检测区器材

较完善的商业健身房应配备一定数量的体能、体质检测器材设备,使会员能在运动锻炼前后了解自身健康状况与锻炼效果(如机体在形态、结构、机能、能力和生物化学 5 个方面产生的适应性变化情况),配备的器材设备有:体成分仪、肺活量计、皮脂厚度仪、心功能仪、血压计、肌肉力量测试仪和身高体重测量仪等。

四、中国星级健身房健身器材配置标准

结合中国健身房行业的实际状况,由国家体育总局和中国健美协会研究制定,并由国家质量检验检疫监督总局发布的《中华人民共和国"健身房星级的划分及评定"国家标准》(以下简称《国家标准》)已经实施。

《国家标准》中对不同星级的健身房规定了健身器材配置的具体标准。

(一) 五星级健身房健身器材配置标准明细表

五星级健身房健身器材配置标准如表 3-2 所列。

表 3-2　五星级健身房健身器材配置标准明细表

面　积	健身房总面积为 2 000 m^2 以上			
练习区	健身房练习区分为重量练习区和集体健身区			
重量练习区	健身器材名称	数　量	健身器材名称	数　量
	1.固定哑铃	不少于 20 副	12.胸部练习器	不少于 4 种
	2.调节哑铃	不少于 10 副	13.大臂部练习器	不少于 4 种
	3.哑铃架	数量应与哑铃数量相匹配	14.小臂部练习器	不少于 4 种
	4.大杠铃	不少于 5 副	15.腹部练习器	不少于 4 种
	5.小杠铃	不少于 10 副	16.臀部练习器	不少于 2 种
	6.小杠铃架	数量应与小杠铃数量相匹配	17.大腿部练习器	不少于 3 种
	7.卧推架	不少于 5 台	18.小腿部练习器	不少于 2 种
	8.深蹲架	不少于 3 台	19.电动跑步机	不少于 10 台
	9.颈部练习器	不少于 2 种	20.健身车	不少于 10 台
	10.肩部练习器	不少于 4 种	21.登山器	不少于 10 台
	11.背部练习器	不少于 4 种	22.椭圆运动器	不少于 5 台

续表 3 - 2

面　积	健身房总面积为 2 000 m^2 以上	
练习区	健身房练习区分为重量练习区和集体健身区	
集体健身区	健身器材名称	数　量
	1.垫子、踏板	不少于 50 套(块)
	2.把杆	长度不少于 30m
	3.跳绳、轻哑铃等器械	不少于 50 条(副)
	4.设置领操台	不少于 1 张

(二) 四星级健身房健身器材配置标准明细表

四星级健身房健身器材配置标准如表 3 - 3 所列。

表 3 - 3　四星级健身房健身器材配置标准明细表

面　积	健身房总面积为 1 500～2 000 m^2			
练习区	健身房练习区分为重量练习区和集体健身区			
重量练习区	健身器材名称	数　量	健身器材名称	数　量
	1.固定哑铃	不少于 20 副	12.胸部练习器	不少于 3 种
	2.调节哑铃	不少于 10 副	13.大臂部练习器	不少于 3 种
	3.哑铃架	数量应与哑铃数量相匹配	14.小臂部练习器	不少于 3 种
	4.大杠铃	不少于 3 副	15.腹部练习器	不少于 3 种
	5.小杠铃	不少于 10 副	16.臀部练习器	不少于 2 种
	6.小杠铃架	数量应与小杠铃数量相匹配	17.大腿部练习器	不少于 3 种
	7.卧推架	不少于 3 台	18.小腿部练习器	不少于 2 种
	8.深蹲架	不少于 2 台	19.电动跑步机	不少于 10 台
	9.颈部练习器	不少于 2 种	20.健身车	不少于 10 台
	10.肩部练习器	不少于 3 种	21.登山器	不少于 8 台
	11.背部练习器	不少于 3 种	22.椭圆运动器	不少于 5 台
集体健身区	健身器材名称		数　量	
	1.垫子、踏板		不少于 50 套(块)	
	2.把杆		长度不少于 20 m	
	3.跳绳、轻哑铃等器械		不少于 50 条(副)	
	4.设置领操台		不少于 1 张	

(三) 三星级健身房健身器材配置标准明细表

三星级健身房健身器材配置标准明如表 3 - 4 所列。

表 3-4　三星级健身房健身器材配置标准明细表

面　积	健身房总面积为 1 000～1 500 m^2			
练习区	健身房练习区分为重量练习区和集体健身区			
重量练习区	健身器材名称	数　量	健身器材名称	数　量
	1.固定哑铃	不少于 20 副	12.胸部练习器	不少于 3 种
	2.调节哑铃	不少于 10 副	13.大臂部练习器	不少于 2 种
	3.哑铃架	数量应与哑铃数量相匹配	14.小臂部练习器	不少于 2 种
	4.大杠铃	不少于 3 副	15.腹部练习器	不少于 3 种
	5.小杠铃	不少于 10 副	16.臀部练习器	不少于 2 种
	6.小杠铃架	数量应与小杠铃数量相匹配	17.大腿部练习器	不少于 3 种
	7.卧推架	不少于 3 台	18.小腿部练习器	不少于 2 种
	8.深蹲架	不少于 2 台	19.电动跑步机	不少于 6 台
	9.颈部练习器	不少于 2 种	20.健身车	不少于 6 台
	10.肩部练习器	不少于 3 种	21.登山器	不少于 3 台
	11.背部练习器	不少于 3 种		
集体健身区	健身器材名称		数　量	
	1.垫子、踏板		不少于 40 套(块)	
	2.把杆		长度不少于 20 m	
	3.跳绳、轻哑铃等器械		不少于 40 条(副)	
	4.设置领操台		不少于 1 张	

(四) 二星级健身房健身器材配置标准明细表

二星级健身房健身器材配置标准明如表 3-5 所列。

表 3-5　二星级健身房健身器材配置标准明细表

面　积	健身房总面积为 500～1 000 m^2			
练习区	健身房练习区分为重量练习区和集体健身区			
重量练习区	健身器材名称	数　量	健身器材名称	数　量
	1.固定哑铃	不少于 20 副	11.胸部练习器	不少于 2 种
	2.调节哑铃	不少于 10 副	12.大臂部练习器	不少于 2 种
	3.哑铃架	数量应与哑铃数量相匹配	13.腹部练习器	不少于 2 种

续表 3-5

面　积	健身房总面积为 500～1 000 m^2			
练习区	健身房练习区分为重量练习区和集体健身区			
重量练习区	健身器材名称	数　量	健身器材名称	数　量
	4.大杠铃	不少于 5 副	14.臀部练习器	不少于 2 种
	5.小杠铃	不少于 5 副	15.大腿部练习器	不少于 3 种
	6.小杠铃架	数量应与小杠铃数量相匹配	16.小腿部练习器	不少于 1 种
	7.卧推架	不少于 2 台	17.电动跑步机	不少于 3 台
	8.深蹲架	不少于 2 台	18.健身车	不少于 2 台
	9.肩部练习器	不少于 2 种	19.登山器	不少于 1 台
	10.背部练习器	不少于 2 种		
集体健身区	健身器材名称		数　量	
	1.垫子、踏板		不少于 30 套(块)	
	2.把杆		长度不少于 20 m	
	3.跳绳、轻哑铃等器械		不少于 40 条(副)	
	4.设置领操台		不少于 1 张	

(五) 一星级健身房健身器材配置标准明细表

一星级健身房健身器材配置标准如表 3-6 所列。

表 3-6　一星级健身房健身器材配置标准明细表

面　积	健身房总面积为 500 m^2 以下			
练习区	健身房练习区分为重量练习区和集体健身区			
重量练习区	健身器材名称	数　量	健身器材名称	数　量
	1.固定哑铃	不少于 25 副	8.背部练习器	不少于 2 种
	2.调节哑铃	不少于 5 副	9.胸部练习器	不少于 2 种
	3.大杠铃	不少于 2 副	10.大臂部练习器	不少于 1 种
	4.小杠铃	不少于 5 副	11.腹部练习器	不少于 2 种
	5.卧推架	不少于 2 台	12.大腿部练习器	不少于 1 种
	6.深蹲架	不少于 2 台	13.跑步机	不少于 2 台
	7.肩部练习器	不少于 1 种	14.健身车	不少于 1 台
集体健身区	健身器材名称		数　量	
	1.垫子、踏板		不少于 30 套(块)	
	2.把杆		长度不少于 20 m	
	3.设置领操台		不少于 1 张	

总之,对于健身房的经营者来说,在选择装备自己的健身房时,应充分了解每一种健身器材的功能,合理地选择配置健身器材十分重要。已经出台实施的《中华人民共和国星级健身房国家标准》,可以规范和供需要合理配置健身器材的商业健身房经营者与健身器材生产厂家借鉴、引用。

第三节　商业健身房环境的设计与布局

健身与健美运动项目的消费市场,主要是人们借助一定的健身器材和健身房设施环境,通过健身指导员等服务人员的服务使健身房会员达到身心的满足。所以,健身房设施环境设计与布局的好坏,直接影响着健身与健美运动项目的消费质量和效果。健身房设施环境设计成功与否,直接关系到健身房商业健身房经营的成败。

一、商业健身房环境设计与布局的基本原则

健身房环境设计与布局是一项非常复杂的系统工程,不同的健身与健美项目有不同的设计规则与方法。在这里,我们首先简单介绍一下健身房设施环境设计与布局的一般原则。

(一)科学合理原则

健身与健美运动项目,特别是新兴的健身器材项目如单功能健身器材和多功能综合健身器材项目等,这些项目的设计在空间面积、使用设施、温度、湿度等各项相关指标方面,都有着严格、科学的要求。只有达到标准,才能使这些健身与健美运动项目取得最佳的锻炼效果,也才能使这些健身器材达到理想的使用效果,发挥出最佳的使用功能,也才能使健身房会员在使用过程中得到最科学、最充分、最理想的健身、健心、健智、健美和娱乐的目的,也才能增强健身与健美运动项目的吸引力和健身市场的竞争能力。

(二)先进适用原则

健身与健美运动项目,无论是器材、设备,还是锻炼方法和手段,都不同程度地应用了当代最新的科学技术、方法和理论,从而使各种健身与健美运动项目都具有不同的技术档次与锻炼标准。所以,现代商业健身房在设计健身与健美运动项目时,都要根据现代商业健身房的规模、目标市场、经营宗旨和方针等确定健身与健美运动项目和器材设施的档次与水平,使健身与健美运动项目和健身房器材设备与设施既先进又适用,进而提高整个现代商业健身房的吸引力和市场的竞争力。

(三)配套设施齐全原则

健身房会员进行健身与健美运动项目消费时,除了基本的健身器材设备与环境外,还需要相关的配套服务项目和设施,以保证整个健身与健美运动消费过程健康、愉快、顺利地进行。如,健身房的配套服务设施一般有:接待收银处、办公室、会议室、休息室、更衣房、沐浴室、按摩室、营养室、心理健康练习室、体能检测室和储物室等。

(四) 突出特色原则

健身与健美运动项目的种类很多,健身房器材设备和设施的规格、型号、档次更是不可胜数。因此,在进行商业健身房的设计时,有必要在可行性研究的基础上,按照商业健身房的经营宗旨、经营方针、目标市场,选择独具特色的健身与健美运动项目及其器材设备和设施。在一个地区内,只有那些富有个性,器材设备和设施先进,健身指导员水平高,服务质量优良的健身房,才能在健身市场上拥有一定占有率。这就要求现代商业健身房,要么在健身与健美运动项目上,要么在健身房器材设备和设施上,或私人教练员的水平上突出自己的个性,以其独自的特色吸引会员。

(五) 匹配原则

它是指任何健身与健美运动项目,除了必要的项目器材设备、设施和必需的相应数量和质量的相关设备设施及服务外。如健身房内的桑拿蒸气浴室的面积就要与更衣箱数量相匹配;健身房内设施的各种设备质量和档次要一致,不能东拼西凑。还要求健身房设备设施与配套设备设施相匹配,即在规格、档次、数量等各方面都要相适应。

二、商业健身房设计与布局的一般要求

商业健身房环境设计与布局有着严格的要求,健身房经营者必须了解和掌握这些基本要求,才能为会员创造良好的锻炼环境。

(一) 位置要求

商业健身房的位置选择十分重要。对健身房经营者来说选址工作是一项复杂的工程,在实际操作过程中应该遵循以下几点原则。

(1) 相对分配原则。现代商业健身房不宜选择在同类商业健身房或同一档次健身房经营聚集的地方,过分集中,必然对商业健身房的营业收入造成不利影响。

(2) 交通便利原则。商业健身房应选择在交通便利且驾车(或骑车)只需 15～20 min 车程内的地区,或建在交通繁华区和主干道公路旁,要尽可能设置规模相当的停车场,方便会员来往和停留。

(3) 目标市场原则。任何商业健身房,都要根据目标市场选择适当的地点,建立相应的规模、选择相应的器材设备、设施和相应档次的服务。同时需考虑该地区的经济基础和大众的消费观念。例如,所要建立的商业健身房,其目标市场是中、低收入者,其地址就宜选择在居民聚集区,而且其规模、器材设备、设施档次和服务水平都要符合中、低收入者的消费需求。如果目标市场是高收入者,则宜选择在高收入者居住区,其设备设施应该是高档的、豪华的,其服务水平应该是一流的,当然,其收费标准也应该是高的。

这里需要提醒一点,商业健身房最好选择在一楼的位置,地下室也可以。但最好不要将商业健身房设在办公室、会议室或客房和居民住房的上方,以免操房音响声或器械设备产生的噪声影响楼下的办公或休息。

(二) 面积要求

现代商业健身房的设计与布局应根据经营场所的大小及实际需要而定。一般来讲,商业健身房的使用面积在 500～1 000 m^2 之间为小型健身房;使用面积在 1 000～2 000 m^2 之间为中型健身房;使用面积在 2 000 m^2 以上为大型健身房。我国星级健身房对面积的要求有具体的标准和规定。

(三) 健身房内器材设备要求

(1) 一般健身器材设备不少于 5 种类型,各种健身器材设备摆放整齐,位置适当,使会员有足够的活动空间。如果是星级健身房,那么在健身器械配置上有具体的数量要求与规定。

(2) 器材设备性能良好,用途明确。

(3) 配有配套体重秤、软皮尺、肌肉力量测试仪、脂肪仪、血压计、身高仪、心电图仪、肺活量计等。

(4) 各种健身器材设备始终保持完好、安全,其完好率达到 100%。

(5) 健身器材设备和设施若有损坏或故障,停止使用,及时维修。

(四) 配套设施要求

(1) 商业健身房内要有与接待能力相应档次与数量的男、女更衣室、淋浴室和卫生间。

(2) 更衣室装配带锁更衣柜、挂衣钩、衣架、鞋架与长凳。

(3) 淋浴室各间互相隔离,配冷热双温水喷头、浴帘。

(4) 卫生间配隔离式抽水马桶、挂斗式便池、盥洗台、大镜及固定式吹风机等卫生设备。

(5) 各类配套设施墙面、地面均满铺瓷砖或大理石,有防滑措施。

(6) 健身房内设饮水机处。

(7) 各种配套设施材料的选择和装修,应与健身房设备设施相适应。

(8) 配套设备设施完好率应不低于 98%。

(五) 环境质量要求

(1) 商业健身房的装修材料要选择无公害、无污染的天然材料。商业健身房的主色调一般选择较明快的颜色,如浅绿色、乳白色或淡黄色的。地面要选择防滑材料,最好铺实心木地板或地毯。

(2) 商业健身房门口应设立经营宗旨、服务项目、会员须知、营业时间、价目表等标志标牌。

(3) 标牌设计要求美观、大方,有中英文对照、文字清楚,摆放位置得当,摆放整齐。

(4) 四周墙面适当位置挂立镜,最好配有健美造型彩色挂图、锻炼动作图解和张贴健身与健美箴言,并配有使用健身器材设备的文字说明、影碟和录像带。在顶棚的适当位置吊装数台大屏幕电视供播放闭路电视节目或健身与健美教学影碟和录像带，要安装音响设备播放背景音乐。从而塑造出一个优美、良好、祥和、安全的锻炼的氛围，这样有助于增强健身房会员坚持健身与健美锻炼的决心和信心。

(5) 健身房内照明充足。自然采光照度不低于 80 lx，灯光照度不低于 60 lx。

(6) 室温应保持在 18～20 ℃。

(7) 室内相对湿度应保持在 50%～60%。

(8) 室内有通风装置、换气量不低于 40 m^3/(人 · h)，健身房内必须被保持负的气压(一种外面的空气向房间里流动的状态)。

(9) 适当位置有足够数量的常绿植物调节气候。

(10) 整个环境质量做到美观、整洁、舒适，布局合理，空气新鲜。

(六) 卫生标准要求

(1) 健身房天花板光洁明亮，灯具清洁，无蛛网灰尘。

(2) 墙面粘贴高级墙纸或涂料，美观大方，无灰尘、污迹、脱皮、掉皮现象。

(3) 地面无灰尘、垃圾废纸。

(4) 所有健身器材设备表面始终保持光洁明亮，无污迹、汗迹、手印。

(5) 各种器械设备均无沙尘、印迹。

(6) 饮用水透明、洁净，符合国家卫生标准。

(七) 安全要求

(1) 健身房内要配置齐全各种消防器材、火警系统和喷洒器系统。

(2) 健身房内必须有一个可使用的急救箱，用于健身房内医疗事故的处治。

(3) 健身房内的安全通道和紧急出口(安全门)要保证畅通。

(4) 健身房内使用电器操作器械设备的区域，必须提供接地的电开关或漏电自动切断开关系统。

(5) 健身房内的前台或接待台，必须提供一个系统，用来监视事故和偷窃。

(6) 健身房内不提供酒精饮料。

(7) 健身房内严禁吸烟。

(8) 健身房内所有的应急措施必须张贴出来。

(八) 合法证件要求

开业申领各类许可证是获取开业的基础工作，是合法经营的前提。现在商业健身房开业必须申领的证件有：省市体委健身房行业许可证、营业执照、税务证、治安许可证、公共场所卫生许可证、食品卫生许可证、消防审核验收单、社会体育指导员职业资格证书以及健身指导员等级培训证书等，都要贴挂在醒目的地方。

(九) 其他要求

商业健身房尽可能设玻璃窗，使会员能看到房外的景观，也能使参观者不用进入健身器材锻炼室内亦能参观其中的器材设备和设施，同时又不会打扰锻炼中的会员。

三、商业健身房内区域位置设计的一般要求

一般来讲，商业健身房内应该分隔成下列几个不同的区域。

(一) 伸展练习区

在健身房近入口处设伸展区,给会员作锻炼前的身体舒展、热身和准备活动之用。

(二) 心肺功能练习区

心肺功能练习区,主要用于安置功率自行车、跑步机、划船器、骑马机、椭圆运动健身器及登山健身器等心肺功能锻炼器材。这些心肺功能器材要尽可能摆放于对着房外有景观的地方。室内应装置空调设备、音乐声响系统及室内电视系统,并铺上软地毯。同时,设计时要在适当位置设电源。

(三) 健身操和形体舞蹈练习区

最新设计的健身操和形体舞蹈练习区(室)要求地台用枫木制造,内置音响喇叭箱及弹簧设备,使地台随着音乐节拍震动。同时要求配备标准的空调设备、墙身镜子、柔和灯光、高频音响设备、室内电视系统及饮水机等。一般的健身操和形体舞蹈练习区(室)的地台则可采用地毯或塑胶铺设。

(四) 肌肉力量练习区

肌肉力量练习区,主要用于放置一系列标准型的杠铃、哑铃、拉力器和举重床,以及各种独立式或综合式,单功能或多功能力量练习器械设备。同时要求放置力量器械装置的地方必须宽敞,符合潮流的设计是在适当地方放一面镜子。

(五) 体质检测区(室)

一个完善的商业健身房,都必须有体能测试设备,以便会员在运动前,检验一下自己的身体素质情况,并编排适合的运动程序及难度。体能测试中心的仪器应有:身体成分测试仪、肺功能测试仪、心脏功能测试仪、身体柔软度测试仪、肌肉力量测试仪、脂肪厚度测试仪、血压测量器、身高和体围及体重量度器等。并应设小型电脑记录会员的活动及编印锻炼计划、运动处方和报告表等。

(六) 心理健康练习区(室)

心理健康练习室主要是依据会员的个体心理健康状况,由健身指导员(私人教练员)制订的“心理健康练习计划”,对会员实施“心理健美操”。

四、商业健身房配套设施设计与布局的一般要求

(一) 浴室区域设计要求

(1)“绝对清洁”是浴室设计的根本要求。因此,所有排污水系统必须畅通无阻,地面必须铺上防滑的地台胶条,使水分迅速流走,以保持池区始终有干爽感觉。

(2) 所有会员有机会接触的地台,必须采用防滑物料。

(3) 空调系统设计要做到任何冷空气不能直接吹着会员。

(4) 淋浴室及蒸汽房门对出的天花板,必须采用塑料,避免蒸汽水点凝聚而损坏天花板。

(5) 要有电源供应饮水喷泉及小雪柜。

(6) 冰水池必须设置于桑拿浴室及蒸汽浴房的门外，不应离开太远。

(7) 浴室区应有宽敞位置放置休息椅，并应有饮品供应，因很多会员有在池区休息的习惯。

(8) 淋浴区须设有卫生清洁的洗手间，并需特别注意通风及抽湿系统。

(9) 擦背是健身房浴室的必有服务项目之一，擦背房宜四边有墙，不宜面向其他沐浴者。擦背床多用云石制成，房内必须有温水供应及设去水地漏，而且灯光要暗，并不宜有空调设备。

(二) 桑拿浴室的设计要求

1. 室内设备要求

(1) 桑拿浴室设分隔式小桑拿浴室。

(2) 各室天花板、墙面选用防热、防水材料装修。

(3) 装配浴床、专用水桶、电炉、大勺和橄榄枝，设温度计、湿度计及沙漏计时器。

(4) 浴室密闭，房门安全，开启方便，设有安全防护瞭望孔和报警装置。

(5) 浴室内各种设施设备齐全、完好，其完好率为 100%。

2. 配套设施要求

(1) 桑拿浴室旁边要有与接待能力相应档次与数量的男、女更衣室、淋浴室和卫生间。

(2) 更衣室装配带锁更衣柜、挂衣钩、衣架、鞋架与长凳。

(3) 淋浴室各间互相隔离，配冷热双温水喷头、浴帘。

(4) 卫生间配隔离式抽水马桶、挂斗式便池、盥洗台、大镜及固定式吹风机等卫生设备。

(5) 各配套设施墙面、地面均满铺瓷砖或大理石，有防滑措施。

(6) 健身房内设饮水机处。

(7) 各种配套设施材料的选择和装修，应与健身房器材设备设施相适应。

(8) 配套设施设备完好率应不低于 98%。

3. 环境质量要求

(1) 桑拿浴室门口设立营业时间、会员须知、价目表等标志标牌。

(2) 标牌设计要求美观大方，安装位置合适、有中英文对照、字迹清楚。

(3) 室内分隔成小桑拿浴室，室温保持在 26～30 ℃。

(4) 各室内通风良好，空气新鲜，环境整洁。

(5) 会员有舒适感、方便感和安全感。

4. 卫生标准要求

(1) 各桑拿浴室的天花板、墙面无灰尘、水渍、印痕，无掉皮、脱皮现象。

(2) 地面干燥，无灰尘、垃圾和卫生死角，整洁干净。

(3) 所有金属件表面光洁明亮、镜面无水迹。

(4) 所有木板洁净、光滑，无灰尘、无污迹和碳化物。

(5) 会员有舒适感。

(三) 蒸汽浴室的设计要求

(1) 目前最新式的蒸汽浴室,为组合式玻璃纤维蒸汽房,美观耐用,容易清洁。

(2) 蒸汽浴室要求隔热设备完善,耗电量低,节省能源。

(3) 各种蒸汽浴室可供15～35人同时使用。

(4) 如果预计一天接待100人次会员,则需要设计一个大约8 m^2 的蒸汽浴室。

(5) 蒸汽房内可装置冷水淋浴花洒、立体音响及全自动香气输送器等。

(四) 淋浴室的设计要求

(1) 淋浴室的数量确定:每个淋浴室平均每天约可接待50～100名会员。若设置淋浴室,需先确定每天接待的会员人数,然后决定所需的热水炉数量和淋浴喷头的数量(一般来讲,淋浴喷头的总数量大约是总会员数量的1%。例如2 000名会员,应当设有20个淋浴喷头)。

(2) 淋浴室的温度控制:淋浴水温要适中,不可忽冷忽热。

(3) 淋浴水量控制:淋浴水力要充沛,如果水压不足,要考虑装设加压泵。国外的淋浴室多设单手控制的冷热水调温龙头,或加设时间掣,及采用脚踏开关,以节省用水。

(4) 淋浴高度设计:淋浴龙头的装置高度不可太低,一般离地2 m,并可考虑设置档门。

(5) 配套用品:自动落浴油、洗发水及按摩花洒,已成为浴室必备之物;而最新设备为全身按摩器及冷热水刺激皮肤的花洒淋浴器等。

(6) 其他考虑因素:排水系统要畅通无阻,地面要铺防滑设备。

(五) 按摩室的设计要求

1. 室内设计要求

(1) 按摩房的灯光设备要设于墙上,光线向上,切忌设于天花板上。

(2) 按摩床的设计要专业及舒适,不能随便。

(3) 空调设备要小心策划,冷空气不能吹向床上。

2. 设备、设施和用品要求

(1) 男、女按摩室分开。

(2) 配置专用的配套桑拿浴室。

(3) 按摩室前或旁边设休息室。

(4) 室内配沙发座椅、电视、书报杂志。

(5) 按摩室内专用按摩床质量优良。

(6) 床上用品配床褥、床单、枕头。

(7) 会员用上衣、短裤等按摩衣、拖鞋、按摩用品齐全、完好,质地优良,能够适应会员按摩服务的需要。

3. 环境质量要求

(1) 按摩室前休息室家具用具摆放整齐,布局合理。

(2) 照明充足,光线柔和。

(3) 按摩室门口应设营业时间、会员须知、价目表等标志标牌。

(4) 标志标牌设计美观,安装位置合理,有中外文对照,字迹清楚,整洁美观。

(5) 室内按摩床固定,摆放整齐,距离与高度适中,便于操作,光线暗雅。

(6) 按摩室内温度为 25 ℃。

(7) 休息室温度为 20～22 ℃。

(8) 相对湿度均保持在 50%～60%。

(9) 室内通风良好,空气新鲜。

(10) 整个按摩室环境达到美观、舒适、安静,气氛宜人。

4. 卫生质量要求

(1) 按摩室、休息室天花板、墙面整洁美观,无蛛网、灰尘、污渍,地面光洁,无废纸、杂物和卫生死角。

(2) 会员用按摩衣、床单、枕套、拖鞋、毛巾等按摩用品一客一换,保持洁净卫生。

(六) 观赏、休息区的设计要求

(1) 观赏区应设观赏座席,方便会员及来宾参观。

(2) 休息区要设计幽雅、灯光柔和,适合会员在锻炼后或享受完沐浴后,在此区放松精神和肌体,享受真正休息的感觉。

(3) 在休息区应设有食品饮料销售、健身与健美服装、健美书刊和音像制品及健美锻炼保护器具销售服务项目。为会员提供健康饮料、营养补品和食品、书刊音像资料和锻炼用的保护用品。

五、残疾人无障碍设施与保护设施

现代商业健身房设施应该平等地提供给健康人和残疾人,让他们在参加、使用健身器材和设施活动中受益。

根据国际上和中国的法律规定,残疾人包括盲人、聋人、弱智人、截肢者、脑瘫者和脊髓损伤者。残疾人由于受其自身残疾的限制,在个人生活都难以完全自理的情况下,当他们到健身房参加健身康复锻炼时,就必然会碰到常人所难以想象的困难和不便。所以,现代商业健身房在提供给健康人全方位服务的同时,必须根据残疾人个体的残疾情况和特殊需要,给以精心照顾和安排,提供必要的安全措施和特殊服务。

现代商业健身房在为各类残疾人所提供的锻炼场地、器材设备和配套设施服务的同时,必须尊重他们的意愿、特点和适应他们的不同需要,来增设各种无障碍设施与保护性设施。例如,商业健身房及配套设施内外必经之路增设无障碍的入口和出口、增设坡道、楼道扶手、专用电梯等,便于盲人及拄拐、坐轮椅等残疾人行动。对于健身房内的地板场地,必须保持完全水平,并要进行特殊的防滑处理,所有地毯的边缘必须与地板固定,并能承受轮椅向各方面的扭转和拐杖对地板的撞击,地板要具有适当的弹性。楼梯的每一个台阶都必须标有明显的色带。墙壁要求手感好,要有护墙。房内、走廊的突角、直角要改做抹角、护角。门要坚固、轻便,装护门板,有能调节高低的扶手。推拉门要向内开,取消地面高差,门应开得快、关得慢,所有的入口门上必须有轮椅入口标志。室内照明应亮度均匀,但要提高楼梯、走廊和易发生事故地区的照明度,并要有辅助光源。所有灯具和控制开关的安装高度必须在地板上方115~120 cm处。对盲人应贴有盲人标志或备有盲人按钮、盲人电话。在卫生间有供残疾人使用方便的洁具,洗漱池和淋浴器的水龙头开关调节阀门,可采用把手式、挤压式或电控式。同时卫生间必须提供5 m的旋转半径,以便于轮椅有足够的机动性。健身房内必须要配备紧急警报系统,主要包括听觉警报和视觉警报设施。健身房必须保证提供残疾人疏散的通道(包括室内通道、室外支道、路旁坡道、步行坡道、门廊、走廊、电梯、活动区域和附属设施的区域等)畅通无阻。

总之,现代商业健身房的设计与布局,一定要考虑残疾人锻炼时的无障碍设施和保护性设施的建设,并要尊重他们的特点与特殊需要,使他们能在平等的和特殊的安全保护与规定中,公平地从事他们力所能及的各种健身与健美康复活动。这是现代商业健身房设施新的发展和建设都必须遵守的准则。同样也是"现代"商业健身房设施的重要标志之一。

第四节　商业健身房健身器材和设施的管理

一、商业健身房健身器材的维护与保养

健身器材的维护与保养是商业健身房健身器材管理的重要组成部分。商业健身房健身器材维护与保养的好坏,直接决定着商业健身房健身器材的使用质量与使用寿命,也决定着商业健身房健身器材的运行成本和商业健身房的整体经济效益。因此,商业健身房健身器材的管理,首先应做好健身器材的维护与保养工作。

(一)商业健身房健身器材维护与保养的意义

商业健身房健身器材维护与保养的目的,主要是使健身器材的使用性能良好,延长修理间隔期,延长健身器材的使用寿命,提高健身器材的工作效率,降低成本,减少消耗,更好地为商业健身房的经营服务。

(二)商业健身房健身器材的简单构造与使用注意事项

商业健身房的健身器材无论是机械化或半机械化(电子器材设备除外),它们的基本构造都离不开两种活动方式:

(1) 固定部位:包括主体支撑柱、单项支架、座椅、座垫、躺板、杠杆、配重块及固定轴等。

(2) 活动部位:包括滑轮、活动轴套、钢丝绳、滑动轨道、液压机杆、滚轮、链条、皮

带、轴承弹簧、摩擦片和阻力器等。

在使用健身器材时应注意以下的事项：

(1) 首先应注意健身器材的生产厂家，熟悉健身器材的性能，并掌握健身器材的特点。

(2) 注意健身器材的使用期限和保养维修方法。

(3) 注意掌握健身器材的一般构造和主要的功能以及容易出现的问题，如滑轮的磨损、链条和钢丝绳的断裂、弹簧的失性以及摩擦片摩擦的失灵等。

(4) 注意存留零件的备用件，以备将来更换。

(三) 大中型商业健身房健身器材的保养方法

1. 三级保养法

三级保养法就是根据健身器材保养工作量的大小及难易程度，把健身器材的保养划分为三个类别，并规定其相应的作业范围。三级保养制度是指健身器材的日常维护保养、周日保养和年度保养。

(1) 日常保养法。

① 日常保养的部位较少，大部分在健身器材的外部。保养方法包括：清洁、润滑、紧固易动的螺丝，检查零部件的完整。

② 负责保养的人员是健身房专业管理人员、健身指导员或服务员。

③ 保养时间应该是每天进行例行保养。

④ 日常保养的具体工作包括：

a. 检查健身器材的操纵机构、传动系统、变速机构及安全防护、保险装置是否灵敏可靠。

b. 检查健身器材轴承部位的润滑情况，并定时、定点加注定质、定量的润滑油。

c. 检查健身器材容易松动、脱离和断裂的部位是否正常。

d. 检查健身器材的腐蚀、砸碰、拉动、断裂和漏油、漏气、漏电等情况，搞好清洁卫生。

e. 检查健身器材的配置附件和修理工具是否齐全。

(2) 周日保养法。

① 保养的方法是对健身器材进行普遍的扭紧、清洁、润滑，并作部分调整。

② 负责保养的人员是以健身房管理员(维修人员)为主，健身指导员为辅。

③ 保养时间一般在每周或大型健身器材连续运转 500 h 后保养一次，一般停机 8 h。

④ 周日保养的具体工作包括：

a. 根据健身器材的使用情况，对部分零件进行清洗。

b. 对健身器材的某些配合间隙进行适当调整；

c. 清除健身器材表面的黄袍、油污，检查调整润滑油路，保证畅通不泄漏。

d. 清扫电器箱、电动机、电器装置和传动装置，做到固定整齐、安全防护装置牢靠。

e. 清洗健身器材的附件。

(3) 年度保养法。

① 保养方法是对健身器材进行内部清洁、润滑、局部解体检查修理。

② 负责保养的人员是以健身房管理员(维修人员)为主,健身指导员为辅。

③ 保养时间按一班制计算是一年进行一次或大型健身器材累计运转 2 500 h 后进行一次年度保养,停机时间为 32 h。

④ 年度保养的具体工作包括:

a. 根据健身器材的使用情况对健身器材进行部分解体检查。

b. 对各种传动箱或传动系统、液压箱、冷却箱清洗换油,油质和油量要符合要求,保证正常润滑。

c. 修复和更换易损件。

d. 检修电器箱、电动机、整修线路。

e. 检查、调整、恢复精度和校正水平。

每一次保养之后(不包括日常保养)要填写保养卡,并将保养卡装入健身器材档案中,同时要在健身器材登记卡日常保养与周日保养记录上记录此次保养的日期和主要内容等情况。

2. 建立计划保养制度

健身器材的计划保养制度,是按照健身器材的使用说明书中所要求的维护保养项目和时间的要求,来科学地安排保养时间和内容,并将每次保养列入计划,落实到每个管理员、健身指导员和服务人员的工作日程上,一环扣一环。管理方法比较严谨,并与健身器材管理的其他方法一起,构成商业健身房健身器材管理的大系统。其管理方法主要有以下五个步骤:

(1) 以健身器材说明书和使用手册为依据,建立每台(部、件)器材的维护保养要求。

在健身器材登记卡上,有一栏维护保养要求,每登记一台新的健身器材,健身器材的管理员就应在此栏写明该健身器材说明书中要求的每日、每周、每月、每季、每半年和每一年的维护保养要求。如果是进口的健身器材,则应及时将这一部分文字翻译过来,作为日后制订维修保养计划的依据。

(2) 利用日、周保养记录,落实日、周保养要求。

健身器材维护保养要求内的每日和每周对健身器材的保养工作,要由健身器材的使用部门承担。健身器材的管理员要把这项工作承担起来。但由于部分健身指导员或服务人员往往缺乏对健身器材保养要求的了解,缺乏坚持自觉保养的意识,所以对主要的健身器材,管理部门要坚持下发和收集该器材设备的日、周保养记录,督促这两种保养工作的落实。

(3) 根据健身器材的保养需要,做出年保养计划。

为了进一步落实健身器材的日、周、月、季、半年、一年的保养要求,首先要把它们纳入计划。因此,在制订年维护保养计划时,要根据健身器材登记卡中所要求的健身器材的日、周、月、季、年保养要求,列出健身器材计划检修工作安排大表。并在表中标明计划检修的时间安排,检修后也要做出相应的记号,以便掌握情况。

(4) 利用工作单落实计划检修工作。

填写完健身器材计划检修工作安排大表只是做完了保养计划。因为此计划是按周安排保养工作的。所以,落实每项保养工作可在每周针对表中所列项目,由健身器材的管理员下达健身器材计划检修工作单。工作单中详细写明检修内容、检修所用材料、工时和检修情况记录。在检修后,把工作单中的一份交还健身房健身器材的管理部门,另一份由部门主管主任或健身指导员自己留底。

(5) 使用计划检修工时费用统计表,计算计划检修所用工时和费用。

在大型商业健身房可根据自己的需要,在每个月末进行一次计划检修工时费用统计,统计时可以商业健身房所属部门为单位。这样做,一是可以了解各部门健身器材保养的好坏程度,二是可以为部门核算做好准备,三是可以与其他统计结果一起构成一致的统计结果。

3. 商业健身房健身器材的点检制度

(1) 商业健身房健身器材点检的含义和目的。

商业健身房健身器材的点检是一种先进的健身器材的维护管理方法,它是应用全面质量管理理论中关于质量管理点的基本思想,对影响健身器材正常运转的一些关键部位进行经常性检查和重点控制的方法。所谓重点控制,第一是调查研究重要部位的运行规律和状况,掌握其是否出现异常状况;第二是实行管理的制度化和操作技术的规范化。这里所说的“点”就是预先规定的健身器材的关键部位。“检”就是通过人的五官和运用检测的手段进行调查,及时准确地获取健身器材各部位的技术状况异状或劣化的信息,及早预防维修。

健身器材点检的目的是为了及时掌握故障隐患并及时消除,从而提高健身器材的完好率和利用率,提高健身器材的维修工作质量和节省各种费用,提高总体效益。

(2) 商业健身房健身器材点检方法的优越性。

① 使维修工作减少了盲目性和被动性,提高针对性和主动性。由于清楚地掌握了健身器材的隐患和问题,使健身器材的维护保养工作具有主动性,从而减少事故后抢修的工作量。

② 健身器材点检的各个项目明确并且定量化,保证维修工作质量,培养健身器材管理人员的综合分析和判断问题的能力,提高了专业技术水平。

③ 制定严格的点检线路,使用规范化点检表。便于实行点检考核,增强责任感,提高工作效率。

④ 采用点检记录卡,积累健身器材的原始信息,有利于充实和完备健身器材的

技术档案,为健身器材信息的电脑化管理奠定基础。

(3) 商业健身房健身器材点检的分类方法。

健身器材点检可分层次划分,例如对属于商业健身房公共器材设备的点检可划为“A级点检”;对属于附属设施部门的期限器材设备的点检可划分为“B级点检”。如此分清类型,便于管理。

在各级点检中,要根据健身器材运行和使用的不同时间的间隔和规律,可划分为“日常点检”、“定期点检”和“专项点检”。

① 日常点检:日常点检时间周期是每日进行,主要通过感官检查运行中的关键部位的磨损、声响、振动、温度、油压等,检查结果记录在点检卡中。

② 定期点检:定期点捡的时间周期长短按健身器材的具体情况来划分,有一周、半月、一月、数月不等。定期点检是凭感官并使用专用检测仪表工具对重点健身器材的劣化程度和性能状况进行检查,查明健身器材的缺陷和隐患,为中、大修方案提供依据。定期点检凭感官并使用专用检测仪表工具。

③ 专项点检:专项点检是使用专用仪器工具有针对性地对健身器材某特定项目在运行过程中进行检测。

④ 健身器材的点检是技术性很强的工作,它要根据不同的健身器材、不同的工作条件,来区别不同的情况进行。具体可分为以下几个步骤:

a. 确定健身器材检查点和点检路线。

健身器材的检查点应确定在健身器材的关键部位和薄弱环节上。健身器材是一个有机运行的整体,因此,确定管理点既要从整体上考虑,同时又要从环境因素考虑。在考虑整体和环境因素的基础上,要抓住“关键”和“薄弱”两个方面。管理点确定后要长期积累数据,因此,一经确定就不要轻易变动。检查点确定后要根据健身器材的分布和类型等具体情况组成一条点险路线,明确点检前后顺序。

b. 确定检查点的点检项目和标准。

检查点的检查项目的确定,既要考虑所反映该点技术状况的若干要素,又要考虑点检人员检查获得这些信息所采用的方法和使用的工具。点检项目标准要根据健身器材的使用说明书等技术资料,结合以往的实际经验来制定项目的判定标准,判定标准要尽可能地定量化,注明数量界限。

c. 确定点检的方法。

点检的方法有:第一,运行中检查和停机检查;第二,停机解体检查和停机不解体检查;第三,凭感官和经验检查和使用仪表仪器检查等。确定后的检查方法不能随点检人员自行改变。

d. 确定点检周期。

检查点的点检周期要由健身房管理者、健身指导员、技术人员、维修人员和有关部门的人员共同研究确定,因为点检周期长短必须根据健身器材的不同特点和运行时间,健身器材维修和操作人员的工作经验等因素进行综合考虑。初期可以拟定试行方案，然后在试行中不断总结和修订，最后才能确定既切合实际又保证质量的点检周期。

e. 制作点检卡。

运用检查点和点检路线、检查项目、检查周期、检查方法、检查标准等内容编成点检表格，印制成点检卡以便点检时使用。点检卡是健身器材信息管理的重要原始资料，必须妥善保管。

f. 落实点检责任制。

点检工作的成败关键在于点检人员责任心和技术水平。所以，落实点检责任制，首先要选好用好点检工作人员。然后要求点检工作人员按岗位职责进行工作，具体来讲：

第一，专职点检员的工作职责是负责管辖区内设备点检工作。

第二，制定设备点检卡。

第三，建立本辖区健身器材台账和点检资料档案。

第四，根据点检信息确定健身器材的故障隐患和原因，提出修理意见，对单独可以解决的问题则动手做故障处理。

第五，编制辖区健身器材故障隐患检修计划，提出备件需求报告。

第六，参与大修计划和实施，并检查大修质量，记入点检卡。

第七，按岗位点检人员执行岗位责任制的好坏进行奖励与处罚。

g. 实施点检培训工作。

点检培训既是提高点检人员基本素质的重要工作，又是商业健身房普及健身器材管理点检知识的有力措施。必须在商业健身房所有的健身器材管理、操作和使用的有关人员中开展这一培训。对点检专业人员的培训工作重点在于培养他们的工作责任心和技术能力，明确自己的职责范围和工作内容；熟悉各种检测仪表的使用和操作部件工作原理以及故障的类型原因；学习点检资料的填写、收集、分析、整理形成书面报告的文字能力和建立技术档案的基本功。

h. 建立和利用点检资料档案。

点检人员完成检查工作后，建立资料档案和利用这些资料为修理提供决策依据，起到健身器材管理参谋的作用，更重要的任务是点检人员，对检查信息记录要准确、简明，全面规范。要定期收集整理归档保存。然后分析研究点检资料，提出决策方案。对大型的健身器材的关键技术，主管领导要亲自参加资料的分析和研究。

i. 点检工作的检查和考核。

点检工作要产生实际效果，使之真正对健身器材的预防修理工作起到重大作用，就要加强领导，严格检查、考核，杜绝走形式的点检工作，杜绝谎检、漏检、误检和空检的现象。不经检查谎填数据是谎检；按规定该检而没有检的是漏检；检查判断马虎不准确是误检；查出问题不解决是空检。对检查结果要定期评比，表彰点检工作责任心强，成绩大的有功人员，处罚出现“谎检、漏检、误捡、空俭”的人员。

(四) 大中型商业健身房健身器材的维护方法

大中型商业健身房健身器材的维护与保养,分为日常维护、定期维护和区域维护。三者是互相依存,交叉进行的。日常维护是每天进行的,定期维护是在日常维护基础上进行的。

1. 日常维护

日常维护是经常化、制度化地对健身器材进行维护保养,是全部维护工作的基础。大中型商业健身房常用大型健身器材的日常维护的一般程序如下:

(1) 班(课)前维护。

① 检查固定装置、传动装置、电源以及电气控制装置要安全可靠;各操纵机构正常良好。

② 安全保护装置齐全有效。

③ 擦拭健身器材,有运转滑动部件的应检查润滑情况。

④ 认真检查上一班次的交班记录,然后填写交班记录。

(2) 示教操练中维护。

① 严格按操作规程操作。

② 集中精力工作,注意观察健身器材的运转情况和仪器仪表的各种情况。通过声音、气味观察有无异常情况。

③ 杜绝健身器材带病操作和运转的现象,如有故障应停机检查及时排除,并做好故障排除记录。

(3) 班(课)后维护。

① 保持健身器材清洁,工作场地整齐,场面无污迹垃圾。

② 保证健身器材上的全部仪器仪表、固定装置、传动装置、油路系统、冷却系统和安全保护系统的完好无损,灵敏可靠,指示准确。

③ 非连班操作运行的健身器材,在完成保养后,健身器材应回复到非工作状态,切断电源。

④ 认真填写运行记录和交班记录。

2. 定期维护

定期维护是在日常维护基础上规定在一段时间(时间长短根据不同健身器材而定)后对健身器材从更深层次上进行维护,以便消除事故隐患。减少健身器材磨损,保证健身器材长期正常运行。定期维护的主要内容如下:

(1) 彻底清洁健身器材外表和内部,疏通管道、油路。

(2) 拆卸、检查健身器材的规定保养部位。

(3) 清除健身器材的电机、接触器、继电器等的灰尘油污,并保证他们接线完整无破损。

(4) 润滑机械传动装置,紧固零件和调整机械间隙,必要时更换零件。

(5) 对调整、小修、更换零件部件要逐一记录,对疑难和尚未解决的问题记录并上报技术主管人员，及时采取措施解决。

(6) 由主管人员检查验收定期维护结果。

(五) 小型商业健身房健身器材的维护与保养方法

1. 维护与保养的目的

通过对健身器材的维护与保养，延长健身器材的使用寿命，避免发生意外的伤害事故。

2. 维护与保养的方法

(1) 每天清扫健身房1～2次，保持室内一定的湿度，使健身器材的活动部位不受尘土侵袭，以减轻磨损。

(2) 对健身器材的各部位，应每天检查一次，查看螺丝是否松动，有无开焊、断裂之处，如有异常现象，应及时修理，保证健身器材的安全完整和能够及时使用。

(3) 对健身器材各部位，要定时加油、紧固或更换磨损件。

(4) 对所有健身器材，每天要擦拭并码放整齐(如系列杠铃和哑铃等)。

(5) 健身器材的座面如果是人造革或牛皮面的应用布套包好，以便于清洗和延长使用寿命。

(6) 对各种健身器材，要按规定合理使用，重量块回位要轻放，对调整重量的插销要保存好，不能乱扔乱放。

(7) 常备易损件，如螺丝、钢丝绳、接头、销子、滑轮和握把等，如有丢失和损坏，要及时更换。

(六) 商业健身房木质场地的维护与保养方法

1. 涂地板蜡

涂蜡是保护木质地板的重要措施。能保持地板不干、不裂、不变质。涂蜡也有缺点，地板表面太光滑，锻炼者容易摔跤，影响练习动作和技术的发挥。因此，打蜡应视各个健身房场地的实际情况进行。打蜡的时间与方法介绍如下：

(1) 每年春季，地湿返潮前打蜡。

(2) 将地板擦干净晾干。可用碱水或洗衣粉溶液洗擦，也可先用"草根刷子"刷洗，然后用清水冲刷、擦净、晾干。

(3) 上地板色。色度视地板底色定，亦可根据健身健美运动项目的需要进行调配，浓度不宜过大。

(4) 涂地板蜡。先将蜡装入用豆包布缝制的小袋内(30 cm×20 cm)，然后从场地某点开始，由前向后，均匀地把蜡涂在地板上。3～4 h后再用打蜡机抛光。

2. 涂地板油

地板油由10号柴油、机油、松香等原料配制而成，具有使地板不干燥、不变质和防腐、防滑等作用。一般情况下每周涂1～2次，气候干燥时次数可视需要适当增加。

具体涂法是：将地板油洒在棉线墩布上，用墩布拖擦地板1～2遍。

3. 涂防滑油

健身与健美锻炼时,尤其像各类健身操(有氧操)练习,为防止操练者脚上打滑才使用防滑油。

具体涂法是:将防滑油洒在棉线墩布上,用墩布拖擦地面。最好是用煤油墩布擦净地板后再涂防滑油。防滑油应视实际需要涂用。一般是场上操练者跑动、跳跃较多的区域应涂油多一些,跑、跳少的区域不涂或少涂。

4. 防滑膜地板

地板上覆盖一层防滑膜。耐磨不涩,很适合健身与健美运动锻炼的需要。但它比较怕水、怕灰尘,所以要经常保持场地内的卫生。

商业健身房没有活动时,要保持每天用干净的干布拖擦一遍。锻炼活动前后要拖擦。锻炼活动人多时每天要拖擦3~4遍。

5. 海绵垫(包)、地毯覆盖的地板面

每个季度要翻晾、通风一次,以防水气侵蚀地板和健身器材。使用直接贴铺在地板上的橡胶面场地,更应定期或不定期翻晾,做好防腐工作。

二、商业健身房健身器材的修理方法

健身器材的修理是修复因正常或不正常原因而造成的健身器材的损坏部分,通过修理和更换已被磨损、腐蚀的零部件,使健身器材的效能得到恢复。修复的实质是健身器材物质磨损的补偿。

健身器材的修理和维护保养,是不能互相代替的两项工作,两者的工作内容不同,要达到的目的也不同。修理主要是修复和更换已经磨损或腐蚀的零部件;维护保养则是处理健身器材在运转过程中随时发生的技术状况的变化,如脏、松、润、缺。修理的目的是恢复健身器材的精度,保养的目的则是减少故障,延长使用时间。

(一) 健身器材的磨损规律

健身器材的磨损有两种情况:一种是有形磨损(实体磨损),反映健身器材使用价值降低和原始价值部分损失;另一种是无形磨损(精神磨损),它是由于科技进步而不断出现性能完善和效率高的健身器材,使原有的健身器材的价值降低或贬值。

健身器材使用过程中的磨损,可分为3个阶段:初期磨损阶段、正常磨损阶段和急剧磨损阶段。正常磨损阶段的磨损速度基本稳定,磨损值的增加较为缓慢。这时在合理正确的使用条件下,健身器材容易保持最佳的技术状态,使用也最符合要求。

一般采取正常磨损阶段的终点即急剧磨损的起点作为合理磨损的极限,当健身器材尚未达到这个极限之前,就要进行维修。一般来说,健身器材有形磨损的局部补偿是修理,健身器材无形磨损的局部补偿是现代化改装,两种磨损的完全补偿则是更新健身器材。

(二) 健身器材修理的类别

健身器材的修理,在中国一直沿用着大修、中修、小修3个类别,每一类修理的修理工作量、更换和修复程序、精度要求及工作量比率，可以用表 3－7 表示如下。

表 3－7　健身房器材设备修理工作内容表

项　目	大修理	中修理	小修理
拆卸分解程度	设备全部拆卸分解	拆卸分解需要修理的部位	部分拆检零部件
更换与修复程度	修理基准件，更换可修复主要大型零件及所有不符合要求的零件	修理主要零件基准件，更换或修复部分不能使用至下次修理时的零件	清理积屑，调整零件间隙与相对位置，更换不能使用至下次修理时的零件
精度要求	恢复原有精度达到出厂标准或精度标准级	主要精度达到工艺要求，个别精度难以恢复的延至下次大修中解决	对工艺进行加工试验，达到工艺要求
喷漆要求	全部内外打完刮泥子，喷漆	喷漆或补漆	不进行
工作量比率约为	100%	56%	18%

（三）健身器材的修理方法

1. 按照确定修理日期的方法分类

（1）标准修理法。

又称为强制修理法，这种方法是根据健身器材零件的使用寿命，在修理计划中明确规定修理日期、内容和工作量。经过规定的时间间隙，不管健身器材零件的实际磨损及健身器材运转情况如何，进行强制修理，零件也需强制更换。修理时，按事先拟定的标准工艺进行。

这种方法的优点是：便于在修理前做好充分的准备，组织工作简化，停歇时间短。缺点是需经常检测零件磨损情况，修理费用大。一般适用于必须严格保证安全运转和特别重要又必须严格保证安全的健身器材和设备的修理，如健身模拟器材、动力设备、桑拿设施和按摩设备等。随着先进检测手段的出现，这种方法有不断扩大的趋势。

（2）定期检查法。

这种方法是根据健身器材的实际使用情况以及修理前的检查资料制订修理计划。事先预定修理日期、主要修理内容及修理工作量，但允许根据健身器材的实际磨损情况做适当的调整。

这种方法的优点是便于做好修理的准备工作，可以缩短修理时健身器材的停歇时间，又能合理利用零件的使用寿命，防止不合理的消耗修理费用。

目前中国维修工作基础较好的大中型商业健身房大多采用这种方法。它主要适用于一般性的健身器材修理，如综合健身器材、按摩和桑拿设备等。

（3）检查后修理法。

这种方法是根据健身器材的零部件磨损资料，事先只规定健身器材的检查次数和时间,每次修理的具体时间、类别和内容均根据检查后的结果确定。

这种方法的优点是简单易行,缺点是容易影响修理前的准备工作,它主要适合安全系数较大而尚未完全掌握健身器材性能或对健身器材技术资料掌握不全时采用。

2. 按照组织修理方法的先进程度分类

(1) 部件修理法。

即将需要修理的部件拆下来,换上事先准备好的部件。这种方法可以大大缩短修理健身器材停歇时间,但需要储存一定数量的部件用于周转,占用一些资金。所以,这种方法只适用于那些具有大量同类型健身器材的商业健身房以及关键的健身器材。

(2) 部分修理法。

即将整个健身器材分成几个独立的部分,按顺序进行修理,每次只修理其中一部分。这种方法的优点是可以把修理工作量分散化整为零,利用假日或非工作时间进行,从而提高健身器材的利用率。它适合于具有一系列构造上独立部件的健身器材或修理时间比较长的健身器材。

(3) 项目修理法。

指为提高健身器材设备某个项目的性能,对影响该项目的有关零件进行调整、修理和更换。这种方法针对性强,适合在大型健身器材中使用。

(4) 同步修理法。

即将若干台在工艺上相互紧密联系,而又需要修理的健身器材,安排在同一时间内修理,实现修理同步化,以减少分散修理的停歇时间。这种方法常用于配套健身器材的修理。如综合健身器材或模拟系统的各个部件就需要同步修理。

(四) 常用修理工具和油料

1. 常用工具

(1) 钳台:高 80～90 cm,长 1 m 左右,宽 80 cm,要求坚固平稳。

(2) 台虎钳:使用中不能用加力杆和手锤敲击板杆,以免损坏丝杠和螺丝。

(3) 砂轮机:要接对线路,固定好。磨时要站在砂轮机的侧面,专轮专用,不能吃量太大,要稳而均匀。

(4) 台钻:接好线路固定稳。钻孔时调好相应转速,垫好机件,不能损坏工作台。

(5) 手电钻:钻孔时压力适中平稳,并垂直于工件。

(6) 改锥、螺丝刀分十字和一字口。用力要垂直。

(7) 钳子:鲤鱼钳、钢丝钳等。

(8) 扳手:梅花扳手、开口扳手、套筒扳手、活动扳手。松紧螺丝要选用合适扳手。

(9) 手锤:可分铁、铜、木、橡胶锤等常用的几种。锤头安装不能松动,敲击物要清理干净。挥锤可按质量大小用腕、肘、臂进行。敲击时注意稳加准。

(10) 手锯:安装锯条要锯齿向前,松紧合适。锯不同的材料选用不同的锯条。

14～16齿的锯是锯铸铁、铜、铝用，22～25齿的锯是锯水管、角铁用，28～32齿的锯是锯工具钢、金钢用。锯在使用时要平稳，锯硬料时要加润滑剂以延长锯条寿命，提高工作效率。

(11) 锉刀：可分平、圆、三角锉等。锉料时要平稳推进，还要用铜丝刷定时清除锉刀上的铁屑。

2. 常用量具

(1) 钢板尺：可分150 mm、300 mm、500 mm和1 000 mm 4种。可单独使用，也可以配合内、外卡钳使用。

(2) 游标卡尺：分主尺和副尺。主尺1格表示1 mm，副尺1格表示0.1 mm。使用卡尺时零件表面要擦净，读数要准确，用完要擦干净放好。

(3) 厚薄规(塞尺、间隙片)：由0.01～0.5 mm各种不同单位厚度的钢片组成，用来测量机件之间的间隙大小。量间隙时感觉稍有阻力时合适。用完擦干净。

3. 常用油料

(1) 汽油：按汽缸压缩比选用不同牌号的汽油。

(2) 轻柴油：选用不同凝点柴油。

(3) 润滑油(机油)：根据气温选用。

(4) 齿轮油：含大量胶质，不能当机油使用。

三、商业健身房健身器材和设施的维护保养规范

(一) 商业健身房管理人员(兼维修人员)的规范化管理

商业健身房各种健身器材的有效管理，关键在于负责健身器材管理人员的责任心和敬业精神，如果缺乏高度的责任心，就很难管理好各种健身器材。除此之外，管理员(兼维修人员)必须掌握现代化技术和知识才能胜任本职工作。所以，必须提高管理员(兼维修人员)的科学技术水平、工作自觉性和责任心。对管理员(兼维修人员)的规范化管理、包括以下几个方面：

(1) 加强对管理员(兼维修人员)的技术培训，使他们学习和掌握健身器材的原理、结构、性能、使用、维护、修理以及技术安全等方面的理论和实践知识。

(2) 管理员(兼维修人员)经培训后要经过理论考试和操作考核合格，由技术管理部门发给操作证方能上岗。

(3) 加强管理员(兼维修人员)的职业道德教育，管理员(兼维修人员)的工作责任心和积极性是用好、管好健身器材的根本保证，要采取各种教育人和关心人的工作方法，促使健身指导员和管理员(兼维修人员)树立敬业乐业的精神。

(二) 商业健身房接待服务人员(含会籍顾问和社会体育指导员)的规范化管理

(1) 健身房的接待服务员，在上岗前都必须接受常用健身器材的理论与实践培训。培训内容包括健身器材的结构性能、操作和维护的一般知识，健身器材的使用方法和注意事项，示范操作的动作和礼节规范。培训合格要发给健身房承认的合格证

并定期考核检查。

(2) 制定有关健身器材的清洁、维护和报修程序职责,并要求服务人员严格按职责程序工作。

(三) 商业健身房健身器材使用的规章制度

商业健身房健身器材使用的规章制度包括健身器材的运行操作规程、健身器材的维护规程、运行操作人员岗位责任制、交接班制度和运行巡检制度等。

1. 健身器材运行操作规程

(1) 运行前的准备工作。

(2) 开、停的操作顺序和安全注意事项。

(3) 健身器材的主要技术指标(重量、压力、拉力、阻力、电流、电压、温度、油压、水压等)和极限值范围。

(4) 防止出现事故的措施和紧急情况的处理方法。

(5) 常见故障及其处理办法。

2. 健身器材维护规程

(1) 调整日常保养的内容、次数的标准。

(2) 健身器材每班巡检的关键部位。

(3) 巡检发现异常情况的处理办法。

3. 健身器材操作人员的岗位责任制

(1) 本岗位的工种名称和上岗资格(例如取得上岗合格证)。

(2) 本岗位的职责范围和处理问题的权力范围。

(3) 本岗位的考核标准和考核办法。

(4) 本岗位应知应会。

4. 健身器材运行的交接班制度

(1) 交接班的时间。

(2) 交接班记录的合格要求和责任界限。

(3) 交接班应移交清楚的工具附件。

(四) 商业健身房健身器材管理的基本规范示例

1. 操作使用人员要做到"三好"

(1) 管好:管理好健身器材以及健身器材的附件、仪器仪表、安全防护装置,使之完好无损。不擅离岗位,健身器材发生事故要及时上报。

(2) 用好:严格执行操作规程,严禁超负荷运行,保持操作机构灵敏可靠。

(3) 养好:严格按照健身器材的保养规定,做好健身器材的日常保养和定期保养工作,班前班后做好清洁、检查或必要的润滑调整修复工作,以保持性能良好。

2. 操作使用人员要做到"四会"

(1) 会使用:熟悉健身器材的原理、结构、性能和使用范围,严格遵守操作规程。

(2) 会保养:保持健身器材的清洁,按日常保养要求精心保养,发现异常情况及时处理。

（3）会检查：熟悉健身器材开机（使用）前后和运行的检查项目内容。健身器材运行（使用）中要随时观察有无异常情况。

（4）会排除故障：能正确判断故障征兆和原因，掌握故障排除方法。对排除不了的疑难问题及时报检报修。

3. 服务人员（含会籍顾问、健身指导员）要做到“两介绍”

（1）向会员介绍健身器材的使用方法并给予示范。

（2）向会员介绍使用健身器材的安全注意事项并交代询问和联系方式。

4. 示教与操作要遵循“五项纪律”

（1）凭操作证上岗操作健身器材。

（2）保持健身器材整洁，要精心保养。

（3）严格履行交接班制度和操作规程。

（4）健身器材的附件、工具齐全无损。

（5）随时监察健身器材的运行情况，发现故障应立即检查报告。

5. 大型商业健身房健身器材要做到“四定”

（1）定人示教与操作。

（2）定人检查维修。

（3）定操作规程。

（4）定维护保养细则。

总之，作为商业健身房的管理部门，首先应定出管理制度，内容包括健身器材的使用范围、健身房内的卫生规定、健身器材的使用方法及维修保养制度。应按日、周、月、季度、半年及一年进行维修和保养，形成制度后要严格执行，管理部门应按时检查。这样才能减少由于管理不当而出现的损失和由于宣传教育不够而出现意外损坏，使各种健身器材能正常地使用并能延长使用寿命。最终取得商业健身房健身器材投入使用的最佳社会效益和经济效益。

思考题

1. 简述商业健身房的定义。
2. 商业健身房有哪几种类型？
3. 商业健身房组织机构的设计原则有哪些？
4. 商业健身房的管理层次和范围有哪些？
5. 怎样根据健身房的不同区域来配置健身器材设备？举例说明。
6. 举例说明健身房配套设施设计与布局的一般要求有哪些。
7. 如何对健身房的健身器材进行维护和保养？

第四章　商业健身房的经营与管理

第一节　私人教练员的管理

一、私人教练员的定义

私人教练员(personal trainer)是指在现代商业健身房群众性健身消费和体能锻炼活动中从事健身健美指导、知识技能传授等活动的对雇主直接负责的健身指导人员。

私人教练员的工作实质，是根据健身房会员个体不同的体质、素质、体型、个性特点、目标和要求等，以个体健身健美消费为核心，以一对一有偿指导服务的职业方式为特征，以完全个人的健康生活方式为宗旨，以各种科学的健身、健心、健智、健美的方式方法为手段，严格制定、实施和督导个人健身健美处方，以达到健身、健心、健智、健美为目的的过程。

私人教练员的工作应当是一个以个人健身健美为本、追求私人教练员服务过程与会员精神教养过程的统一，追求私人教练员和健身房会员的认知与情感的协调活动并相互支持；追求私人教练员与健身房会员之间形成尊重、关爱、促进的人道主义关系，为人类终身健康服务的新兴职业。“私人教练员”这一新兴的职业，是伴随着中国“健身与健美消费强势群体”以及“个性化健身与健美消费”的需求出现的。

二、私人教练员的工作特点

私人教练员是健身市场中教练员职业队伍中的新兴一族，它与健美教练员和健美操教练员的服务性质有着本质的差异，具体的工作特点体现如下。

(一) 按健身房会员的个性提供服务

大众健身和集体健身在商业健身房都是一种群体性的健身与健美消费服务，而所谓的私人教练员与以上两者之间的区别就在于私人教练员为健身房会员个体提供的是具有针对个性化特点的指导服务。即根据健身房会员不同的个人爱好、体质状况、健身消费需求等提供一对一优质的指导服务。

(二) 服务过程的计划性和随意性

在健身房消费的会员，他们生活在不同的社会阶层，他们各自有着不同工作特点和生活方式。因此，要为他们提供高质量的优质服务，除需制订长远而详细的计划外，在指导过程中还需根据他们当时的具体工作现状和生活实况，随时随地调整健身与健美处方，保证获得最佳的效果。

（三）服务质量的目标性

健身房会员花费聘请私人教练员，其目的是为了获取最优质的服务，并尽可能在更短的时间内达到目标。因此，在所提供服务的过程中，应以健身房会员个体的目标为方向，运用各种手段和方法以最快的速度达到健身房会员个体的期望目标。

（四）服务内容的多样性

私人教练员所要面对的是各种不同类型的会员。由于他们的生活方式和社会层次、社会阅历的不同，故会提出诸如健身、健心、健智、健美等诸多不同内容的目标或要求。因此，私人教练员必须随时为会员提供他们所需要的健身与健美服务项目，以满足健身房会员个体的消费需求。

三、私人教练员的服务理念

（一）私人教练员职业礼仪

现代商业健身房的服务是物质文明和精神文明高度发达的产物，健身与健美活动不仅要求有现代化的物质环境，而且要求有现代化的精神环境。现将私人教练员职业礼仪简单介绍如下。

1. 仪表要求

仪表是指人的外在表现，如着装、服饰、化妆、发型等，私人教练员的仪表要求包括以下内容：

（1）工作时间应穿本单位规定的统一的工作服，左胸前佩戴服务标志。

（2）工作服（运动服）要整洁，领带、领花挺括于净，系戴端正，扣齐纽扣，鞋袜整齐，皮鞋或运动鞋要保持清洁和光亮。

（3）头发要整洁、梳理整齐，不得有头皮屑。

（4）发型要讲究：女子前发不遮眼，后发不过肩，不准梳奇形怪状发式；男子不长发、大鬓角和胡须。

（5）女子注意长筒袜的抽丝和脱落。

（6）鞋子不得沾染灰尘和油渍。

（7）双手保持清洁，指甲内不得留有污物，夏季手臂保持清洁。

（8）不得看见耳垢。

（9）不得有眼屎。

（10）膝盖干净，衬裙不得外露。

（11）衣服拉链要拉足。

（12）女不要浓妆，不使用香水，不准戴耳环、戒指；不准留长指甲和涂指甲油；不能当众化妆。男子不准戴戒指，不能吸烟。

（13）上班时间不准穿短裤、背心和打赤脚、穿拖鞋；不准戴有色眼镜。

2. 举止要求

举止是指人的行为、动作和表情,它包括以下内容:

(1) 站立要求。

① 挺胸抬头,不能弯腰驼背,也不能肩膀向一侧倾斜。

② 姿态要端正,双手自然下垂,不能叉腰抱胸,不能将手放在兜内。

③ 双脚稍微拉开呈30°角。

④ 要显得庄重有礼,落落大方。

⑤ 不准背靠它物或趴在服务台和健身器材及设备上。

(2) 行走要求。

① 行走时一定要走姿端庄。行走时,身体的重心应稍向前倾,收腹、挺胸、抬头,眼睛平视前方,面带微笑,肩部放松,身体正直,两臂自然地前后摆动。

② 走路时,脚步要既轻且稳,切忌晃肩摇头,上体左右摇摆、腰和臂部居后。行走应尽可能保持直线前进。遇有急事,可加快步伐,但不可慌张奔跑。

③ 多人一起行走时,不要横着一排,也不要有意无意地排成队形。

④ 在健身房内场所行走,一般靠右侧。与会员同行时,要让会员走在前面;遇通道比较狭窄,有会员从对面过来时,服务人员应主动停下来靠在边上,让会员先通过,但切不可把背对着会员。

⑤ 遇有急事或手提重物需超越行走在前面的会员时,应彬彬有礼地征求会员同意,并表示歉意。

⑥ 行走要轻稳、姿态要端正,表情自然大方,给人以美的感受。

⑦ 行走时不能将手放入兜内,也不能双手抱胸或背手。

⑧ 快速行走时不能发出踏地的咚咚响声。

⑨ 如多人同时行走时,不能用手勾肩搭腰,不能边走边笑、边打闹。

⑩ 如引领会员时走在会员左前方两步远处,行至转弯处服务员应伸手示意。

⑪ 与会员同行时,不能突然抢道穿行;在允许情况下给会员一定程度的示意后方能越行。

(3) 目光要求。

① 注视对方时间应占谈话时间的1/3,否则给人不信任的感受。但在南欧国家如南斯拉夫、希腊、意大利等国,则把注视对方被看成是冒犯。因此,对南欧人就不要注视对方。

② 注视的位置要适当。一般社交场合应注视对方双眼与嘴之间的三角区,谈公事或讲课时注视眼部以上位置能保持主动。

③ 轻轻地一瞥,表示兴趣或敌意,疑虑或批评。所以,私人教练员要特别注意不要让这种目光流露出来。

④ 切忌闭眼,因为持续1 s或更长时间的闭眼,表示排斥、厌烦、不放在眼里的意思。

总之，私人教练员应恰当运用语言和目光表达对会员的热情关注。

(4) 行为要求。

① 服务动作要轻。

② 在会员面前不要吃东西、饮酒、吸烟、掏鼻孔、搔痒，不要脱鞋、缩裤角、撸衣袖、伸懒腰、哼小调、打哈欠等。

③ 路遇熟悉的会员要主动打招呼，在走廊、过道、电梯或活动场所与会员相遇时，应主动礼让。

④ 不要随地吐痰、乱扔果皮、纸屑。

(5) 手势要求。

手势是最有表现力的一种“体态语言”，它是私人教练员向会员作介绍、谈话、引路、指示方向等常用的一种形体语言。

① 手势要正规、得体、适度、手掌向上。

② 在指引方向时，应将手臂伸直，手指自然并拢，手掌向上，以肘关节为轴指向目标。同时，眼睛也要转向目标，并注意对方是否已看清目标。

③ 在介绍或指路时，不能用一个手指比划。

④ 谈话时，手势不宜过多，幅度不宜太大。

⑤ 在使用手势时，还应注意各国的风俗习惯。如竖起大拇指，在中国有称赞、夸奖之意，而在澳大利亚则有侮辱的意思；用手指组成“O”形，在美国含有好与平安的意思，在日本是有钱的意思，在地中海沿岸，则含有侮辱的意思；阿拉伯人用小指拉在一起，是表示断交的意思。

3. 卫生要求

(1) 经常刷牙，保持口腔清洁，上岗前两小时内不得吃有异味的食物，保持说话口无异味。

(2) 发式要按规定要求梳理整洁。

(3) 要做到勤洗手、勤洗澡、勤理发、勤剪指甲。

(4) 工作服要勤洗勤换，保持整治。

(5) 皮鞋、运动鞋要勤擦油、勤洗涤，保持光亮清洁，袜子要保持清洁。

(6) 不能在会员面前挖耳、抠鼻、挖眼屎、修指甲、打喷嚏等。

4. 语言要求

(1) 语调亲切，音量适度，讲普通话。

(2) 适时运用“您好”“请”“谢谢”“对不起”“打扰了”“别客气”“请稍候”等礼貌用语。

(3) 称呼要得当，不要用“哎、喂”等不礼貌的语言。

(4) 不准粗言粗语，高声喊叫。

(5) 语速不要太快，要清脆简明，不要有含糊之音。

(6) 同会员讲话时，精神要集中，眼睛注视对方，要细心倾听，不能东张西望，左顾右盼,不要与会员靠得太近,应保持1 m左右的距离。

(7) 语言简洁、明确、充满热情。

(8) 遇见会员主动打招呼,向会员问好。

(9) 对会员的要求无法满足时,应说"对不起"表示抱歉。

(10) 讲究语言艺术,说话力求语意完整,合乎语法。

(11) 适时运用六大接待用语,即:

① 您来了。

② 明白了。

③ 请稍等片刻。

④ 让您久等了。

⑤ 真对不起。

⑥ 谢谢。

同时,如果再配上一定的动作,那么接待会员工作就能更成功。比如在说了"您来了"之后就点头致意,或者行九十度鞠躬礼。

私人教练员若经常精神饱满地使用"您来了"这类词语,能使整个健身房充满活力。因为"您来了"这句话里除了包含着欢迎会员光临的意思之外,同时还表示着另一层意思,即知道您要来,我现在就安排您所需要消费的健身与健美锻炼项目,请稍等候一下。会员听了这句话后,就会打消顾虑。反之,如果既不打招呼,又迟迟不安排会员的健身与健美的锻炼项目,提供及时的服务,那么会员就不会再次登门。

5. 距离有度

心理学实验证实,人与人之身体之间存在有一定的心理许可空间间隔,也就说在人际交往互动活动中的人际距离必须适中,过大过小均会令当事的双方或多方产生心理距离或招致情绪上的波动和不适,影响或妨碍正常的服务活动和服务质量。在商业健身房服务活动中这种距离要求同样具有十分重要的意义与作用。一般而言,在商业健身房服务交际中,人际距离过大易使会员产生被疏离、疏远之感,过小则又会使其感到压抑、压迫、局促、不适或被冒犯等感觉。不失礼貌的商业健身房服务距离通常有以下五种。

(1) 引导距离。

引导距离主要运用于带领潜在会员或初入籍会员浏览、介绍健身房设施、产品的过程中。无论是在徐徐行进中的语言交流或是驻足详细介绍或是会员体验器械、产品的时候,若无特殊情况,担任引导人员的会籍顾问、教练或其他工作人员应处于会员的左前方1.5 m左右,当然,若有不可回避的物体阻碍时也可变通所处距离与位置。

(2) 展示距离。

展示距离或称示范距离,主要是指私人教练员在演示器械使用操作、动作技术和其他需要运用肢体语言直观说明的内容与项目等时与被服务者会员间隔的距离。合适的展示距离应该是既能保证会员看清楚自己的操作示范，又能预防对方对自己操作示范的妨碍，展示距离的运用可预先防止有碍规范服务及良好氛围行为与情绪的发生，保持示范风度与礼仪。展示距离的长短视所演示项目与内容的特点和要求可在 1.0～3.0 m 之间，特别情况除外。

（3）待命距离。

待命距离适用于为有一定锻炼基础和水平，但仍需监控的会员的服务过程中。待命距离特指私人教练员在会员随时有需求、但现时尚未申求为其提供服务时所应该与之保持的距离。适当的待命距离一般在 3.0 m 以外，但必须是被会员视线所及的地方。

（4）服务距离

服务距离是健身房，特别是器械健身过程中最常规、常用的距离。其主要指私人教练员应会员的请求或主动视会员的需要而征得许可后，为对方直接提供服务时的距离。服务距离的大小宜视具体情况而定，有时需要肢体的短暂接触或贴身保护与帮助，有时需要动作的全程接触式导引，但多数情况下应以 0.5～1.5 m 为宜。

（5）信任距离。

信任是对会员锻炼能力的肯定和尊重。信任距离是指为了表示对会员的信任，同时更为了给予其独立的空间，以方便会员专心致志地体验、从事自己的锻炼活动的一种距离。直接地说，健身房里的信任距离实际上就是离会员而去，从他的视线里消失，但这并非意味着放任不管，事实上服务人员的关怀与注意还必须始终集中在会员的身上，一旦被会员有需要即应及时出现在其身旁。

在实践中，服务距离的远近可依据会员的年龄、性别、人格模式、所处场景、特殊服务请求和具体情况等做出适当调整，但其基本原则是必须保证将人性化服务与规范化服务的分寸感把握在符合实际需要与服务礼仪的前提之下。

6. 零度干扰

零度干扰理论是现代商业健身房服务礼仪的核心理论。相关调查结论证明，一个社会的文明程度越高，其社会成员对服务领域的干扰现象越是难以容忍，一个会员的文化程度越高，在其享受服务的整个过程中越是不希望受到任何形式的干扰。

零度干扰的基本主张是现代商业健身房的私人教练员在向会员提供具体健身与健美指导服务的一系列活动与过程中，必须主动采取避免措施将对方可能受到的一切有形和无形的干扰积极降低到极限的最少，即力争达到干扰为零的程度。所谓干扰会员主要是指由于私人教练员在服务过程中的某些表现有意或无意地干扰了会员对于服务的享受，剥夺了会员专心致志地运动体验与运动锻炼，败坏了会员的心境，极大地影响与降低了会员的既得利益。干扰会员行为将会产生消极的后果，直接的表现是会员的情绪的负面波动、不合作、烦躁，甚至会引起投诉事件，并因此导致健身与健美指导服务难以正常展开与顺利进行。整体上讲，干扰会员不但会挫伤会员的消费积极性，而且也会使私人教练员的热情服务与效率因此而大打折扣。私人教练员只有充分领会并熟练运用零度干扰理论才能把握服务的真谛，真正为会员提供人性化而舒适地服务。

零度干扰理论的主旨就是要求现代商业健身房的私人教练员在服务过程中，为会员创造一个宽松、舒畅、安全、自由、随意的环境，使会员在享受健身、健心、健智、健美整个服务的过程中尽可能地保持良好的心情，使他们在进行运动消费的同时，真正获得精神上的享受与身心应激。商业健身房服务提倡零度干扰的出发点与归宿是提供更高质量的、符合消费心理学原理的服务，健身房零度干扰服务的本质必须建立在高度地、真心关怀会员的基础之上，通俗而简单的表达是，现代商业健身房服务也必须学会察言观色，对待不同运动经历与锻炼水平的会员应该提供不同程度的服务，譬如，对待初学者有时甚至可以采用温和的强制性手段去促使他们接受正确的技术性服务，而对专业知识丰富，需要尽心实践而不会出现异常情况的会员就应该给予他们充分空间与信任，让他们酣畅淋漓地发挥他们运动的激情，达成他们的运动愿望。

总体而言，零度干扰理论的内核就是要使会员在接受服务的过程中所受到的干扰越少越好。实现零度干扰须注意3个方面，一是创造无干扰环境，这与健身场所的硬件管理与噪声控制等有关；二是保持适度距离即距离有度；三是热情服务无干扰，把握好具体服务操作中的分寸，既表现得热情、周到、体贴、友善、严格、负责，同时又能够善解人意，为会员提供一定的自由度，不致使其受到无意的骚扰、打搅、纠缠或影响等，也即热情有度。但必要而及时地干预会员的危险、错误和不当的运动或其他行为不在“零度干扰”的禁制范围，实质上，对于会员运动行为及其成果健康而正确的发展与形成，这种适当地干预更属于高层次地“零度干扰”。

(二) 私人教练员职业道德基本规范

1. 爱岗敬业

爱岗敬业是现代商业健身房私人教练员职业道德的基本要求，是每位私教从业者是否有职业道德的首要标志。爱岗就是热爱自己的工作岗位，热爱本职工作；敬业是古人很早就提倡的一种对待自己职业的严肃态度。中国古代的思想家、教育家孔子把这种对待工作的态度叫做“执事敬”。南宋的朱熹，对敬业的解释是“专心致志，以事其业”。爱岗敬业就是要求私人教练员热爱自己的本职工作，用一种恭敬严肃的态度对待自己的工作。爱岗敬业要做到乐业、勤业、精业。

(1) 乐业。就是喜欢自己的专业，热爱自己的本职工作。要做到这一点，首先要认识自己所从事的健身职业在社会生活中的作用和意义，认识自己的岗位在整个健身行业和整个商业健身房中的作用和意义。其次是对自己的工作要抱有浓厚的兴趣。要把私人教练员职业生活看成是一种乐趣，而不是一种负担，这样就能如医生谈起被自己治好的病人、作家拿出自己写就的作品、摄影师展示自己的照片、修理工望着已恢复正常的机器那样，十分兴奋和快乐。

(2) 勤业。就是勤奋学习专业，钻研自己的本职工作。要做到这一点，一要勤奋，二要刻苦，三要顽强。学习是一项艰苦的劳动，勤于学习、钻研本职工作都要肯于付出辛苦。勤奋，就是要做到手勤、脚勤、眼勤、脑勤，这是提高学习和工作效率的关键。刻苦，就是能经受得起工作中的艰难困苦，这是勤业所必须具备的一种精神。顽强，就是有勇气、有毅力去克服私人教练员职业生活中不时遇到的各种困难。凡是在本职工作中做出贡献的人，无不具备坚强的意志，有不怕困难和挫折的精神。

(3) 精业。就是使自己本职工作的技术、业务水平不断提高，精益求精。精业，需要有严格要求、一丝不苟的工作态度。

我们今天所说的敬业，就是指私人教练员要爱健身事业，并为它勤勤恳恳、认真负责地工作。爱岗与敬业是相互联系在一起的，不爱岗就很难做到敬业，不敬业也很难说是真正的爱岗。爱岗敬业，用一句通俗的话说就是：干一行，爱一行，钻一行，精一行。

2. 诚实守信

诚实守信是现代商业健身房私人教练员为人处世的基本准则，是我们中华民族的传统美德，是私人教练员对健身房、对会员所承担的义务和职责，是私人教练员在职业活动中处理人与人之间关系的道德准则。早在 2 000 多年前，孔子就谆谆教诲他的学生，要诚实守信，并把诚实守信视为做人、从政的起码要求。

诚实是私人教练员的一种道德品质。这种道德品质的显著特点是私人教练员一个人在社会交往与健身服务工作中不讲假话。他能忠实于事物的本来面貌，有一说一，有二说二，不歪曲、篡改事实；同时也不隐瞒自己的真实意思，对自己的行为光明磊落，不文过饰非，不欺骗他人。守信，就是信守诺言，讲信誉，重信用，忠实履行自己承担的义务，“言必信，行必果”。诚实与守信两者有着密切的联系，诚实是守信的思想基础，守信是诚实的外在表现，只有内心诚实，待人诚恳真挚，做事才能讲信用，有信誉。

诚实守信是私人教练员做人做事的基本准则。一名私人教练员要想干出一番事业，首先要有诚实守信的品德。那些不诚实、不守信的私人教练员，是办不成什么大事的。一名私人教练员是如此，一个健身房也是如此。诚实守信作为职业道德，对于私人教练员来说，其基本作用是树立自己的信誉，树立起值得会员信赖的道德形象。一名私人教练员，如果不履行私教合同，不重视服务质量，只是一味地打经济算盘，为自己捞利益，即使暂时捞到一些好处，也是一种短视行为，用不了多久，就会因为信誉扫地，而使商业健身房萎缩，甚至破产。

诚实守信要求私人教练员做到诚信无欺、讲究质量、信守合同。

讲究服务质量，即私人教练员要树立服务质量第一的观念，严把服务质量关。质量，通常指健身指导服务工作的优劣程度。每一种职业活动都存在质量问题。在健身行业，存在着服务质量问题。私人教练员的职业道德要求、鼓励私教从业者努力提高服务工作的质量，反对、谴责不讲服务质量以及对健身房会员不负责任的作风和行为。我们把它作为私人教练员职业道德的一条基本规范，要求每一名私人教练员要“讲究服务质量”。

信守合同,即要说到做到,言而有信,认真履行承诺或合同。质量和信誉两者是密不可分的,有了质量才能获得健身房会员的信赖,健身房才能兴旺发达;注重信誉,必然更加讲究质量,满足健身房会员的需要。

3. 办事公道

办事公道是健身房会员对每名私人教练员的基本要求,是提高服务质量的最起码的保证。说到"公道",人们会想到"公平""公正""大公无私"等。自古以来,办事公道的人都被传为美谈,比如宋朝的包公,几乎是家喻户晓,人们敬仰包公,就是因为他办事公道,能秉公执法。办事公道不仅是对掌权者的要求,也是对每个私教从业者的要求。一个私人教练员,接待会员时不以貌取人,无论对那些西装革履的老板,还是对那些衣着平平、口操方言的乡下人,都能一视同仁,同样热情服务,这就是办事公道。

随着社会的进步和文明程度的提高,人们的自主意识,维权意识也在不断增强。人们越来越明确认识到人与人之间相互尊重其权利的重要,越来越强烈地感受到社会公正的重要。这就决定了私人教练员必须顺应这一历史潮流,给在私人教练员职业活动中所涉及的每一个人以应有的尊重,维护其应有的权利。办事公道,要求私人教练员在职业活动中,做到客观公正和照章办事。

客观公正,即遇事从客观事实出发,并能做出客观、公正的判断和处理。不弄清真实情况,就莽撞地做出处理,必然错误百出;而故意歪曲事实,则属于卑劣了。在现实生活中,许多不公正的事情,往往是由于没有做到客观地判断事实而发生的。要以客观的态度公正地对待所有当事人,因为许多事情的办理往往涉及的不止一个当事人。例如,健身房的商务活动所要涉及的当事人都在两个以上。如何面对所有的当事人,这就需要我们采取一种客观中立的态度,排除情感的因素,坚持公正的原则。

照章办事,就是按照规章制度来对待所有的当事人,不徇情枉法、不徇私枉法。现代商业健身房的规章制度是固定的,现实情况却是具体的、变化的。因此,商业健身房许多规章制度都包含着给执行者(会籍顾问和私人教练员)以灵活处理问题的一些权限。这时,能否做到办事公道就取决于办事者(会籍顾问和私人教练员)的职业道德品质。要做到照章办事,还必须努力克服不同的主观感受带来的不同态度。每个人都性情不一,要求不同,作为私人教练员是不可能挑选健身房会员的,只能去适应。不能因为健身房会员的特点与自己的不同而采取不同的服务态度。再次,要克服等级观念,对所有的人都应该抱以尊重的态度。有些人看人下菜碟,对不同等级的人以不同的态度,这样做的结果同样是不可能公道的。办事公道的核心就是要克服私心,做到正直无私,反对徇情枉法、徇私枉法。要客观公正,要照章办事,没有正直无私的品质是很难做到的。

4. 服务会员

服务会员是为人民服务思想在私教职业活动中的具体表现,它表明了现代商业健身房私人教练员职业活动的目的。服务会员是对私人教练员的要求。服务会员就是要做到热情周到，满足需要。

热情周到，即私人教练员对健身房会员抱以主动、热情、耐心的态度，把会员当作亲人，服务细致周到，勤勤恳恳。

“礼貌待客要热心，照顾会员要细心，帮助会员要诚心，热情服务要恒心”，这是时下现代商业健身房私人教练员的服务原则。“多说一句，多看一眼，多帮一把，多走一走；话到、眼到、手到、腿到、情到、神到”，这是时下现代商业健身房对私人教练员工作的要求。

满足需要，即私人教练员努力为会员提供方便，想会员之所想，急会员之所急，关心会员疾苦，主动为会员排忧解难。

（三）私人教练员的服务意识

1. 服务意识

意识是人的头脑对于客观世界的反映。如私人教练员要想给健身房会员提供一套系统的私人健身服务课程，他（她）必须先要有一种想服务的意识，换言之，就是要有服务的想法或称思想，这样才能有目的有步骤地完成与发挥出想要服务的才能。

私人教练员的服务意识不是盲目的，是有目的的，是通过私人教练员对会员一对一服务的实践过程而产生的。私人教练员服务意识是建立在对过去健身房群体服务进行总结与分析后才形成的一种意识，具有时代性与历史性。如传统健身房群体服务存在单纯传授运动技术技能为主的指导思想，特别重视运动强度与运动量，锻炼方式竞赛化，锻炼方法统一化。而忽视了科学健身手段、个性化健身方案的实施、保健养生知识的传授、个体会员的健身意识、完全健康生活方式的养成和避免风险动作的措施，致使会员“终身健身”意识的形成和身心健康的发展受到严重影响。

2. 服务意识的基本内容

商业健身房是提供健康服务的公共场所，它有来自世界不同地区、不同国家、不同民族、不同阶层的会员。这些会员来自不同的国度，有着不同的风俗习惯，要使他们的每一个人在健身房内的健身消费都十分满意，确实不是一件容易的事情，它不仅取决于健身房硬件设施的完好，更重要的是取决于健身房私人教练员高素质、高质量、高水准的服务。要达到这个目标，必须对每一位私人教练员进行全面的、系统的、严格的服务意识教育。

私人教练员服务意识的具体内容概括起来有以下 5 个方面。

（1）服务仪表。

所谓服务仪表，是对私人教练员在服务中的精神面貌、容貌修饰和着装服饰等方面的要求和规范。

（2）服务言谈。

所谓服务言谈，是指私人教练员在迎宾接待服务中语言谈吐方面的具体要求。

（3）服务举止。

所谓服务举止，是对私人教练员在工作中的行为、动作方面的具体要求。

(4) 服务礼仪。

所谓服务礼仪,是对私人教练员在服务工作中,在礼遇规格和礼宾次序方面应遵循的基本要求和规范。

(5) 服务称呼。

所谓服务称呼,是指私人教练员在服务中向会员准确地使用尊称方面的要求和规范。

四、私人教练员的沟通技巧

(一) 私人教练员的倾听技巧

1. 倾听的重要性

有人曾问:“听与说哪一个重要?”据说,有这样一种回答:“在交谈中,听比说更重要,不然为什么人只有一张嘴,却有两只耳朵?”这里,姑且不去评论这个答案是否有理有据,但在交谈中,倾听的确是非常重要的。

任何谈话,都表现为说与听之间的双向循环和说、听角色互换。要达到说话双方的真正沟通,光能说、会说还不行,还要能听、会听、善听才能善说。

听,不仅是接受信息的主要手段,而且是反馈信息的必要渠道。有关语言交际资料表明:在人们日常的语言活动中,“听”占45%,“说”占30%,“读”占16%,“写”占9%。也就是说,人们有近一半的时间在听,可见“听”在日常交际活动中的重要地位。

私人教练员要与会员建立良好关系,就需要热情,而认真倾听会员说话是表示热情的最好方式之一。在与会员交谈中专注地听是在无声地告诉对方:你是一个值得我聆听你讲话的人。这样,也就在无形中表示出了自己对对方的尊重。对方受到你的尊重,就会对你产生好感,乐意与你交往。良好的听话能力是对客服务成功的要素之一。现代社会要求我们在听话能力上做到:听得准,理解快,记得清。

“说话听声,弹琴听音”。私人教练员不仅必须懂得及重视倾听会员的一言一语的重要性,而且不只用耳朵去接收信息,还必须用心去理解,做出应有的反应。倾听要做到耐心、虚心和会心。

例如,一位会员对私人教练员说:“这个健身房的跑步机设备真多,很不错……”会员的话未完,就给私人教练员打断了,私人教练员十分得意地说:“非常感谢您的称赞!”殊不知,会员接着先前的话说:“就是多数跑步机都被损坏,不能使用了!”私人教练员这时才感到十分难堪,懊悔自己的性子急,倾听时缺乏耐心,导致表错情了。

再如,一位会员走进健身房,对会籍顾问说:“小姐,今天上午我办了一张年卡,您在找钱时算错了80元钱……”“那你当时为什么不向我声明?”会籍顾问微带愠怒地说,“可惜现在为时太晚了。”“那好,”会员平静地说,“那我就只好多收下这80元钱了!”显然会籍顾问倾听时很不虚心,不详细了解情况,就先入为主地下断语,结果有负会员一片好心,给会员留下很不好的印象。

一位会籍顾问或私人教练员要取得会员的信任,单凭三寸不烂之舌,甜言蜜语,甚至说得天花乱坠去打动会员是不够的，还要懂得并重视听话的学问。事实上，听人说话也要讲究技巧，才不致弄巧成拙。

2. 有效倾听要点

（1）要全神贯注地倾听。

在会员说话的时候，私人教练员要全神贯注地听，这是对会员尊重的表示，此时，不要因外界环境（如噪声等）干扰，也不要因对方的口音、内容表达质量等影响而分心。通过全神贯注地倾听，向会员传去表示尊重、热情友好的信息，创造一个良好的交谈情境。

（2）敏锐地抓住会员的意图。

交谈时，会员的表达有曲与直、清晰与模糊之分，私人教练员精神要专注，要善于敏锐地发现会员说话的意图，从而把交谈引向深入和有效，否则，交谈会变得主次不分，轻重不清，妨碍交际的进行。

（3）适时适当地插话、提问。

适时适当做出插话或提问，表示出私人教练员对会员话题的兴趣和关心，会得到会员的信任。在会员说话时，私人教练员缺乏耐心，随意打岔，争着去说，这是失礼的表现；相反，听话时，私人教练员一味沉默，只有静听，毫无反应，这又给人冷淡之感。所以，适时适当地插话、提问有助于展开话题和搞活气氛。

（4）不急于做出结论。

听话时要表现出冷静和理智，不要会员一说开头，私人教练员就随便下断语。或者会员说了半天，不知所云，私人教练员就着急，匆忙下结论。要有耐心，在听的过程中进行分析，寻找准确的看法，有较充分的把握，才好做出判断。不然，不仅会结论错误，处于被动，而且会员会觉得私人教练员傲气逼人，难以交际。

（5）站在会员立场考虑问题。

站在会员立场，从对方角度考虑问题，将心比心，对会员表现关心、理解和同情，就特别容易促成沟通，取得共识。多从“假如我是会员”的角度为会员着想。

（6）注意形体语言配合。

倾听时，私人教练员形体语言与之配合十分重要，私人教练员不能耳朵去听，而目光到处游移不定，或面部毫无表情，这样会表现出私人教练员并非真诚待人。所以，倾听时要配合以形体语言，要适当地与会员保持眼神接触，以听为主，以视为辅，身体稍倾向说话人，同意时适当点头表示，面带微笑，表露出私人教练员听话的专注。

（7）最后酌情复述要点。

倾听要抓住重心，尽力理解谈话的中心内容。谈话近尾声时，把会员所谈的要点复述一遍，以表示私人教练员确实在听，是一个真正办事的人，使会员对私人教练员建立起信心，这样交际就容易得多。

3. 有效倾听禁忌

（1）话题不感兴趣，不愿耐心听说。

(2) 受干扰或诱惑,思想就开小差。

(3) 容易感情冲动,无法深入交谈。

(4) 一味点头称是,心中不知所云。

(5) 听到杂乱讲话,自己也变糊涂。

(6) 故意乔装注意,听话漫不经心。

(7) 任由对方独白,沉默不理不睬。

(8) 听话未及三句,急于插嘴打岔。

(9) 习惯求全责备,鸡蛋里挑骨头。

(10) 拒绝投诉意见,流露反感情绪。

(二) 私人教练员的接待技巧

1. 接待会员的作用

商业健身房想要吸引、留住会员,要做好3个方面的工作:第一健身房形象,第二是接待服务,第三是技术水平。会员会从这3个方面评定、选择健身房作为自己固定的健身健美消费场所。会员在健身房中逗留的时间一般都比较长,要使会员在长时间的运动锻炼、休闲活动中始终保持愉快的心情,并不是一件容易的事。

经过调查发现,在会员走进健身房后,从门口到接受私人教练员指导服务这段过程中,会员已经对健身房做出了60%左右的评价。因此,接待服务是三个要素中至关重要的一个环节,直接带给健身房正面或负面的影响。接待技巧水平的高低,不仅仅是私人教练员个人素质的表现,也是决定健身房效益好坏的关键。

2. 接待会员的原则

(1) 措辞得体。

商业健身房每天都会在千变万化的情景下迎来形形色色的会员。而这些会员正是检验私人教练员接待会员水准的试金石:如果你能让这些不同层次、不同类别的人都感到满意,你就称得上是真正的合格的私人教练员。

无论我们面对的会员是多大年龄,也无论他们的消费水准是高还是低,均应一视同仁,礼貌地提供服务是理所当然的。但有一条是值得注意的:对待年长的会员时使用的措辞与对待年轻会员、对待青少年会员时使用的要有所区别。因此,不能说只要措辞礼貌就达到要求了。

比如说,一个初中一年级的女孩子来健身房锻炼,如果我们像对年长的会员说话时那样,使用最为尊敬的语言,极为谦恭,这个小孩可能会如针芒刺背,浑身不自在。

(2) 语言恰当。

私人教练员在接待过程中用词要恰当,恰当的词语能增加会员对你的满意度,如表4-1所列。

(3) 正确遣词。

在健身行业,许多私人教练员似乎并不明白遣词用句所能产生的力量,因此在商业健身房有许多私人教练员不断重复地犯同样的错误,导致健身私教课程销售额度变得很有限，而他们自己还不会意识到这是他们粗俗语言带来的过失。正确的遣词也有利于健身私教课程的推销服务。

表 4－1　用词比较

不恰当的语言	恰当的语言
●行了吗？	★这样可以了吗？
●怎么办？	★您有什么高见？
●跟您一起来的人也坐过去吧。	★能不能请跟您一起来的客人也坐过去，稍等片刻？
●到时候再联系吧。	★到时候，我要与您取得联系。
●请把工作单位写上。	★请把贵单位的名称写上好吗？
●好吧，给你看看。	★好吧，请您看看。
●按我刚才说的做。	★请按我刚才说的试一下好吗？
●老头儿、老太太	★老人家
●欢迎下次再来。	★欢迎您再次光临。
●正等着你来呢。	★正等着您大驾光临呢。

不恰当的语言	恰当的语言
●请坐到那把椅子上去。	★请您坐那把椅子可以吗？
●你丈夫	★您先生
●谁	★哪一位
●肥胖	★丰满
●矮子、小矮个儿	★个子不高
●黑乎乎的(皮肤)	★健康的肤色
●你	★您
●我来看。	★让我看一下好吗？
●给我听一下。	★让我听一下好吗？
●知道了。	★就按您说的做。
●哎呀！今天马上就要下班了，请明天再来吧！	★实在对不起，马上要到下班时间了。能不能劳驾您明天再来一趟呢？您好不容易来一次，真是不好意思，请您原谅。

举一个例子，就是“费用”这个词。如果有一位私人教练员对你说：“私教服务课程每一节的课时费用是 150 元。”你是不是立刻联想到自己口袋里的百元大钞就要长着翅膀飞走了吗？因此，他（她）应该把刚才那句话修正一下说：“某某先生（女士），私教课程每一节的课时费用只需要 150 元。”你体会出这两句话之间的差别吗？后一句话的潜在意思是：您是一位成功人士，150 元只是您收入中的很少一部分。

（4）用眼睛说话。

私人教练员如果想在同会员交流沟通方面有更大的进步，就必须借助于眼睛，重视眼睛的作用。特别是会话时进入高潮时，视线的位置以及眼睛的转动往往比你的谈吐更容易被对方关注。

比如说，某会员正在对你大谈特谈他自认为有趣的经历时，你却把视线由他身上移开去，望着其他物体发愣，或东张西望，那么，此时此刻的他将是什么心情呢？又如，当会员走进健身房时，上前去迎接的私人教练员如果不注意用眼方式，对会员肆无忌惮地上下打量，好像见到了什么稀有动物似的；或者是眼珠向上翻着，对会员做出横眉竖目，不屑一顾的样子，会员又会是什么样的心情呢？由此可见，对于从事服务性行业的私人教练员来说，眼睛是否运用得得当，很能反映出私人教练员服务水准的高低。

3. 接待会员的要求

(1) 迎接会员时应站在会员前方的一侧,保持适当的距离,自然站立。使用敬语时,要吐字清楚,发音要轻缓。在与新来的会员打招呼之前,应先向正在接受服务的会员道一声"对不起"。

(2) 请会员操练入座或持器械时应辅之以手势,手势要准确,动作要自然大方。对老年人或行动不便者应给予协助。

(3) 在动手操作前,一定要先与会员进行充分的沟通并达成共识。服务中要注意观察会员的反应,以便及时妥善处理遇到的新情况。

(4) 按照技术标准、处方规程操作,动作要准确、到位、稳重。操作中需要会员给予配合时,一定要使用"对不起""请您""谢谢"等礼貌用语。

(5) 辅导中除遇特殊情况外,不应中断服务。辅导中不应与他人聊天,不允许吸烟,需要接听电话等,必须中断服务时,应向会员致歉,并取得会员的同意。

(6) 因故耽搁服务时应向会员进行解释、致歉,取得会员的谅解,并采取相应的补救措施,以使会员满意。

(7) 与会员交流沟通时,不应涉及与工作无关的内容。

(8) 会员对服务表示不满或发生冲突时,首先应向会员表示歉意,并立即向相关人员反映,及时进行处理,不得争吵或私下处理。其他人员不应围观或介入。

4. 接待会员的方法

(1) "忽视"会话法。

"忽视"会话法是指当会员提出的一些反对意见并不是真的想要获得解决或讨论时,这时意见和眼前的交易扯不上直接的关系,你只需面带笑容地同意他就好了。对于一些"为反对而反对"或只是想表现自己的看法高人一等的会员的意见,若是你认真地解释,不但费时,还有节外生枝的可能。因此,你只要让会员满足了表达的欲望,就可采用忽视法,迅速地引开话题。

忽视会话法常使用的方法:有微笑点头,表示"同意"或表示"听了你的话"或者回答"你真幽默!"

应用忽视会话法,私人教练员应注意以下几点:

① 会员提出的异议情形并不严重,如果不予答复不会影响愉快会话的继续进行,则可采用此法,否则不可采用。

② 私人教练员心里虽然可以有置会员异议不理睬的念头,但其外表泰然自若,若无其事,以免会员看出破绽,产生被人奚落的感觉。

③ 当私人教练员确定不理睬会员异议会引起会员不满时,应设法转化消除会员异议,不能忽视。

(2) "回音"会话法。

"回音"会话法是指当对方的见解有些偏激,或者跟自己的观点完全不同时,请不要急于表态。要像自然现象中的回音一样,对会员的意见表示接受和认可,给对方吃一粒“定心丸”。例如，“嗯……有道理，确实如您说的那样，在现实生活中……”

在认真听取会员谈话的基础上，选择时机，重复一下对方谈话的要点或主题。然后，把你的观点作为一种例外情况提出来。如果他仍坚持自己的看法，那我们就没必要与会员争辩，可以转换话题以结束这一话题，重新进行新话题的会话。

(3)“决定”会话法。

“决定”会话法是指当你费尽心机、口干舌燥地讲了一大堆后，会员却仍然犹犹豫豫、拿不定主意时，不妨使用一下这种会话法。比如说，“那么，您看这样行不行……”“这样吧。您这一周先免费试上两节私教课，如果觉得效果不错，您再决定买私教课程可以吗?”在这种特定情况下，由自己这方提出合理建议，做出“决定”，打消会员的顾虑，就比较容易让犹豫不决的会员接受。这就是“决定会话法”。

(4)“提问”会话法。

“提问”会话法就是由自己向会员提问。例如:会员什么地方说得不够详细清楚；什么地方存在着问题等。这样，可以根据提问的内容，找出接下去会话的要点，把谈话继续下去。

比如:“您说得很有道理。您所讲的我都听明白了。也就是说，私教课程系统只有靠它自身的优秀性能和高品质才能赢得会员。不过，能不能再多想想别的办法呢?比方说，在私教课程价格上，续卡方式的环节上……”

“嗯，有道理，你的想法值得考虑嘛，我们的私教课程系统本身无可挑剔，如果再有……”

这就是提问会话法的一个例子，即在交谈时，紧紧地围绕会员讲话的主题，用提问的方式，促使对会员更深层次考虑。但是，应用这种方法，一定要注意提问时把握分寸，掌握好难易程度，否则，将令会员难以回答而处于尴尬的境地。

5. 接待会员的“电话形象”

电话是一种宣传交际方式，人们通过声音了解对方的意图、性格、情绪、表情、心境。凭声音想象出对方的形象就是电话形象，私人教练员在接听电话时，必须注意自己的“电话形象”。

电话形象是可以塑造的。打、接电话是一门艺术，私人教练员可以用礼貌、热情诚恳的语言，塑造自己彬彬有礼、热情大方的电话形象。良好的电话形象体现了一个人的文化素质、风度、业务能力、礼仪修养。同时，电话形象也代表了商业健身房的形象，如果接听电话的私人教练员给会员留下一个态度粗暴、言语唐突、无精打采、词不达意、模棱两可的“电话形象”，会员就会失去对商业健身房的信任感。在接听电话时要注意以下几点:

(1) 迅速接听。

电话响两声就应当拿起，这是一种礼貌。但是如果有事拖延了，电话铃响了五声以上才去接，就先要礼貌地向对方说声“对不起”，表达让对方久等的歉意。

(2) 主动报名。

拿起电话听筒时应先说:“您好”,然后报清健身房名称。

(3) 声音亲切。

声音亲切自然,面带微笑,微笑时的声音可以通过电话传递给对方一种温馨愉悦之感。更要注意声音的大小及语速快慢适中,使对方听得清楚。

(4) 专心致志。

专心致志地听对方讲话,不可一边听电话一边与其他人交谈。

(5) 交流沟通。

电话接听过程,也是私人教练员与会员交流沟通的过程,此呼彼应,适当提问,回答明确,都有助于使交流顺利进行。不要信口开河,随意承诺。

(6) 认真记录。

在手边准备好纸和笔,对会员的问题要随时记录,必要时重复对方的话,以检验是否理解得正确。

(7) 表达清晰。

讲话要清晰、有条理,不要含含糊糊。语言表达尽量简洁明白,切忌啰唆。要口齿清楚,吐字干脆,不要对着话筒发出咳嗽声或吐痰声。

(8) 善始善终。

接听电话时,要尽量避免打断对方的讲话。通话结束时,私人教练员要等对方放下话筒后才能挂上电话。

(三) 私人教练员的观察技巧

1. 必须了解会员需求的种类

在商业健身房具体的健身私教服务工作中,我们要了解会员需求的种类。会员来到健身房虽然都是为了健身健美,但具体的需求都是因人而异的。如选择什么健身系统,需要什么健身运动项目,对私人教练员的服务态度、服务质量,对健身房的环境卫生、器械设备和用品卫生,对服务设施设备等方面的需求都会有不同,因此要具体地了解每位会员的需要,体察会员的心理,以提供能够使会员满意的服务。

2. 观察和交谈是了解会员的基本方法

会员的需求是他们消费行为的动力。由于会员的需求永远不会彻底满足,他们的消费行为也永远不会停止。商业健身房要努力探索会员尚未满足的需要,不断推出新项目、新方法,唤起会员潜在的需要。如何去了解会员的需要,一般来说是依靠观察和交谈。

根据一个人的言行,常常可以推测出他的心理活动。如某位会员询问减肥瘦身项目,采用器械运动减肥方法如何,反弹情况怎样,选择何种器械动作,价格如何,我们自然可以推测这位会员已有减肥瘦身的需求。

私人教练员在观察和交谈中,还要掌握下列因素,作为判断会员心理活动的依据。

(1) 通过服饰辨别会员的职业、身份、宗教信仰及经济条件。

(2) 通过外貌辨别会员的性别、年龄、生理状况。

(3) 通过口音辨别会员的籍贯、民族。

(4) 通过言谈辨别会员的具体需要。

会员的表情、举止、言谈是其心理活动的外部表现,私人教练员要留心观察会员的表情变化,仔细倾听其举止言谈,就能很好地了解会员的心理活动。

3. 观察会员的方法

(1) 静态观察法。

一般情况下,会员进健身房并没有很长的时间供私人教练员打量。因此,私人教练员要调动所有的感官进行观察,从会员的衣着服饰、神情、姿态、体形、行为等方面迅速做出判断。这就需要敏锐的观察力,快捷的反应能力和准确的判断能力,因为人的心理活动十分复杂、抽象,很难直接观察到,稍有疏忽就会出现失误。私人教练员要学会捕捉会员的目光,及时了解他的需求,适时提供服务。

在会员进入健身房后,私人教练员要悄悄地观察会员,把握与会员交流的时机:

① 当会员注视某一项健身项目或者注视某一种陈列产品时。

② 当会员较长时间拿着某种健身用品或者长时间注视着健身价目表的时候。

③ 当会员的视线看向私人教练员的时候。

④ 当会员显示出比较忧虑,犹豫的时候。

⑤ 当会员拿出广告或者宣传品对照参考的时候。

(2) 动态观察法。

通过与会员的交谈,了解会员的需要及时判断会员的类型,消费需求。要善于从多角度进行观察,根据观察,得出判断,随时改变服务方式,谈话内容,保持与会员的沟通,提供周到而适度的服务。切忌一种模式对待各类不同的会员。另外还要注意消费者的需求心理会受环境、突发事件的影响而发生变化,善于因人、因时、因地而变换服务方式。

4. 适时到位的服务方式

(1) 因人而异地提供服务。

① 对于爱讨价还价、好占便宜、一直问价钱的会员,私人教练员不要向她推荐昂贵的项目和产品,以免造成他们心理上的负担,可介绍价格便宜适中的健身项目和产品,并强调效果和优点。

② 对于虚荣、自负,穿着入时,喜欢谈论、吹嘘自己的会员,私人教练员不要对她发表批评性意见,介绍服务项目或产品时应慎重,依其所需,着重强调新颖、独特性。

③ 对于有明确消费意愿,主观意识很强,比较固执的会员,私人教练员应当尽量满足其意愿,对她的话尽量予以肯定,即便有不同的看法,也必须用委婉的方式来表达。

④ 对于衣着打扮非常讲究,过分要求优质的服务,对消费非常仔细、苛求的会

员,私人教练员一定要搞清楚他需要的是什么,介绍一些价格较高、功效突出的高档产品或者较高水平的服务。

⑤ 对于与健身行业相关的专业内行的会员,私人教练员不要和他在专业知识上争论,尽量改变话题,减少向他推销产品,可以强调服务方式的独特性。

(2) 把握特点,积极争取每一位会员。

① 对于确定型的会员,私人教练员应以最快的速度提供他们所需的服务。但是确定型的会员还有不同的情况,如果是老会员,只是前来重复以往的服务项目,那么,私人教练员只要尽快替其落实服务即可。"抓紧时间"是这类会员所期望得到的待遇。当然,也许还想指定印象好的私人教练员来操作,应当尽力地满足会员的需求。还有一类是新来的会员,因为听人介绍或从传媒获知,决定前来接受某项健身服务。因为是第一次,所以他们也许并不需要立即得到服务,而是想再了解一些具体情况,这时私人教练员应当根据会员的个性和消费行为特征来确定服务的方式。

② 半确定型的会员是私人教练员重点争取的对象,因为他们尚未确定在哪家健身房参加健身锻炼。

私人教练员应当尽量展示自身的优势,如环境、质量、收费,可以带他们参观最能打动吸引会员的设施,或者是某位知名私人教练员的操练,也许会员就会决定在此接受健身服务。另外还有一种会员,是想做健身,但不知做什么项目对自己是最合适的,私人教练员应当先根据会员的具体情况介绍服务项目,适度地推荐效果好的健身项目,帮助会员确定,这需要私人教练员有很强的业务素质。

③ 对于不确定型会员,私人教练员切不可冷漠他们,应当耐心地服务,并用灵活的方式介绍自己健身房的特色,把他们当做潜在的客户来积极争取。如果会员是因为没有时间来健身房接受服务,那么私人教练员可以向他推荐家用的健身产品,向会员进行健身知识宣传是此刻最需要提供的服务,即使这类会员本人不健身,如果给他留下了深刻印象,也许会推荐自己的亲朋好友来健身。

综上所述,可以看出私人教练员接待工作是何等的重要,需要丰富的知识,绝不仅仅是健身房的摆设。

(四) 私人教练员的接受咨询技巧

咨询是指私人教练员根据会员提出的有关健身健美原理、体质、体格与体型的异常原因、康复和治疗方法等问题进行耐心细致的解答和指导。咨询能力是私人教练员专业水平、语言表达能力及与会员沟通能力的综合体现,也是获得会员满意度的关键一步。

1. 咨询的内容

(1) 讲解健身项目的作用、原理。

尽量用简练、通俗易懂的语言,为会员讲解健身项目的作用和原理,使会员了解健身项目是有科学依据的,消除会员的疑虑。如果只谈效果,不谈原理,客人会感觉缺少依据不可信,甚至会觉得你在夸大其词,只图赚钱。

（2）讲解健身项目的方法、步骤。

详尽地介绍健身项目的方法、步骤，不可人为地创造神秘感，遮遮掩掩，含糊其辞，使会员明白清楚地消费。如果用仪器设备，还要将设备的原理及功能讲清楚，以赢得会员的理解和信任，放心地接受服务，并能主动与私人教练员配合。

（3）介绍所用产品、项目。

会员健身服务过程所需产品、项目要向会员介绍，首先介绍产品、项目的安全性，比如说通过国家检验，获得哪些名誉，以往会员使用的反馈意见等，让会员使用起来放心。还要介绍产品的特性和适应症，让会员明白私人教练员为什么要给他选择这一套产品或项目。

（4）说明健身项目的时间安排。

私人教练员要向会员介绍服务项目的消费时间，每次间隔的时间以及每一次健身需要的时间，让会员事先做好准备，安排好时间。

（5）说明健身项目的效果。

这是会员最关心的问题。介绍时要客观，要谈自己有把握的，如果自己没把握，不要随便不负责任地说，可以找有经验的私人教练员。介绍效果要说明几个问题：第一，多长时间见效，例如 1 个月以后，还是 3 个月以后等。第二，基本锻炼所需的时间，比如需要 1 个月、3 个月、6 个月等。第三，能保持的时间。如果锻炼时有效，不锻炼无效，不能算是科学的健身方法，现在会员自我保护意识较强，这些问题私人教练员即使不说，会员也会问清楚的。

2. 咨询的方法

（1）说话要明白。

虽然私人教练员专业理论很强，能滔滔不绝地讲出很多道理，但是特别要注意会员是否能听懂，思维是否在跟着你走，会员听不进去或没有反映，私人教练员说再多也起不到作用。

（2）说话要婉转。

如果会员因理解问题，产生认识上的错误，私人教练员要给予否定时，不要直接否定，可以举例子、打比方，把话题绕开，最好是让会员自己认识到错误。

（3）要有一定的说服力。

既要照顾会员情绪，但也不能完全按照他们的意愿介绍。只要是对会员有利的方案要尽量劝说客人接受。劝说时语言要肯定，眼神要自信。

（4）要把握适度的原则。

回答会员问题时要把握适度的原则。在肯定时，可以加上“基本上”等用语，不要说到百分之百，要留有一定的余地，不要把会员的期望值提到与实际效果不相符的高度，一旦落实不了，容易引起纠纷。

（5）要给会员设计运动处方或运动方案。

咨询过程中，始终要紧密结合会员的个人情况，为会员专门设计其“个人健身锻炼方案”或“个人运动处方”。

(五) 私人教练员的询问技巧

与会员交谈时,专业的私人教练员应该运用询问这一有效工具,从而了解准会员的需要。恰当的、有技巧性的提问是私人教练员都应该学习和掌握的。比如,你向会员提问:“您需要健身吗?”这种提问属于最原始的、直截了当式提问,它没有起到引导会员的作用,因而实践中私人教练员应减少使用。

例如:私人教练员向会员询问:“您需要普通饮料,还是使用蛋白质饮料?”会员就会很随便地回答出“普通的饮料吧”。但如果私人教练员这样问会员:“像您这样的体形,使用蛋白质饮料好吗?”面对这样的提问,会员往往会说:“好吧!”您的运动型饮料的销售量会因此增加很多,以上这个例子告诉我们,采用不同的询问技巧,取得的结果大不相同。

1. 状况询问法

日常生活中,状况询问用到的次数最多。

私人教练员提出的状况询问,询问的主题当然要和所推销的服务有关。例如:“您以前做过健美运动吗?”

经由这样的询问,能准确了解会员的事实状况及可能的心理状况。若会员回答:“没有”。你则可以向其推荐。若会员回答:“做过,但效果不理想。”此时你也可以继续这个话题,也许会员是在三流的健身房和四流的教练员的指导下做的健美运动,那么作为专业健身房中的职业私人教练员,你肯定有把握做出更好的效果。

2. 问题询问法

“问题询问”是你得到会员的状况回答后,为了进一步探求会员的不满、不平、焦虑及抱怨而提出的问题。例如:

“您以前做过健美运动吗?”(状况询问)

“做过,但效果不理想。”

“有哪些不如意的地方呢?”(问题询问)

“嗯……根本没有宣传得那么好。”

以上就是问题询问的一个简单例子。通过问题询问,可以使私人教练员逐步探求出会员不满意的地方,明确会员不满意之处,并有机会挖掘出会员的潜在需求。因此,上述例子中的询问,应该继续下去:

“他们是怎么宣传的呢?”(状况询问)

“他们告诉我做了健美运动后,体形会像健美明星的一样肌肉发达、体格健壮!”

“那家健身房的规模怎样?”(状况询问)

“嗨,别提了,既简陋又脏乱!”

“噢,很难想象在这样的环境下能拥有具有专业水准的私人教练员。”

3. 圈套询问法

有的商业健身房,常有私人教练员问会员:“您用蛋白粉还是肌酸?”私人教练员却不问:"您需要营养吗?",而直接假定你需要营养,询问你用何种营养补剂,实际上就是一个圈套。

这个圈套询问方法,不管你选择蛋白粉还是肌酸,都会令会员跑不脱接受营养服务的圈套。

当然,上述圈套询问不能滥用,需灵活应变,因人而异。稍不小心,就会引起会员反感。

(六) 私人教练员与会员心灵交流的技巧

1. 心灵交流的原则

(1) 真实。也称"表里一致"或"真诚",意指私人教练员与健身房会员之间坦诚相待,彼此都尽情地表露瞬间的感情和态度。健身指导服务的实践证明,一名私人教练员若能以真诚的自我对待会员,坦率地表达自己的真实思想、情感、真诚地承认自己的缺点和不足,做到言行一致,表里如一,会员就会向私人教练员敞开心灵的大门,愿和私人教练员保持心心相印的关系,向私人教练员述说自己真实的思想和感受。私人教练员与健身房会员之间的这种真诚相待是彼此进行多方面、深层次的心灵沟通和交流的基础。

(2) 接受。也称"信任"和"奖赏",意指私人教练员与健身房会员之间无条件地喜欢或珍视对方表露出来的真情实意。特别是私人教练员,对会员表露出来的任何感情,不管是令人满意的,还是使人不快的,都应友善待之。我们认为,接受的实质是尊重和宽容。私人教练员不仅要尊重每个会员,欣赏每个会员的优点、还要善于对每个会员的缺点、短处和错误采取宽容的态度。健身指导服务实践证明,当一名会员感到自己被私人教练员尊重、欣赏、接纳时,他就会全心全意地与私人教练员配合。

(3) 理解。指一种为他人设身处地的理解,是从他人的角度来理解他人。它要求私人教练员从会员的角度和立场去理解会员的思想、情感以及对客观事物的态度,去体验会员的感受。人本主义心理学家罗杰斯称这种理解为"移情性理解",并指出,这种理解是促进会员有意义学习的一种理性深层的、自发的、经验的心理因素。理解是心灵交流的核心,唯有理解,将心比心,才能有真正的交流。

2. 心灵交流的方式

(1) 语言。意为心声,语言是心灵交流的重要手段。在健身指导服务过程中,私人教练员应该善于用语言与会员进行心灵交流(特别是新会员),如请会员回答问题时,应该用鼓励性、期望性的语言,会员回答正确时,应该用肯定性、赞扬性的语言;会员回答不对时,不要轻易说"不",应该用谅解性、引导性的语言。这样的语言就比较容易引起会员心灵上的共鸣。

(2) 动作。"情动于内而形于外。"一个人的思想感情往往有意无意地通过外部的表情动作流露出来。同样的道理,私人教练员应有意识地通过表情动作来表达自己对会员的情感,达到与会员心灵交流的目的。如赞许的点头、会心的微笑、赞美的手势、肯定的示范等,都可表达私人教练员对会员的爱心,使会员有被重视感和被关怀感。

(3) 眼神。眼睛是“心灵的窗户”。从健身指导服务的角度来说,眼神的交流要求私人教练员关注每个会员,眼睛应当与会员保持对流,让会员始终能感受到“教练员在关注呢!”请会员回答问题或示范动作时,私人教练员更应全神贯注地、亲切地注视他。

实际上,健身指导服务中的心灵交流更多的还是私人教练员与会员之间心灵撞击所产生的情感共鸣。当然,这里的关键依然是私人教练员。私人教练员要善于把握健身指导服务内容中的各种因素,并把它转化为自己真实的东西,从而做到能影响会员、感染会员。

健身指导服务给健身房会员带来的愉悦,不是纯粹生理上、视觉上或听觉上的快感,而是精神上、智力上的自我实现得到满足的深层次的快乐。

另外,需要特别提出的是私人教练员在指导服务过程中,要防范对会员“心灵施暴”或“心理虐待”。

施暴和虐待有的是有形的,有的则是无形的。所谓有形的是指私人教练员直接体罚会员或直接用语言、手势、强烈的脸部表情等来嘲笑、侮辱会员,使之受到伤害。而无形的则更隐蔽、更可怕,其主要形式有:

① 支配。私人教练员在指导服务过程中不尊重会员的独立人格,随意支配、吆喝会员,从而使会员的自尊心、自信心受到伤害,身心的健康发展受到影响。

② 冷漠。私人教练员对会员缺乏热情,不为会员健身素质的提高而高兴,也不为会员掌握不好健身技术而难过。会员感到与私人教练员形同路人,这种陌生感将大大降低会员的学习热情、兴趣和乐趣。

③ 贬低。私人教练员贬损、鄙视或瞧不起会员,既是对会员的严重伤害,又大大抹杀了会员的存在价值。对于性格外向的会员,这更是残酷的打击。

心灵施暴和心理虐待使得传授健身技艺、技能、知识和发展智力,及提高会员能力这一工作变得毫无意义。因为技能和智慧一旦与人格脱节,其后果是不堪设想的。正因为如此,我们才特别强调心灵交流在私人教练员指导服务中的重要作用,这是实现商业健身房会员技能、知识、智慧、人格和谐发展的关键。

五、私人教练员服务纠纷防范与调解技巧

(一) 私教服务纠纷、差错与事故

1. 私教纠纷

私教课程服务是现代商业健身房正常的服务行为,私人教练员和会员双方都受法律保护。私教课程服务近年来在商业健身房发展较快,对于提升会员完全健康的生活方式与生活质量起到了积极的作用。但是,由于私教课程服务的特点等多方面因素影响,尤其是受市场经济的影响,在健身房私教课程服务中的私人教练员与会员之间纠纷的发生率远远高于一般的巡场教练员,应引起同仁的重视。

私教课程服务纠纷是指私人教练员和会员双方对私教课程实施行为的过程，私教课程结果及其处理中对服务态度、技术、技巧等诸方面所发生的认识上的分歧和冲突，会员要求追究健身房或私人教练员“责任”或“赔偿损失”，并经行政机关或司法机关进行调解或裁决才能解决的纠纷。

2. 私教事故

私教事故是指私人教练员在实施健身健美、体重控制、疗疾康复、运动处方等私教课程服务工作中，因私人教练员的处方、方法、方式、手段的选择和运用过失、不当，直接造成会员的组织器官损伤，肢体或器官功能障碍、残疾或死亡等。

私教事故发生的原因和性质不同，可分为私教责任事故和私教技术事故。

(1) 私教责任事故。

是指私人教练员在私教课程实施行为中，违反规章制度，操作规程等失职行为造成会员组织器官损伤、功能障碍、残疾、死亡等事故。

(2) 私教技术事故。

是指私人教练员在私教课程实施行为中，根据其相应的职称，由于技术水平、能力或经验不足而发生的工作失误，导致会员组织器官损伤、功能障碍、残疾或死亡等事故。

(3) 私教事故分级。

目前可参照医学界的医疗事故分级标准，将健身房私教事故划分为三级：

① 一级私教事故：造成会员死亡的。

② 二级私教事故：造成会员严重残疾或严重功能障碍。

③ 三级私教事故：造成会员残疾或者功能障碍。

因健身房私人教练员实施的私教课程行为，使会员造成如上情况和结果的均称为私教事故。

3. 私教差错

私教差错是指私人教练员在实施健身健美、体重控制、疗疾康复、运动处方等私教课程服务工作中，因责任心或技术水平问题，造成的低于三级私教事故的损害，或者说不足构成等级私教事故的其他损伤称为私教差错。按私教差错的分法分为：

(1) 严重私教差错。

是指私人教练员在私教课程实施行为中，因责任或者技术的过失，给会员造成了一定的痛苦，或延长了无效的服务时间，但无不良后果的。

(2) 一般私教差错。

是指私人教练员在私教课程实施行为中，私人教练员虽然有处方、方法、方式、手段的选择和运用上的差错出现，但未造成会员身体损害、也无任何不良后果。

4. 非私教差错事故

是指会员虽有死亡、残疾、功能障碍等后果，但非私人教练员的私教课程实施行为过失所致，是因私人教练员过失以外的原因引起。

(1) 疾病的自然。

是指造成会员的死亡、残疾、功能障碍等后果,是因为会员身体内某种疾病或某种病理变化所致。

(2) 私教意外。

是指会员出现的死亡、残疾、功能障碍等结果,但不是由私人教练员的私教课程实施行为有过失所致,是因为会员自身实发了某种疾病或因其他难以预料的原因所致的无法防范和避免的原因引起的私教课程实施行为以外的事故发生。

(3) 并发症。

并发症其实也属于难以预料和防范的私教意外的一种,其不同之处是并发症多数是由于本病引起的其他病症导致的不良后果。

(二) 产生纠纷或疑难问题的原因

疑难问题是指会员在健身消费过程中提出的比较复杂的问题,解答时需要私人教练员综合运用健身知识并具备一定的分析问题、解决问题的能力。

1. 期望值与效果的偏差

会员对于健身知识不甚了解,期望值过高,主观上认为参加健身锻炼就应当达到某种奇特的效果,一旦实际的健身效果与期望值相差甚远时,就会不满。当会员期望值较高时,私人教练员要根据健身原理进行讲解,使会员尊重科学,抛弃幻想。

由于此原因,会员常问的一些问题有:

(1) 我怎么练了好几个月健身了,身上的肌肉还没长出来?

(2) 我参加健身锻炼,怎么体型还跟以前一样没多大变化?

(3) 我做了减肥运动,效果基本看不出来,这个减肥方法怎么无效?

2. 身体条件与技术指导的差异性

(1) 身体条件的差异性。

肌肤是身体的镜子,身体健康是肌肤健美的基础,内部器官有什么问题都会反映到肌肤上来,但是会员缺乏这方面的知识,只是单纯依赖通过外部的护理来改善皮肤状况,而忽视了身体内部的调理。所以,在未能达到预期效果时,就会不理解,产生疑问。遇到这类问题时,私人教练员需耐心讲解,使会员建立内外兼治的健身健美意识。

(2) 技术指导的差异性。

由于上述原因,会员常问的问题有:

① 我的“脂肪”怎么又长出来了,不是参加了健身锻炼就不再长了吗?

② 我的体型健美了为什么体重却没有减轻?

③ 王教练和李教练怎么同样的动作说的却不一样?

(3) 对健身过程中出现的暂时性问题不理解。

健身锻炼非一日之功,身体有自然的新陈代谢功能,锻炼需要一定的过程,在过程中可能会出现一些反应,会员缺乏对身体生理的了解,对于身体正常的生理反应感到害怕,以为是被“练”坏了。

(4) 会员与私人教练员的审美观点不一致。

每个人都有自己的审美观点，当会员认为私人教练员未能按照自己的审美观点去进行塑身美体，也会产生不满情绪。

(三) 私教防范纠纷的态度

1. 高度重视

引起私教纠纷的因素常常是多方面的，有的直接因素是较隐蔽的、复杂的，由于私教纠纷的调解和处理将直接或间接涉及私人教练员和会员双方之间的权益、道德、人格与法律责任问题。因此，要严肃认真地根据不同情况予以具体的妥善的处理，以维护私人教练员和会员双方合法的权益，维护商业健身房的声誉。

私人教练员在服务过程中处于主导地位，给会员以极大的影响，会员是私人教练员的服务对象，因此，私人教练员在日常工作中就要努力完善自己的服务，尽力消除发生纠纷的潜在因素。一旦纠纷发生了，首先检查自己的服务，疏导会员不满情绪，积极化解矛盾，处理妥当；即使确实是会员不对，也要摆事实，讲道理，善言解释，取得会员的理解。

2. 热情接待

会员登门投诉一般带着强烈的对立情绪。热情接待是缓解对立情绪的第一步，私人教练员不可把投诉的会员当做是“来找麻烦的”，应像接待其他健身会员一样，为会员让座、倒茶水，不要立即审问式地说话，让投诉者稳定情绪后从容诉说。

3. 耐心倾听

会员投诉一般都带着对立情绪，我们很难要求所有投诉者都能心平气和、有条有理地叙述，私人教练员应体谅会员的心情，耐心倾听，中途不要打断，并用身体语言做出适当的呼应，表示在认真地倾听。

对会员的误解不要急于辩白，对会员的过分言行要采取克制的态度，避免酿成更加激烈的矛盾，最好的方法就是忍耐与沉默，让对方尽情地发完火后，再以诚恳而亲切的语调解释，绝不能有理不让人。私人教练员应该理解，会员倾诉不满也是他们宣泄怒气的过程，私人教练员的耐心有助于他们逐渐恢复理智。私人教练员还应注意同时作记录，待会员说完后复述要点请会员确认，这样一则可产生严肃认真的印象，二则不至造成误解会员的意思。

4. 及时处理

私人教练员处理会员的投诉首先要调查、核实并作分析，找到纠纷发生的原因，分清矛盾是由于会员健身知识的缺乏或者是误解引起的，还是由于私人教练员工作的失误引起的。

(1) 婉转地澄清事实。及时向会员做出解释说明，消除误解。但不要正面指责、用教育的口吻，应当用“我们理解您的心情，但……”这一类的语言。

(2) 对会员的健身知识加以指导，向会员详细说明健身项目的原理、过程，以及可能会正常出现的问题和解决方法，用实际行动使会员放心满意。

(3) 如果确实是私人教练员的失误引起的问题,不要回避责任,应当真诚道歉并迅速采取措施,求得会员的谅解和合作。将处理问题可能需要的时间告之会员,以使其安心。

(四) 私教避免纠纷的方法

会员的疑问和不满通过不同的方式表达,而冲动地与私人教练员发生争执就意味着产生纠纷了,避免纠纷的方法是要在会员出现冲动之前做好以下工作。

1. 预防措施到位,严格执行落实

鉴于私教服务纠纷发生的原因,防治的措施应从避免起因入手,私人教练员和会员要建立和谐的私教服务关系。私教纠纷是私人教练员和会员双方都不愿意发生的,但又是不可避免的,要明确双方的关系是一种法律关系,双方都应遵循各自的法定权利和义务,尤其是私人教练员除自觉遵照法律规定外也要遵从各项规章制度和操作规程,减少私教事故、差错和不必要的私教冲突的发生、发展。

2. 礼貌待客,建立好感

一般来说,私人教练员给会员留下的第一印象好,会员即使对服务有不满,也会心平气和,就事论事地要求处理;反之,则会带着反感提出处理要求。因此,一个礼貌待客,受会员信任和欢迎的私人教练员,即使碰到问题,一般也不会形成纠纷,在良好的服务态度下,纠纷就比较容易避免或化解了。

3. 表述清楚,交代明白

私人教练员在介绍项目时要表述清楚,不可夸大健身效果,如果会员抱有很高的期望值,一旦达不到效果或是暂时出现反应,就会感到受了欺骗。因此,要在介绍项目时将过程以及可能出现的问题、处理方法尽量解释清楚,以防会员误解。

4. 细心观察,及时调整

每一次会员做健身之前,都要认真地观察会员的身体反应,发现问题,及时向会员解释原因,并做出必要的处理。

5. 做好跟踪服务

随时与会员保持联系,及时发现消除易与会员发生纠纷的隐患。在健身服务中发生问题并不奇怪,会员需要的是有人能及时帮助他们解决问题,只要跟踪服务做得好,会员的不满就会变为感激。

第二节 会籍顾问的管理

一、会籍顾问的定义

(一) 会籍顾问的定义

会籍顾问,即商业健身房的会籍服务生或业务员。也就是在会员制的商业健身房里从事会籍的销售与管理服务的从业人员。

会籍顾问的主要工作职责是：贯彻和执行商业健身房会员章程、会员守则及其他相关规定，积极推动并吸纳健身房客户或潜在会员成为正式的会员，并为其推荐最适合的健身指导员（私人教练员）、健身健美产品消费服务以及为会员解释和提供相关权利，并做好相关售后服务。

（二）会籍顾问——私人教练员的职业代理人

1. 私人教练员职业代理的概念和特征

（1）基本概念。

私人教练员职业代理人是根据私人教练员的委托，向健身房会员收取代理手续费，并在私人教练员授权的范围内代为办理健身锻炼与服务的个人。私人教练员职业代理人不同于一般的委托代理人，它是专指商业健身房私人教练员的代理人而不是健身房会员的代理人。

（2）特征。

① 私人教练员代理人必须以私人教练员的名义进行健身锻炼指导与服务活动，私人教练员代理人有权向健身房会员表示或接受健身锻炼指导与服务活动的相关事宜。有权依照规定或约定向健身房会员收取费用。但私人教练员代理人不得滥用代理权，不得擅自转委托。

② 私人教练员代理人的代理权，一般是依据商业健身房私人教练员的授权产生。其代理范围依代理合同的规定而有所不同，可以约定代理全部业务活动，亦可以代理部分业务活动，但私人教练员代理人必须在代理权限内进行健身锻炼指导与服务活动，如超越代理权限的行为，也即私人教练员代理人在业务范围以外的作为，对健身房会员无约束力。

③ 私人教练员代理人代理活动的法律后果由委托的私人教练员承担。私人教练员代理人在业务范围内的作为，虽未经委托的私人教练员的指示，亦有约束健身房会员的效力。即使私人教练员代理人的行为侵害他人的利益，亦有约束健身房会员的效力。如，以欺诈的方法诱使健身房会员订立健身消费合约，亦对健身房会员有约束力。另外，私人教练员代理人在业务范围内所知道的有关订立健身消费合约的重要事项，即使实际上并未告知所委托的私人教练员，也都假定为所委托的私人教练员所知，委托的私人教练员不得以代理人未履行如实告知义务而拒绝履行自己的赔偿责任。

④ 健身锻炼消费代理必须采用书面形式，签订委托代理合约。如，代理人的姓名、代理事项、授权范围、有效期限等必须用文字表示出来。

2. 私人教练员代理人的种类

根据商业健身房开设服务项目的需要，私人教练员代理人可分为以下两种：

（1）专职私人教练员代理人：指根据私人教练员的委托，专门为健身房会员办理健身锻炼产品（项目课程）与指导健身消费业务，以私人教练员代理为职业的人。

（2）兼职私人教练员代理人：指在坚持担任本职工作的同时，接受私人教练员的委托,兼营私人教练员代理业务的人。

3. 私人教练员代理的监督管理

(1) 健身消费代理的资格条件。健身消费单位的合法成立必须符合下列条件和程序:

① 必须具有金融监督管理部门规定的资格条件。

② 必须取得金融监督管理部门颁发的经营健身消费代理业务许可证。

③ 必须有自己的经营场所。

④ 必须具有一定数量私人教练员代理人资格的工作人员。

(2) 私人教练员代理人(自然人)的资格条件。私人教练员为自然人时,应具备下列条件:

① 必须具有民事权利能力和行为能力。

② 必须具有健身锻炼或指导健身消费业务专业知识,法律知识和从事商业性活动的能力,具有相当大专学历的水平。

③ 必须具有较丰富的健身锻炼或指导健身消费实践经验。

④ 思想品质好、文化素质高,善于交际。

4. 私人教练员代理人的权利和义务

(1) 私人教练员代理人的主要权利就是向健身房会员收取佣金。

(2) 私人教练员代理人的主要义务是开展宣传和为私人教练员招揽和代理业务。私人教练员代理人在指导健身锻炼指导和健身消费的业务中充当着极为重要的角色。目前中国商业健身房的私人教练员代理人的素质参差不齐,有些商业健身房的私人教练员代理人因素质太低,在代理实践中造成较坏的影响。针对商业健身房的发展和健身房会员的需求,中国相关行政部门应立法和加强对私人教练员代理人的培训和法律监管。

二、会籍顾问的促销技巧

商业健身房对外服务之一的窗口是通过会籍顾问的销售与私人教练员的技能服务来实现,而商业健身房是否能成为同行业中有力的竞争者,同样取决于商业健身房的品牌、健身健美消费产品的品质、会籍顾问的销售及私人教练员的指导服务质量等。假若把商业健身房推向市场,以商业健身房会员满足需求为第一的指导服务宗旨,那么,会籍顾问直接与健身房会员接触就是抓住了健身房会员需求的最前沿。因此,会籍顾问掌握着会员对商业健身房的批评与投诉等具体相关的资料与建议,以及引导开发的方向。

(一) 促销的市场调查与分析

会籍顾问对促销的市场调查是根据相关的资料收集统计与其供给的关系、消费生活的变化、服务质量、雇主的需求度、习惯、竞争对手的实情等进行分析研讨。而会籍顾问促销的市场分析是在调查的基础上,依据实情指导服务业绩的分析研讨。与其相关的内容有商业健身房聘请私人教练员所拥有的健身房会员的态势、季节变化的影响、地区健身房会员的态势、指导服务带来的因果关系等。

1. 促销市场的特性

(1) 普遍性：商业健身房共性点是面向社会、面向市场。随着文化生活环境的变化与发展，居民生活小区、文化娱乐休闲场所及高档居住区内，配备健身房已屡见不鲜。因此，会籍顾问经营促销活动的普遍性，在于健身房会员健身理念的转变和时代的需求，促销活动的广告效果得以家喻户晓。

(2) 地区性：健身促销市场受人口的密度、气候、健身消费习惯、经济收支状况等差异的制约。因此，会籍顾问在促销上要根据这些特性来选定促销地区，抓住地区区域差异的特性，依其情形制定各地区的促销策略。

(3) 非专家性：健身房会员对健身锻炼需求的知识，绝大部分是门外汉或略涉及一点，在经营促销活动中，他们对价格问题是非常敏感的。因此，会籍顾问在促销经营活动中，除了价格的促销外，更重要的是对健身房会员进行健身锻炼知识的宣传与讲解等促销活动，使健身房会员知其所以然，心知肚明地接受促销活动所带来健身理念和健身锻炼效果。

(4) 服务的效果性：会籍顾问的促销经营活动是否得以正常进行，与其商业健身房锻炼的氛围、服务项目的设施配备、指导服务的质量与指导服务的效果检测等均有密切株连的关系，同时也将直接影响到市场发展的规模。因此，会籍顾问的促销经营活动应以服务的效果性为策略，注重提高健身指导服务的质量与实效性，使更多的健身锻炼爱好者走进健身消费的行列。

2. 促销的市场调查

会籍顾问促销的市场调查与其商业健身房规模、经营策略及大众健身消费群体等有密切的关系。因此，会籍顾问所做的市场调查，应在从事职业的区域内把握下面调查事项。

(1) 市场规模。

① 市场的大小：如潜在需要，扩大健身消费群体的阶层。

② 本身的地位：即在市场占有率。

③ 市场的特性：如当地的风俗、习惯。

④ 阻力的大小：如同行业之据点、价格政策、合约条件、保守的气氛。

⑤ 市场的动态：如大型化、小型化。

(2) 指导服务。

健身房会员满意度：可从锻炼效果检测、指导服务态度检测、专业技能检测、相关联消费品检测等调查。如：

① 健身房会员意见反馈率：主要了解正反意见的百分率的比例。

② 健身房会员需求度：如服务项目、场地设施和消费品牌等。

(3) 行业竞争。

① 市场占有率:主要调查健身消费群体的占有率。

② 健身房比较:各健身房的优、劣势比较。

③ 健身房特性比较:如特征、特点、特色。

④ 消费价格:如行业间价格比较。

(4) 其他。

① 广告媒体是否适当:如宣传报道是否在健身消费群体中有影响度。

② 推销政策的反应:如推销的政策是否迎合健身消费群体消费心理。

③ 创造性需要的策划:一般健身服务项目应根据市场需求进行创新。

3. 促销的市场分析

会籍顾问促销市场的分析与其健身房的促销成本、利益等相互关系紧密联系起来,进而对促销经营市场加以分析归纳,从中得出规律。因此,会籍顾问所做的市场分析,应在从事职业的范围内进行以下内容的分析。

(1) 季节变化分析:商业健身房健身消费额的变化与健身消费群体选择消费季节有着密切关系。按目前健身市场的健身消费规律,一年四季有淡季和旺季之分,根据商业健身房经营状况,分析出季节变化的健身消费额曲线,求得最高消费额、最低消费额及平均消费额。

(2) 健身房会员人员流动情况:以一年为基点,统计全年总健身消费人员、月健身消费人员、季度健身消费人员、半年健身消费人员及年消费人员。根据统计数据,画出健身消费人员流动情况曲线图,求得最高人员流动数、最低人员流动数及平均人员流动数。

(3) 行业间促销比较:健身房之间的促销比较,可以反映出一个健身房经营与管理的水平及促销人员的素质。会籍顾问在促销活动中,在立足本商业健身房的基础上,有必要进行行业间的促销比较,其目的是通过比较来反映促销人员业绩的同时,更可以反映商业健身房在行业间的地位和知名度、服务设施、服务质量等。

(4) 健身房购买力比较:不同层次的健身房会员对健身房的购买力有着至关重要的影响,它既是反映健身房会员层次,也是反映健身房各项服务设施和服务消费的水准,同时也反映健身房经营与管理的策略等重要方面。会籍顾问在促销活动中,可以通过各健身房的横向与纵向购买力的比较,力图在促销活动中赢得主动。

(二) 会籍顾问的促销作用

在市场经济体制运作下的健身产业,会籍顾问在商业健身房的促销作用及地位举足轻重;特别是健身消费群体全新健身理念建立的今天,会籍顾问随着健身市场的发展,其经营活动促销对商业健身房的经营及在社会上的作用越来越明显。会籍顾问可按这样一个经营法则来衡量工作业绩:"如果促销策略不变,健身房会员的多少就是业绩好坏的答案。"这就是说会籍顾问的工作有两重性,一方面是指导服务于健身房会员,另一方面是从事经营促销活动,而对商业健身房的经营来说,会籍顾问的经营活动亦是商业健身房经营活动中的一个重要环节，也是决定商业健身房经营成败的关键。

1. 实现商业健身房的效益

商业健身房是当今国民锻炼、休闲、娱乐的重要活动场所之一，在经营活动中，既是对外实施指导服务的窗口，又是创收利润的单位。会籍顾问通过健身消费指导服务，把全新的健身理念和科学的锻炼方式传授于健身房会员，从而获取收益，实现商业健身房利润目标，同时又可获取良好的社会效益。另外，相对会籍顾问而言，通过实现商业健身房效益的同时，可提升自己在健身产业中的知名度，从而获取丰厚的经济收入。

2. 与健身房会员建立良好的关系

会籍顾问在促销洽谈及指导服务中，往往是作为商业健身房的代表和私人教练员的代理人，他们的言行对健身房的经营成败负有重要的责任。会籍顾问在加强自身服务技能的同时，如能了解商业健身房并执行商业健身房经营的基本策略和方案，使健身房会员在消费中得到收益，对商业健身房更具信心，他便能真正地代表了商业健身房本身。另外，在指导服务的过程中，会籍顾问能够针对健身房会员的实际状况，解决一些疑难问题，从而获得健身消费的信任，并与健身房会员建立良好的关系，使健身房会员在获取收益的同时站在商业健身房的利益上，向外界转播商业健身房的经典之作，促使商业健身房获取社会利益和经营利益。

3. 促进服务项目的开发

随着健身市场化的发展，行业间的竞争在不断升级的同时，要保持商业健身房经营活动的不断成功，健身消费服务项目的开发与创新是必不可少的环节。商业健身房服务项目的开发都亟须一个朝气、有创新性的促销方案和会籍顾问队伍，才能使促销达到理想的水平。因此，高水平的促销能力对新项目的研究和开发人员而言是很大的激励；另一方面，身处第一线促销的会籍顾问，可随时为研究与开发工作带来有关健身房会员对商业健身房建设大量的反馈信息，以及健身房会员对商业健身房的需求及希望达到什么样的要求，这对研究与开发本身具有很大的引导和促进作用。

4. 树品牌效益赢得竞争对手

行业间的竞争其实质就是品牌的竞争。当竞争对手提供的服务项目与服务质量与本商业健身房差不多的时候，会籍顾问的服务技能及服务水准也就成为一种品牌，而此时的品牌就可能成为竞争成败的主要条件。因为，当商业健身房的管理及经营范畴与竞争对手已不分胜负或已无多大优势时，就需要会籍顾问创造服务优势和品牌效益。在市场经济条件下，有时一个能为健身房会员解决疑难问题的会籍顾问对商业健身房来说，更是一个重要的资产。优秀的会籍顾问能适时有效地为健身房会员服务或经常与健身房会员保持一定联系，增强商业健身房与健身房会员之间的感情，为健身房会员提供满意的服务，创造优良的促销业绩，从而使商业健身房在竞争中战胜对手。

(三) 开拓会员的健身消费欲

健身产业的市场化发展,必然带来的是拉动内需与驱动健身房会员大消费,而会籍顾问这个职业正好能为广大的健身房会员提供机会,让您在锻炼消费中尽情地发挥创意,且充分展现与众不同的消费之处。然而,谁都无法否认,市场经济体制下的消费观念与计划经济体制下的消费观念已有本质的差异,这就要求会籍顾问遵循市场经济运作的规律与促销的行为尺度,把握健身房会员的消费欲,创造精神财富和物质财富。会员健身消费欲的开拓应把握以下几点。

1. 健身房会员的第一印象

当健身房会员踏进健身房时,他们很快对商业健身房的环境及从业人员加以分析与评价,这其中也包含着健身房的相关人员对健身房会员的评价与分析。这种刹那间的判断,决定喜欢或讨厌以及信任等感觉。因此,要求商业健身房的环境始终保持良好的清洁卫生和有条不紊地开展各项工作,特别是健身房从业人员的态度,要有与健身房会员相同的威严、自信与快活的态度,才可以使对方引起好感。诸如开门、关门、步伐、视线、坐的位置、坐法、体形、体格、体姿、双手的摆放等的一举一动都可能影响其观点,成为决定其消费的因素。面部表情更是应特别留神的。真诚自然的微笑,可能具有勇气、老实、亲切的感觉,也是世界共通转达意志的言语。

2. 会籍顾问的自我介绍

与健身房会员见面第一句,用规范化的服务礼仪表明自己的姓名及在健身房从事何种性质的指导服务。然而并不能期待对方一定记住您所介绍的。一般的情形是,健身房会员忙于打量您,而并不注意您所说的话。

凝视会使健身房会员惊惶,也可能导致促销无效。通常做法是轻淡的一瞥,自然地移开视线,接着以一种引起好奇的内容,提出质问、诉诸的感觉等顺序可以唤起对方的注意力。

3. 会籍顾问的指导服务介绍

按市场经济规律,商业健身房的会籍顾问是商品经济的无形资产,对健身消费雇主而言,会籍顾问服务促销则需要更多的用心与创意。诸如健身房的管理与经营策略、硬件与软件、服务项目、服务宗旨、锻炼相关的消费品及市场上运作的状况等方面的介绍,都可能引发健身房会员的消费欲的产生。但要注意在介绍时,语气要特别谨慎,否则可能引起反效果。另外,在介绍时,不要夸大其词或故意吹捧健身房及自己,以便引起健身房会员的警戒心,其结果只是适得其反。

(1) 提高自己的说服力。

会籍顾问对健身房会员介绍消费服务时,说服能力与他所拥有的洽谈实力二者之间密切相关。具备较为丰富的各种资源能够加强说服力,而较强的说服力也能增强本身所具有的洽谈实力。会籍顾问在洽谈过程中要学会借助已经拥有的各种其他资源,增强自己的说服力。具体有下面几方面技巧。

① 明确说服的目标。要想提高介绍消费服务的说服效果和效率,会籍顾问首先

就必须明确谈判过程中希望说服的目标，明确尚有哪些问题有待取得一致意见，必须在目前与健身房会员就哪些问题达成一致，在哪些问题上即便不能取得一致也不会影响到消费目标的实现等。

② 找到双方的认同点。所谓认同，就是把自己的说服对象视为与自己相同的人，寻找双方的共同点，这是双方心灵沟通的桥梁，也是说服对方的基础。在与健身房会员的交往中，首先应求同，然后随着谈话的深入和理解，与健身房会员谈话就会比较投机，在一定的程度上体现双方越来越熟悉，甚至会感到比较亲近，这时某些心理上的疑虑和戒心会随之减轻，从而也就便于说服对方的同时，对方也容易相信和接受自己的看法和意见。

③ 把握对方的心理。从心理学的角度来说，健身房会员心理活动随着谈话内容深入或发展会发生相应的变化。因此，要求会籍顾问必须要把它巧妙地运用到实践中去才能发挥作用。具体方法如下：

a. 交谈开始，要先讨论容易解决的问题，然后再讨论容易引起争论的问题。如果能把正在争论的问题和已经解决的问题连在一起，就较有希望达成协议。

b. 双方彼此期望与双方交谈的结果有着密不可分的关系。伺机传递信息给对方，影响对方进而影响谈话的结果。

c. 假如同时有两个信息要转给对方，其中一个是较悦人心意的；另外一条则较不合人意，则应该先讲第一个。

d. 强调合同中有利对方的条件，能使合同较易签订。

e. 先透露一个使对方好奇而感兴趣的消息，然后再设法满足他的需要。当然信息千万不能带有威胁性。说出一个问题的两面，比单单说出一面更有效。

f. 在讨论过赞成和反对意见后，再提出自己的意见。

g. 人们对通常听到的情况比较容易记得头尾部分，中间部分则不易记住。所以要在开头和结尾上下工夫。当他们不了解所讨论的问题时，结尾比开头更能留给听者深刻的印象。

h. 重复地说明一个消息，更能促使对方了解和接受。

i. 与其让对方做结论，不如先自己清楚地陈述出来。

(2) 尊重理解会员。

会籍顾问对健身房会员介绍消费服务时，不是让健身房会员屈服，而是让健身房会员接受自己的观点。因此，会籍顾问在说服健身房会员时，要把健身房会员视为和自己一样是有感情需要的人，不要把交谈过程中出现的问题归罪于健身房会员，更不应该对健身房会员进行人身攻击，也就是在说服的过程中要尊重健身房会员。

(3) 简明扼要。

会籍顾问对健身房会员介绍消费服务时，有时会被健身房会员中途打断或拒绝，这是最感棘手的问题。这有两方面的原因。一是健身房会员对您的介绍太繁琐或介绍的内容不感兴趣，另一可能是被一些懂行的健身房会员看出谈话的问题。因此，为避免这种现象的发生,当会籍顾问给健身房会员介绍或表达观点和意见时,应当态度诚恳、观点明朗、语言生动、流畅,层次清楚、紧凑。具体有下面几方面技巧:

① 叙述要简洁准确,不拖泥带水。

② 叙述要生动。

③ 叙述的主体要明确且层次清楚。

④ 叙述时要言之有理,必须客观且真实。

⑤ 叙述的观点要准确且有的放矢。

⑥ 叙述时可进行必要的重复。

⑦ 叙述时要自信。

⑧ 叙述时的语言要有含蓄性和必要的幽默。

(4) 充满自信的态度。

会籍顾问面对健身房会员介绍消费服务时,有时会被性急的健身房会员追问怎样的效果而不耐烦,如要求结论,或者追问业务能力,甚至怀疑业务能力等。这时候会籍顾问要充满自信,不必在健身房会员面前自觉矮人一等,要不卑不亢。否则在介绍服务时会缺乏信心,会出现闪烁其词或吞吞吐吐的现象,甚至出现乞求式语言。经验告知,低三下四、乞求健身房会员的做法,不仅会使促销的服务价值观贬值,也会影响健身房和个人的形象,即使勉强成交一个健身房会员,也会付出惨痛的代价。会籍顾问的促销要明白与健身房会员谈判能否成交的关键,是对方需求和消费欲望的扩展,而不取决于您态度如何卑下。

(5) 要言之有礼。面对健身房会员介绍消费服务时,会籍顾问的语言要"以诚为本",就是要态度真诚,开诚布公。也要"以信为本",使健身房会员感到可亲可信。同时还要"以谦为怀",就是态度要谦逊,出言谨慎,决不可盛气凌人。更要"以和为重",就是要谈论问题要兼健身房会员利益,求同存异。古人说"和气生财",就是这个道理。

(四) 会籍顾问的促销

现代市场经济体制下,会籍顾问的促销关系着商业健身房经营与管理策略是否成功,而其促销方法涉及商业健身房立足行业间竞争的地位。由于市场残酷竞争让会籍顾问意识到促销方法的重要性,但所采取的手段、方法让健身房会员建立了一些片面的想法或看法,这本身就反映了会籍顾问促销理念的缺陷。

1. 确立私人教练员促销理念

(1) 重视健身房会员价值,力求健身房会员满意。

健身房会员价值是指健身房会员对商业健身房服务的期望值,包括商业健身房设施价值、服务价值、从业人员价值和形象价值。满意则指的是健身房会员通过对服务的可感知效果或结果与他期望值相比较后所形成的感觉状态。促销的核心是以市场为导向,即以健身房会员的满意为导向。如何才能做到使健身房会员高度满意,概括起来主要有下面三个方面。

① 建立投诉、建议和调查制度。会籍顾问可以通过各种渠道便于健身房会员投诉和提出建议，如设立热线、多设一些意见箱或进行健身房会员调查，听取健身房会员意见都可以获得一些重要的与商业健身房经营有关的信息。

② 寻求外部的观点。对商业健身房的意见只能来自健身房会员，但由于健身房会员意见一般比较分散，而且通过健身房会员投诉得到的信息使商业健身房处于一种被动的地位。针对这种倾向，私人教练员应采取积极主动的态势，以专家假扮健身房会员，对商业健身房的服务流程进行评估，然后提出改进意见，这种方法得到的信息比较集中，而且往往附有专家建议，对商业健身房帮助很大。

③ 注重缺陷分析。商业健身房不可能不流失健身房会员，对于现代商业健身房的促销观念来讲，这时候重要的不是去争取新的健身房会员，而是从中发现本商业健身房设施和服务质量的缺陷，与转向的健身房会员接触，听取他们的意见，是价格太高、服务质量不好还是服务设施跟不上需求等。

(2) 以目标市场为核心。

市场促销观念从健身房会员需求出发，最终占领目标市场。在对健身房会员需求、商业健身房与周边环境的详细分析基础上，会籍顾问确定自己的目标市场是踏入成功之门的第一步。现代促销理念要求会籍顾问有详细的市场战略计划，能够确定自己的努力方向，从而才能针对目标市场展开一系列的促销攻势。

(3) 保持创新精神。

随着社会生产力的发展和人们物质生活水平的不断提高，健身房会员对商业健身房的健身消费也提出了更高的需求和欲望，会籍顾问肩负着健身房的从业人员和市场促销人员的双重身份，因此要求在商业健身房经营与管理的基础上，具有更多的服务项目，更多的、更高的服务质量和服务渠道，市场需求的不断发展变化，迫使会籍顾问必须不断地创新，开发出适销对路的服务项目。

2. 会籍顾问促销前的心理准备

充分的心理准备在促销洽谈中起着十分重要的作用，任何一名会籍顾问对即将举行的洽谈都要做好心理准备，以适应洽谈场上变化变化莫测的各种情况。

(1) 做好遇到强硬对手的准备。

会籍顾问在促销活动中经常会遇到各类健身房会员，强硬的健身房会员是较难对付的一种，因此会籍顾问在与健身房会员洽谈前要做好遇到强硬对手的准备。所谓“强硬对手”是指健身房会员实力强大或地位较高，在洽谈一开始就依赖其强大实力希望从气势上压倒对方，让对方觉得没有一点讨价还价的余地，会使洽谈的形式呈一边倒，使对方在没有心理准备的情况下进入他的圈套。作为一名会籍顾问，要想洽谈中成功说服健身房会员，首先在精神上就不能输给健身房会员，做好遇到强硬健身房会员的精神准备是避免心理上处于劣势的重要一环。

(2) 做好洽谈破裂的准备。

会籍顾问在与健身房会员开始洽谈以前，都希望能够顺利进行，完成双方间的交易,但是事情往往不像希望的那样,在实际与健身房会员洽谈中,并不是每一次都能成功。由于洽谈双方利益上的不同,及其他不可预知的因素的作用,如果洽谈不能满足双方最低限度的目标,可能会使洽谈破裂。这虽然不是双方希望的结局,但是如果不是自己能力可以控制的,就不要过于懊丧。"胜败乃兵家常事",促销洽谈的破裂是很正常的事情,作为一名优秀的会籍顾问要有洽谈可能失败的心理准备,同时,还要做好各种应变措施,比如考虑新的、后备洽谈的预案。

3. 会籍顾问促销技巧

会籍顾问促销的目的应以满足健身房会员为第一,所得利润是满足健身房会员的结果获取的。会籍顾问要达到这一目标,来实践社会效益性和收益性,除具有相关的服务技能水准外,应注重促销的技巧,依靠技巧的实施手段赢得社会大众的支持来发展经营。

(1) 促销话语技巧。

① 声音高低。

会籍顾问在与健身房会员接触时,当说明其意图时,应注意健身房会员回复话语的速度与声音的高低以判断健身房会员的心理,从而迎合健身房会员的心理、以健身房会员的言辞述说。假若健身房会员谈话速度快时应提高速度尽早回答;如果健身房会员兴奋而声音高昂时应降低声音,以稳和的调子谈话。

② 谈话场面。

会籍顾问在与健身房会员接触时,应注意观察健身房会员,如果健身房会员最近有喜事的话,应该说些庆祝的话,在洽谈以前如果对方刚参加重要会议时,可能身心疲劳,应缓和其疲劳后再进行洽谈。

③ 善于听话。

会籍顾问在与健身房会员接触时,要做一个善于听话的人,这可以加强健身房会员的信心,使健身房会员觉得自己所下的决定是出自自己的判断,满足健身房会员的自尊心。给予健身消费者较多的谈话机会,可探察健身房会员购买的动机,进行商谈的暗示。

④ 说明服务的话术。

一般来说,说明服务的话术是一种能以充分的信心引导健身消费进行的促销话术,是促销活动的中心工作。为了这种说明能收获预期的效果,应以购买心理的演变阶段配合促销各阶段依序进行。如:

a. 引起注意:介绍自己→吸引健身房会员的注意→不让其离开。

b. 兴趣、联想、感觉需要:使健身房会员对健身锻炼发生关心→获取关心;使健身房会员对健身锻炼发生购买意欲→刺激欲望。

c. 比较、下决意:提示获取信任→使其信任。

d. 实行:诱导健身房会员争取购买→促使行动。

（2）应酬话语技巧。

① 不理会。

健身房会员常习惯性地说些“现在太忙”“现在还有”“我来考虑考虑”“没有需要”等话来敷衍。会籍顾问对于这些无关紧要的理由或推辞可不予理会而继续进行谈话。

② 直接法。

当健身房会员对于所提示的健身服务在未完全清楚以前“价格过高”等类的抗议时应用的方法。这种方法虽然不宜经常采用，但作为例外的手法，偶尔倒可以尝试的。视其场面有时能表示会籍顾问的自信与热心而颇可获得效果。

“服务不好”……“不……那就……”

“没有钱”……“请不要开玩笑……如果您没有钱世界上没有一个人有钱的人”

③ 间接法。

任何人都喜欢自己的意见被尊重。尤其对于情感性的反对，先以“是的，您的意见很对”表示同意，软化对方的情绪，停一停后再说“不过……”表示自己的意见。

（3）获取健身房会员信任的技巧。

① 获取信任的三原则。

a. 断言：断言就是将事物有力而率直地说出，如“现在购买健身消费卡可占很多便宜”“本健身房是同行业率先进入健身领域，是健身房会员信赖的健身房”等，把自己所相信的事情断然地道出。

b. 反复：反复叙说同一句话或同一件事情，被说明的人最后将会相信它，“反复即名气”。从进门促销以后到辞别以前，应找出适当的促销重点加以反复说明。

c. 传染：相信某一件事情时，其信念将流露于外表，倘若不相信时其不信亦将流露于外表。“为了促销健身消费您本身必须先相信自己的健身理念并且喜欢它”，因为有一种被称为“传染”的不可思议的力量，将我们的思想、感情、偏见传染予别人。

② 利用他人信任的方法。

引用别人所说的话，来证实健身锻炼功效的方法。任何一个人对于别人的意见或行动，就是非直接认识的人也常常被其影响。因此“某某先生或某某小姐对健身锻炼这样说过”等类的话，较其会籍顾问的谈论具有更大的影响力；在促销时倘欲轻易而确实地获取健身房会员的信任，准备多些这类的话是最好不过的。

（4）通讯技巧。

无法面谈的健身房会员可写信与其接触。以健身房会员的问题为中心，虔诚的为对方服务的心情来写，必要的事项应简明诚恳正确地写，并使用大方的信封与信纸。在信封上避免一切有关夹生的文字，信里可提起以前拟约定面谈结果未能如愿而要求面谈的字句。这是制人的秘诀之一。

(5) 迅速接洽的技巧。

因洽谈的时期过迟而失去销售机会是常有的事,要趁健身房会员还有情绪时促销较为容易。期间是健身房会员接到说明书看过以后的四五天以内。过后健身房会员的购买意欲开始冷却,因此最重要的是迅速的接洽。

(6) 确立长期目标的技巧。

近几年,我国商业健身房经营促销活动在市场经济体制下已初具规模,但真正有几个著名的会籍顾问或有影响的会籍顾问,可谓寥寥无几,这无不与会籍顾问促销活动和服务技能有着密切的联系。会籍顾问是商业健身房的品牌,可以被人知,却不能言传,而健身房会员所需的是品牌化服务,是健身房会员获取健身锻炼信息的重要渠道,因此,会籍顾问在促销活动中,在强有力地推出自身品牌社会效益的同时,确立一个长期促销目标,即以品牌社会效益的长期性、群体性、收益性为宗旨,并为健身房的今后发展方向奠定基础。

(7) 服务打开局面的技巧。

会籍顾问的促销活动从形式上看是一个过程,但其过程的实质是服务,服务质量的好坏将直接影响到促销的成败。会籍顾问的促销要有特色,让健身房会员无法忘记,这就需要在经验积累的同时,态度要热情,用真情去感染健身房会员,设法让对方满意、舒服并让对方产生依赖感,如果采取强制服务的手段,就完全违背了服务的初衷。但切记不要丢失尊严,服务并不丢人。另外,不要做违法的事情,否则生意就会受到很大的牵制。

(8) 障碍处理的技巧。

障碍是指在促销过程中健身房会员的看法和异议在促销工作形成的各种阻力和障碍。促销几乎每天都在进行,但促销工作并不总是一帆风顺的,对于会籍顾问来说,种种促销障碍客观地存在于整个促销活动中,而促销的工作就是回答健身房会员的“反对意见”,正确认识和处理健身房会员的问题和异议,寻求促销的机会,并及时将健身房会员的意见反映给商业健身房,改进商业健身房的经营与服务。具体方法如下:

① 热爱促销。

会籍顾问要在思想观念上树立起一个正确的认识,不应厌烦促销过程中的障碍,热爱促销工作,这是战胜任何促销障碍的潜力所在,主要包括以下几方面:

a. 欢迎健身房会员提出各种不同意见,把它作为一种工作压力,同时也是一种动力。

b. 健身房会员反对意见不是造成促销失败的主要原因,而是会籍顾问自身的促销不够。健身房会员说“不”实际上是想换种方式促销,会籍顾问应把此看成是一种学习经验的积累。

c. 树立起在健身房会员面前自己代表的是商业健身房的形象的概念,从整体和全局出发,认为健身房会员的意见正是对商业健身房经营与服务的不足之处做出的很好的反馈，正是我们所需要的反面信息，我们应该谢谢他。

d. 把促销看做是一种比赛，一种与自我的不断较量。人都是有惰性的，这种较量就是要战胜“自我的惰性”，最后才能在比赛中获胜。

② 决不气馁。

会籍顾问在促销中，由于健身房会员以价格、信息传播、消费心理等诸多障碍遭遇拒绝时，决不气馁，耐心地坚持访问，不断改变促销方法。但是，有许多会籍顾问在做出一些尝试仍遭遇健身房会员拒绝后就放弃了继续促销的念头，从促销理念上讲，如果遭遇拒绝而放弃的话，健身房会员将无法改变原来的决定而采纳促销人员的意见，这样就会失去促销的机会，如果您连续不断地进行促销，总有一天健身房会员将接受您的促销。为了这仅有的一次机会，会籍顾问必须付出持续不断的努力。

③ 有备无患。

就是会籍顾问在促销之前要做好具体的准备工作，不打无准备之战。准备工作包括：商业健身房相关信息资料、同行业商业健身房相关信息资料、健身房会员相关信息资料等。

a. 本商业健身房相关信息资料。商业健身房经营与管理的策略、服务设施与服务环境、服务项目与便捷措施、价格分类与价格表等相关销售与服务信息资料。

b. 其他商业健身房相关信息资料。把其他商业健身房视为竞争对手，因此所要了解或要掌握的信息资料与本商业健身房相同，并加以比较分析。

c. 健身房会员相关信息资料。健身房会员的需求、购买欲望、购买能力、决策能力；健身房会员的类型、社会主要关系、工作关系、家庭关系等。

三、会籍顾问的公关与服务技巧

随着我国健身产业的市场化建立和快速发展，作为商业健身房形式的行业间竞争日趋激烈。为适应健身产业的市场化发展，商业健身房从业人员之一的会籍顾问的促销地位举足轻重，他们的促销方法或服务质量状况，将直接影响到商业健身房经营与管理策略的落实。因此，以经营为标志刺激或带动健身消费额增长是商业健身房赖以生存和发展的重要环节，同时也是商业健身房扩大社会效益和经济效益的重要组成部分。

（一）会籍顾问成功公关的因素

公关，是指会籍顾问与健身房会员之间，为了促成某次交易或解决某一争议而进行的磋商与协调。会籍顾问的公关是经营活动的一部分，也是促销活动的一项重要内容。它是整个促销过程的实质性阶段，在促销活动中起着关键性的作用，与健身房会员的谈判能否顺利进行，直接关系到会籍顾问的促销活动能否成功。在健身产业的市场化高速发展的现代社会，与商业健身房会员之间的公共关系越来越显示出其重要的作用，因此，每位会籍顾问必须具备与健身房会员谈判公关的知识和技能。

1. 公关的目的意义

(1) 会籍顾问公关的实质是获取健身产业和市场的信息;获取健身消费群体渴望健身锻炼与消费的信息,这无论对商业健身房经营者,还是对会籍顾问都是非常重要。

(2) 会籍顾问在公关的同时,也是广交朋友,寻求友谊,体现才能,获得事业成功的良好人际环境。有人说朋友是财富,可见人情或会籍顾问的品牌效益在现代化商业健身房有着强烈的体现。

(3) 会籍顾问的公关活动既开阔眼界、丰富生活内容,又能提高人生素质和生活质量,并且在实际操作中需要交际者之间的真诚坦率,相互理解支持的良好环境才能实现。可见会籍顾问公关之重要。

2. 成功公关的相关因素

(1) 公关前期策划与准备。

会籍顾问作为商业健身房的公关代表,在公关的前期策划与准备工作是非常重要的。公关前期的策划有:公关的群体居住区域、区域周边环境、消费对象、消费阶层、消费理念及消费水准等;公关的准备工作主要有:商业健身房设施在同行业中的排行、服务项目与市场供需的情况、服务技能与服务质量的可信度、发展潜力和发展空间、消费价格与消费群体的层次等。如果会籍顾问在公关前连这些基本内容都不知道,就没有必要与健身房会员进行洽谈了。

(2) 公关传播的语言形式。

传播是公关活动的重要组成部分,亦是会籍顾问通过一定的语言媒介向健身房会员传递信息,以唤起其特定的反应和行为的一种活动。会籍顾问公关传播的语言形式主要有有声语言和肢体语言两部分。

① 有声语言:即自然语言,是以说和听为形式的口头语言。有声语言是会籍顾问同健身房会员之间所进行的交谈,这是公关传播中应用最为广泛的一种双向沟通的会话语言形式。会话式交谈有其特点:其一是依靠双方共同理解的情景,语言形式往往比较简略,甚至说话时还会出现某些词语的脱漏、句子成分缺乏的现象;其二是一般无法在事先作详尽的准备,说话的双方现场意识感较强,可以随时根据对方的反应,调整应答和发问。

② 肢体语言:它是借助非有声语言来传递信息、表达感情、参与公关活动的一种不出声的伴随语言。会籍顾问在公关中充分利用自身肢体语言的传播、与健身房会员进行沟通弥补言语交谈不足来强化信息的交流。“此处无声胜有声”表明了会籍顾问自身体格的最佳传播效果,从而引发健身房会员的兴趣或产生拥有美好体格的幻想。

(3) 言谈幽默的效应。

言语幽默是会籍顾问公关中的一种艺术,在与健身房会员洽谈时,用幽默言语可以达到缩短与健身房会员之间的距离和体现卓越的才能,同时使您在有些问题中或尴尬时刻里脱身。在公关时健身房会员经常会提一些诸如价格的问题。然而，对这类较为敏感的问题，不同应答会产生不同的效果。如采用："您的健康身体或优美形体是不能用价格来衡量的，您说是吗？""现代健身理念的确立是不能用价格来衡量的，更何况这隐藏着不等价值，关键是您健身消费过程中的满意度，您说是吗？"一句话回避了问题，又具幽默感，比采用直接问答的方式，如支支吾吾，或以"哼哼"声来掩饰不知强了多少倍，减少了健身房会员误认为公关是为"钱"而来的想法。

（4）了解竞争对手。

商业健身房之间的竞争在市场经济体制下已经形成，每个商业健身房会籍顾问在激烈的竞争中都成为自己的竞争对手。因此，在公关前必须知道竞争对手的有关情况，有针对性采取攻略，使之在竞争中立于不败之地。如，竞争对手的业务能力、技能水平、服务模式、知名度及影响力等，尤其要清楚竞争对手与自己相比的优劣势到底是什么，做到这些可以在与健身房会员洽谈时，用比较的方式达到提升自己的目的和扩大自身在商业健身房行业中的地位及影响力。

（5）售前服务意识。

一般公关活动中注重售后服务的迹象较多，而会籍顾问公关活动中应提倡售前服务，售前服务对健身房会员的购买欲有着至关重要的影响。售前服务主要不是针对商业健身房的服务设施、服务环境及服务质量，而是针对健身房会员本人。在与健身房会员接触交谈时，会籍顾问向健身房会员讲解所关心的健身锻炼事情、分析健身锻炼与消费间的关系、达到欲求目的与锻炼的经过等，让健身房会员感受到热情与重视。但是，绝对不要娇惯某些健身房会员，不要满足健身房会员过分的要求，实际上，那样的健身房会员也不是质量很高的健身房会员。

（6）让健身房会员满意。

成功的标准应该是，您的服务对象在您的指导锻炼与指导消费服务之后，因为满意而再次向您购买，或者因为满意而主动向自己的亲朋好友推荐您及您的商业健身房。假如健身房会员在您的指导锻炼与指导消费服务之后感到非常的后悔，即使会籍顾问拿到很高的佣金，这也是一笔失败的业务。要让健身房会员满意，在其他条件不变的情况下，加强您的服务意识，可以增强健身房会员的满意度。

（二）会籍顾问的公关方法

会籍顾问在公关活动中，无论是熟悉的健身房会员，还是初到的健身房会员，都应主动上前打招呼和热情地接待与迎送。另外，对所有来访的健身房会员都应不分彼此，一律以礼相待，并请教姓名、单位及从事的职业。在商谈接待中，从古经商就有"和气生财"的格言，讲究接待与迎送礼仪，尊重健身房会员的习惯，不是虚情假意，而是会籍顾问素质和修养的体现。

1. 有礼有节

在公关的过程中，做到有礼有节是很重要的，这会使谈判或行为顺利地进行。一般应特别注意的是：使用恰当的称谓；注意使用必要的谦、敬语；选择恰当适中的问句;注意时机和因人而异;合理使用告别语等。

2. 诱导服务

当今商业健身房呈高层次发展是社会发展的需要,同时也是以市场经济杠杆为主体,带动健身消费额增长的必然趋势。会籍顾问在服务于健身消费领域的同时,公关方法是推销商业健身房的品牌和自身的形象是走向市场的唯一途径,公关其实质是推销的过程,是会籍顾问运用各种公关技巧,说服健身房会员进行健身消费的过程。俗话说:“十分生意七分谈”,面对健身房会员如何进行积极有效的公关,引导健身消费和健身消费的扩大投入,关键是在公关的“谈”字。

一般说来,会籍顾问接待健身消费会员时,其实质是推销自身和炫耀自身的才华,并在短时间内完成。在短短几分钟里,会籍顾问的言语能留住健身消费会员并打动他的心,生意就成交;留不住,一笔买卖告吹。此外,在健身行业市场的竞争中,如何能突出自己,把健身消费会员吸引到自己身边,也需要与众不同的语言。所以,这都要求会籍顾问的公关话语具有强烈的诱惑性和渲染色彩。如:

(1) 层层诱导。

层层诱导是会籍顾问根据健身房会员的健身消费心理,层层诱人公关推销导向的一种发话艺术。健身房会员踏进健身房看设施、环境、服务时,往往是带着欲消费情绪或周边消费影响的驱使,而并非一定有什么消费的目的。对这类潜在的健身房会员,作为一名会籍顾问在接待介绍的同时,应送上:“欢迎您到我们健身房参观”“请您随意试一试,不行的话,我来帮助您”等话语。在健身房会员参观或随意试一试的过程中,会籍顾问应随着健身房会员的心态变化,把健身房的运作情况和管理模式介绍给对方,促发健身房会员的购买欲望和兴趣。与此同时,再说上几句得体的夸奖语:“您的体形已经很美,如能在科学指导下进行健身锻炼,会使您的体型更加完美,会使您的气度不凡”“您的体重基本上符合标准体重的要求,如能在科学指导下进行减肥锻炼,达到理想体重,使您的体型更加完美”等话语。

从心理学角度看,人最喜欢受到他人的尊重与赞扬,公关过程中,适时的奉承,使健身消费会员感到一种满足。这时,伺机告知消费价格,激起会员的购买欲望,最后成交。层层诱导的发话艺术,是在不让对方感到压力的原则上,轻轻地一层一层地推动他,促其完成购买行动。

(2) 定向诱导。

定向诱导是指会籍顾问有目的地诱导健身房会员作定向的发话艺术。健身房会员具有不同的性别、年龄、职业及体质,会籍顾问在接待健身房会员时,不同的发话方式会带来不同的销售结果。如,“要不要进行健身锻炼?”“请问,您想参加健身锻炼,对目的、需求、为您服务有哪些要求?”结果第一种发话,销售的只是买卡锻炼的一半;第二种发话,把健身房会员与买卡、锻炼、消费服务及涉及健身消费内涵所带来的销售联系起来。第二种发话就属于“定向诱导”。“要不要进行健身锻炼?”这一发话的定向是不正确的,而“加上锻炼的目的、需求、为您服务等有哪些要求?”这一发话的定向是正确的，而且把会员诱入扩大健身消费的内涵之中。

(3)“激”的方法。

当健身房会员产生健身消费欲望，但又犹豫不决的时候。适当使用“激”的技巧，激发对方的好胜心理，促其迅速做出决断，这就是“激”的技巧。

在健身产业和市场蓬勃发展的今天，经常有三五成群的青年男女光顾商业健身房，在这其中不乏有健身消费欲望的，有陪同随行的，还有是对健身锻炼毫无兴趣的。当这些健身消费会员刚步入商业健身房门槛时往往很好奇，商业健身房的环境设施对他们的潜在健身消费欲望有着巨大的吸引力。此时，会籍顾问应抓住契机，在“层层诱导”和“定向诱导”的基础上，进行“激”方法的公关。如：

① 您是学生，我们健身房对学生有优惠政策，若三人或五人将有团体优惠政策。

② 您是健身运动的爱好者，我们健身房的服务宗旨为大众健身房会员服务，我在为您服务的同时，在价格问题上，我可以让您在消费的过程中得到实惠。

③ 今天我有权利的同时，免费指导锻炼一堂课，希望您从中收益，并希望您能有实际行动加入健身消费行列。

④ 在优惠政策的同时，我的服务质量将得到保证。并递上名片，若有服务质量上的问题，您将可以进行投诉。

从这一公关销售的一幕过程，充分展示了在公关销售的“激”的技巧。首先，在“层层诱导”和“定向诱导”的基础上，不会让健身消费会员产生戒心，且为下一步实施“激”的技巧埋下伏笔；其次，递上名片，将会员消费心理提升为质量的保证。

(4)“比”的方法。

俗话说：“不怕不识货，就怕货比货。”会籍顾问在公关销售的时候，可以对周边地区的商业健身房进行比较，让健身消费会员在对比中产生差别的感觉，这样就会增加说服力。如：当健身消费会员认为“锻炼消费太贵”时，会籍顾问就应拿周边地区的商业健身房的环境设施、配套服务的信息与服务质量的承诺、月参加健身锻炼消费的人数及锻炼消费群体的层次等方面内容进行比较，从中得出本商业健身房的货真价实。这种“比”的推销术，特别能使健身消费会员看清消费后的利益，增加对会籍顾问的信任感。

(5)“问”的技巧。

会籍顾问是推销主体与推销对象双向交流的过程。在推销过程中，我们经常发现有的健身房会员不假思索地拒绝推销，因此“推销是从拒绝开始的”这句话半点不假。遇到这种情况，推销员不应“退避三舍”，而应“迎难而上”，这期间，巧妙设问是关键。提问，可以消除双方的强迫感，缓和商量气氛，可以摸清对方底牌而让对方了解“我”的想法；可以确定推销过程进行的程度；可以了解会员障碍所在，寻找应对措施；可以留有情面地反驳不同意见等，因此提问是推销应对口才最有力的手段，一定要熟练掌握与运用。比如，当我们碰到“不参加”“今天不买卡”或“过几天再说”等托词时拒绝的背后隐藏着各种因素。如：

① 锻炼时机不理想、现在不着急买卡锻炼。

② 因为价格问题,自身经济方面有顾虑。

③ 不喜欢推销员。

④ 不喜欢这个健身消费场所。

⑤ 已经在其他健身房参加锻炼。

⑥ 真正无意参加锻炼。

针对以上情况,我们可以提问:

① 您是不是认为目前没有必要买卡进行锻炼?

② 价格方面是否满意?

③ 关于我的说明有无不清楚的地方?

④ 您觉得我们的健身消费环境如何?

⑤ 您是否已认定在一家健身房健身消费?

⑥ 您对健身锻炼与健身消费一点兴趣也没有吗?

这样提问不仅可以缓解接触交谈尴尬的场面,还可以在摸清对方底牌的同时,培养健身房会员健身消费的兴趣,消除其心理障碍,并把注意力集中于您的身上。

(6)“演”的技巧。

有的问题如果仅凭三寸之舌还难以让健身房会员明白,那就要采用实例、数据、图片等来加以说明和演示,在会员面前充分展示;或将抽象的服务及服务质量等其好处具体化、形象化。必要时请健身房会员亲临体会,将其服务的功能、特点及相关服务设施的使用方法逐一介绍和演示,充分体现健身房服务的亲情力和私人教练员的魅力,这些比言辞说明更有吸引力和说服力。

如一位健身房会员有着强烈的器械健身欲望,但不知从何下手进行有效的锻炼,此时,会籍顾问应针对性地加以引导,从器械的锻炼功能到身体锻炼的部位;从器械的使用方法到应注意的事项;从器械锻炼对人体机能的功效到合理的运动营养配备等具体演示,从而引起健身房会员的极大兴趣,于是健身房会员的购买欲在演示中得以实现。

(7)“贴”的技巧。

有人说,一句贴心话,招来万户客。这句话是十分有道理的。在公关推销中,一句贴心话,会使健身房会员全“忘记”您是会籍顾问,而是他们的知心朋友,可以缩小会籍顾问与会员之间的距离,对之言听计从。这样既为推销打开了销路,又交了朋友,帮助了健身房会员,最终也帮助了自己。通常,贴近健身房会员要注意以下语言表达技巧:

① 捕捉健身房会员购买欲望,为健身房会员当好参谋:健身房是对外服务的窗口,同时也是指导健身消费的窗口,由于健身消费群体来自不同的社会阶层,且对健身服务与健身消费有着不同的需求。当健身房会员进入健身房时,享受健身锻炼氛围和激发锻炼欲望是健身房会员的普遍心理,此时此地的私人教练员不能等健身房

会员上门，而应主动贴近健身房会员，与健身房会员亲切攀谈，其内容主要涉及：

a. 欢迎您到我们健身房参观与咨询，我们竭力为您服务。

b. 我是健身房的会籍顾问，可负责您咨询相关的内容。

c. 我们健身房服务设施和服务项目，是您健身锻炼与健身消费的理想环境。

d. 像您这样的年龄（或体型、或职业）到我们健身房参加锻炼的人员占的比例是相当高的。

e. 我们健身房可根据个体的健身需求，制定个体的健身锻炼计划和建立锻炼档案。

f. 我们健身房可根据特殊的健身需求，提供特殊的健身消费服务。

g. 我们健身房可根据健身锻炼的健身消费需求，为您提供健身消费指南服务。

h. 我们健身房有严格的管理制度和良好的经营理念，健身房会员在接受服务的过程中若有不满意的地方，可进行投诉。

上述内容是会籍顾问在接待健身房会员时，特别是当健身房会员流露出渴望健身欲望的信息后，并不是单刀直入去询问健身房会员，而是先从感情上贴近健身房会员，与健身房会员亲切交谈，力求言谈相通，爱好相投，健身房会员自然产生好感，因而产生兴趣。会籍顾问应抓住瞬间的心理变化，为健身房会员当好参谋，绕道进入正题，使健身房会员高兴地接受了健身消费的推销。

② 不用命令式语气，多用请求式。要想贴近健身房会员，必须用热诚去打动健身房会员的心，唤起健身房会员对会籍顾问的信任和好感，让健身房会员感到是在帮助他，而不是仅仅想赚他的钱。要做到这一切，应当注意语言表达技巧，多用“请您等一会，好吗？”的请求式语，不说“您等一会儿”的命令语。在健身房会员光顾时，健身房会员听了会籍顾问的介绍后，仍然举棋不定，沉默不语，在健身房徘徊，遇到这种情况，应主动说一句“请您先试用练几次”。这样会打破沉默气氛，能产生“认同感”的效果，使健身房会员把会籍顾问当好友看待，交易也就有了成功的可能。

③ “见什么人，说什么话”，措辞准确、得当。从某种意义上讲，公关活动是一种心理战，要想贴近健身房会员，首先要掌握健身房会员的心理，主动迎合健身房会员心理变化，选择恰当的对话方式，也就是“见什么人，说什么话”。面对随和型健身房会员要热情、有耐心，要顺水推舟，满足他们的自尊心；而面对严肃型健身房会员要真诚、主动，以柔克刚，设法使他们开口；面对慎重型健身房会员要不厌其烦，耐心解答，不要言语唐突，刺激对方；面对情绪型健身房会员要摸准其心理，通过言行取得对方的信任，消除其心理压力，使他有一种安全感。

（三）会籍顾问接待宾客十忌

第一忌：站着接待时，仿佛居高临下，用眼神上下打量，评估客人是否有消费能力，表现出市井气而减弱专业性。

第二忌：先发制人，不给客人开口的机会，让客人感到无话可说，什么都替客户说完了却问客户，我表现得怎么样？

第三忌:逼客户对自己的推荐表态,而客户并不认同,结果只能迎合客户。

第四忌:会籍顾问眼睛斜视会员,表现傲慢,令客户觉得不舒服。

第五忌:会籍顾问不听客户的问题和诉说,一味自我推荐,反过来却埋怨客户有问题。

第六忌:推荐产品时如获得会员认同,或老客户来接受服务,就省略产品和项目介绍,更为严重的是省略操作环节介绍。

第七忌:聊天时滔滔不绝,介绍产品和项目时却一语带过,不能让客户产生信任。

第八忌:客户提问时先反驳,再找理由,比如客户认为服务质量太差了,“为什么你们自己都不清楚搞促销的规定呢?”然后会籍顾问回答:“可是,我们今天才开始,还未来得及通知,您认为哪里差?”表现抵触而不是道歉。

第九忌:向还未落座的会员推销。遇到客户没什么反应时,再倒水或让座,试图挽回局面,但通常已经来不及。不如一见面即让座,先问候再倒水,然后再询问客户要求,这样更为合理。

第十忌:遇到客户沉默就不知如何是好,一味推荐新优惠,反倒令客户难以取舍;把握客户反应的时机,给客户决定的时间,然后适当促成,不要害怕沉默。

第三节　会员的管理

一、会员的定义

从字面上看,履行了商业健身房会员制度的合法手续,于健身房消费的人士称为会员。健身房的会员可以分为自助消费会员和私教课程消费会员两类。

本书所指会员,具体来讲光顾商业健身房或购买了健身房私教课程消费的个人,以私人教练员一对一有偿指导服务的方式为特征者,都可统称之为健身房会员。

二、会员的消费心理和属性

(一) 会员的消费心理

不同的健身房会员有着不同的健身消费需求,可谓千差万别、纷繁复杂,但各个不同健身房会员的消费需求及其消费心理又具有某种共同的趋性和规律性。

1. 青年人健身消费心理

青年人健身消费是商业健身房经营与服务的主体之一,他们具有独立的购买能力和较大的购买潜力,同时他们的需求对商业健身房服务内部结构的调整或变化有着重要的影响。根据这一显著的市场特征,如何引导青年健身房会员的心理,关键是了解和掌握消费心理特征。

(1) 健身时尚消费的心理。

参加健身锻炼是青年人的典型消费心理特征之一,他们具有热情奔放、感觉敏锐、思维活跃、内心丰富、富有幻想等激情，也有追求时尚、新颖和美的享受，希望通过健身锻炼行为来符合潮流的发展和时代的精神。因此，青年人往往是健身房消费行为的追求者、尝试者和推广者。

(2) 情感消费的心理。

青年人参加健身锻炼对商业健身房的选择，往往是情感因素占主导地位，这与青年人的思想情感、兴趣爱好、性格特征还不完全稳定有关。因此，会籍顾问或私人教练员在市场促销及刺激青年人健身消费欲的时候，要把握这一鲜明的心理特征，以青年人为促销对象，在服务技能、服务效益、品牌效益及自身形象等方面，都应注意直觉效果，以满足青年人健身消费的心理需要。

(3) 效果消费的心理。

青年人健身消费在追求时尚的同时，往往与效果紧密地联系在一起，这与青年人消费的消费倾向从不稳定向稳定过渡相关。他们对健身消费的追求一般有三个特点：一是能反映时代的潮流与周边的氛围；二是坚信科学锻炼方式的要求，注重锻炼效果；三是通过健身消费来表现自我成熟和个性的特征。各种因素综合刺激青年人健身房会员的消费动机，决定其购买行为，表现了青年人健身消费趋于实际效果的消费心理。

2. 女性健身消费心理

现代女性健身消费是商业健身房或健身消费市场经营与服务的主体之一，现代女性随着社会的发展和物质生活水平的不断提高，她们的健身理念及健身行为方式也发生较大的变化，现代化商业健身房或健身消费市场对现代女性具有极大的吸引力、诱惑力。会籍顾问或私人教练员应根据健身房服务设施、服务项目及市场竞争的焦点，把握女性具有较优越的表达能力、传播能力和感染力，争取一个忠实的女性健身房会员，就会影响周围的一群人。

(1) 追求美感消费的心理。

爱美与讲究时髦是现代女性的一个明显特点，要达到此目的，除穿着打扮外，欲通过健身锻炼求得妩媚优雅的气质和身体曲线的形体，是现代女性普遍存在的心理特征。因此，会籍顾问或私人教练员应把女性爱美与讲究时髦的消费心理与健身锻炼的功效紧密地联系在一起，提高女性与众不同的消费欲望时，乐于追求健身消费的时尚性、改变体形的效果性等，女性的健身消费欲自然就会体现在购买动机和健身行为上。

(2) 实惠消费的心理。

不同社会阶层女性健身消费，持有不同的健身消费心理，但实惠是现代女性健身消费的美德。在大部分健身消费中，就是希望所有的商业健身房能最大限度地满足自己的某种需要，并具有物有所值的鲜明特点，这就是女性典型的实惠消费心理。其特征表现在与会籍顾问或私人教练员接触中，小心谨慎、心细敏感，但又具有较强的形象思维。这种心理特征在购买行为上就表现为对健身房的各个服务环节十分挑剔、谨小慎微,特别会把价格与锻炼效果等同起来,也会因一点不明确的地方或不周到的地方,常因犹豫不决而占用许多时间。因此,会籍顾问或私人教练员在促销活动时应牢牢把握这一实惠消费的心理,才能大大提高促销的成功率。

(3) 多样化、个性化消费的心理。

现代女性健身消费趋向多样化、个性化发展,她们与男性相比,更加在意将自己特点与健身锻炼动机、锻炼效果及消费过程联系起来,这种消费心理往往是由于自尊、自重心理所决定,多样化、个性化的心理在一定程度上具有“我行我素”和“随心所欲”的鲜明特征。对此,会籍顾问或私人教练员在促销活动的过程中,根据女性健身房会员这一特征和不同健身消费需求,当好健身房会员参谋,使健身房会员认定其健身消费是最有价值、最明智。

3. 中老年健身消费心理

中老年健身消费是商业健身房应该扩大的消费对象。随着日常生活趋于稳定和社会工作节奏的加快,迫切需要通过健身锻炼来增强体质和缓解工作压力,但是,和青年相比,他们具有相当的消费阅历及消费经验丰富、稳重老练,这一消费特点使得在健身消费追求和爱好上同青年相比显然不同。

(1) 理智健身消费的心理。

中老年健身消费是健身产业的市场发展的方向,是商业健身房应该扩大和引导的消费对象。但从实际情况看,中老年在健身消费的情绪上,是以理智支配自己的行动,很少感情用事。表现在健身消费活动中,从消费欲望的形成到消费行为的实施都要经过分析、比较和判断,使自己的购买行为尽量合理、正确、可行,很少有一时冲动,随意消费的行为。针对中老年理智健身消费的心理,会籍顾问或私人教练员在促销活动中,应从实际情况出发,因势利导和因人而异的进行,从而使更多的中老年人加入健身消费行列。

(2) 需求稳定消费的心理。

中老年往往以自己正处于“不惑”和“知天命”这一“成熟”阶段为荣,并希望稳重、自尊和富有涵养的风度区别于芸芸青年。他们在健身消费中不再追求形体或刻意突出身体的某一部分,而是追求身体体质和缓解精神压力或丰富生活内容等。因此,会籍顾问或私人教练员在促销活动中,以中老年需求稳定消费的心理为基点,帮助他们建立正确的健身消费理念,使中老年的健身消费长期稳定的发展。

(二) 会员的属性

商业健身房的会员形形色色,可以从不同的角度加以划分。

1. 按照会员消费目标的选定程度划分

(1) 全确定型。这类人在进入商业健身房前,已经有明确的目标,对于所要做的健身项目的效果、服务程序、价格的幅度等都有了明确的要求。进入商业健身房后一般能主动地提出对服务的各项要求,一旦满意就迅速决定接受服务。

(2) 半确定型。这类人在进入商业健身房前,已经有了大致的消费目标,但对具体要求还不甚明确，最后的消费决定是通过比较而完成的。要经过较长时间的比较、咨询、选择和评价，才能做出明确的决定。

(3) 不确定型。这类人在进入健身房前，没有明确的消费目标。进入商业健身房只参观，或是陪同他人而来，一般是漫无目的的，碰到感兴趣的健身项目也许会做，也许只是了解一番什么都不做就离去。

2. 按照会员消费行为表现特征划分

(1) 习惯型。这类会员喜欢根据过去的消费经验、使用习惯进行消费，他们会长期光顾一家商业健身房，或长期使用某个品牌或系统的健身产品，对信任、偏好的项目和产品不加考虑，接受、决定速度快，而且不受时尚风气的影响。

(2) 理智型。这类会员的特点是以理智为主，感情为辅，喜欢根据自己的经验和广泛收集的健身知识、信息，经过周密分析和考虑才决定消费，主观性较强，不愿别人介入，广告和会籍顾问或私人教练员的推荐介绍对其影响甚少，很少感情用事，始终由理智支配行动。

(3) 感情型。这类会员带有浓厚的感情色彩，想象力和联想力特别丰富，审美感觉也比较灵敏，易受外界因素如广告、流行的影响，对健身项目的时尚都比较挑剔，对价格高低不太重视。

(4) 冲动型。这类会员的特征是情绪易于冲动，心境变化剧烈，易受广告宣传的影响，并喜欢追求时尚，常凭个人兴趣消费，决定迅速，但不满意时常会产生懊悔情绪。

(5) 经济型。这类会员参加健身多从经济和价格考虑，特别注重服务质量，一般有两种倾向：一种是讲究经济合算，物美价廉，喜欢在商业健身房打折时接受优惠服务；一种是喜欢收费昂贵的服务项目，认为价格高必然是好的，便宜无好货。这两种倾向与经济条件和心理需要有关。

(6) 从众型。这类会员的特点是易受众人影响，对健身项目本身不做分析，认为只要大家都做就一定是有效果的。

(7) 疑虑型。这类会员行动谨慎、迟缓、体验深刻而且疑心大，从不冒失、仓促地做决定，还可能由于犹豫不决而中断，对会籍顾问或私人教练员的介绍抱有戒心，即使决定了也会疑心自己上当受骗。

(8) 随意型。这类会员的特点是缺乏经验，心理不大稳定，大多属于初次来参加的健身者，往往是听从他人介绍而来，大多缺乏主见，不知所措，对健身项目没有固定的偏爱，希望能得到会籍顾问或私人教练员的帮助，乐于听取会籍顾问或私人教练员的介绍。

3. 按照会员的情感反应划分

(1) 沉静型。特点是感情不外露，举动不明显，态度持重，交际适度，心理平静，灵活性低。选择健身项目很少受外界影响，不愿与会籍顾问或私人教练员谈些非健身的话题。

(2) 谦逊型。这类会员比较愿意听取会籍顾问或私人教练员的介绍和意见,做出决定比较快,很少挑剔服务的质量,对会籍顾问或私人教练员的服务比较放心。

(3) 健谈型。在选择服务项目时,这类会员能很快与会籍顾问或私人教练员接近,愿意与他们或其他会员交流经验。兴趣广、话题多、开朗、爱开玩笑,甚至谈得忘乎所以,忘记了本来的目的,灵活性高,环境适应能力强。

(4) 反抗型。这类会员往往不能忍受别人的意见,对会籍顾问或私人教练员的介绍持有戒心,异常警觉,甚至有逆反心理,越介绍越不信任,性格孤僻、独立,主观意志较强。

(5) 激动型。这类会员常会表现出傲慢的态度,言语和神情都神气十足,甚至用命令的口气提出要求;情绪容易激动,稍不合意就会发生争吵,抑制能力差,情绪易激动。

三、会员档案应用与管理策略

许多商业健身房的营销实践证明,会员的忠诚度和商业健身房的获利能力成正比关系。美国学者雷奇汉和赛塞的研究结果表明,会员的忠诚度每提高5%,商业健身房的利润就能增加25%。因此,怎样建立和维持商业健身房与会员长期而稳定的关系,就是商业健身房最根本也是最艰巨的任务和挑战,而建立会员档案是一个重要而且行之有效的方法。

(一) 会员资料建档

会员是商业健身房的"衣食父母",而健身行业更需要建立一种与会员相互信赖的关系。会员档案中所含的资料让你更容易抓住会员的心,而他们也会为你提供许多重要的资讯和建议。建立会员档案,可以通过制作会员基本资料记录卡来实现。

建立会员基本资料记录卡,能记录并保存会员基本资料,方便联络和促销时使用;可以保存会员体质及健康信息,方便工作时参考;便于统计、分析会员情况,为营销决策提供依据。

新会员光临时,由会籍顾问与其沟通.获得新会员的姓名、电话、住址、生日等必需资料,之后填入表内(可多次获得),以姓氏分类统一建档存留柜台处。

用赠品换取准会员的资料也是由来已久的方法,而且这种方法的效果令人吃惊。需要注意的是商业健身房提供的赠品要与销售的产品有高度关联性。在这种情况下,准会员的资料可能会对日后的销售带来很大帮助。当然,赠品未必是昂贵的,而以适合会员最为重要。

但要注意,在收集会员资料时,千万不要涉及会员的隐私。

(二) 会员追踪分析

在建立会员基本资料记录卡和会员服务记录的基础上,商业健身房要定期分析会员每月来健身房消费的次数及间隔天数,确定会员动向、属性,了解该会员接受服务项目、花费金额的情况,以此作为制定营销策略的主要依据。

例如,某会员本来每月固定来 15 次,而 7 月份却只来了 5 次,而且最后一次来健身房的时间距今已超过两星期。由卡内记录可以推断此会员可能已经失去了,这时商业健身房需要打电话问候、寄问候卡,或采取其他方式,请其再度光临并提供个性化服务,争取使之成为固定的会员。

若费用栏记录显示,该会员的消费项目只有自助消费项目,就应设法使其逐渐接受健身房里的其他项目服务,如此才能永久留住此会员。

对于会员资料,商业健身房最好每年整理一次,挑选出 VIP 会员,举办活动招待他们,以促进双方的情谊,维系会员与商业健身房之间的良好关系。

(三) 会员意见调查

会员满意是商业健身房生存的基础。要了解会员的满意度,定期进行会员意见调查不失为一种好办法。通过会员意见调查,可以了解本商业健身房存在的不足,为各项改进提供依据;会员意见调查还可以得知其他竞争者的优缺点,从而创造优于竞争者的服务项目,进而吸引更多的客户。

在会员意见调查里,以会员满意度调查最为常见。会员满意度可以从以下 5 个方面来衡量:

(1) 对会员的承诺。

(2) 对改进质量的要求是否解决。

(3) 对会员满意度的确认。

(4) 会员满意效果分析。

(5) 会员满意度比较。

进行会员满意度调查只是提高会员满意度的第一步,商业健身房必须按调查所反映的实际问题进行改进、落实,这样会员满意度调查才具有实际意义。

下面介绍一下会员满意度调查的方法及注意事项。

1. 进行会员满意度调查前的准备

"使会员满意"对商业健身房来说是最基础的目标,但对许多商业健身房来说,针对会员满意度进行调查还是新的尝试。所以,在进行调查之前,有必要明确进行这项调查所要达到的目标,可参考如下:

(1) 确定导致会员满意的关键因素。

(2) 评估商业健身房的绩效及主要竞争对手的绩效。

(3) 根据问题的轻重缓急,采取适当措施加以解决。

(4) 会员满意度调查的途径。

2. 获取会员满意度的途径及改进措施

(1) 通过投诉获取反馈信息。设立免费投诉电话或会员投诉台,派专人受理投诉。对提出意见的会员表示衷心感谢,奖励提出有价值意见或建议的会员。根据会员投诉意见,迅速查清事实,尽快予以答复,以表示对会员意见的重视。

(2) 会员流失分析。高度重视"跳槽"的会员,深入了解其"跳槽"原因,从而发现经营管理中存在的漏洞,及时采取措施,挽留住会员并防止其他会员"跳槽"。

(3) 新会员调查。深入了解新会员接受服务和购买产品的原因,有利于保持和强化商业健身房的相对优势,扩大市场占有额。

(4) 通过人员接触获得反馈信息。培训会籍顾问和私人教练员等员工沟通和倾听的技巧,提高他们倾听会员意见的意识,采取奖励措施鼓励员工反馈会员意见。经理或主管应利用各种途径接触核心会员,了解员工们听到的意见。

(5) 组织调查活动。为深入了解会员意见,商业健身房可组织一些活动,比如邀请核心会员参加新员工的招聘工作;邀请会员参与健身健美产品展示和服务项目的设计,这些活动有利于提高与会员沟通的效果。此外,还可以举办有会员参与的会籍顾问或私人教练员的服务技能竞赛活动等。

(四) 会员组织的管理

稳定和增长的客源,意味着商业健身房能有更大的发展。健身与健美项目是一个非常个人化,与会员接触非常亲密的行业,会员往往会和他们的会籍顾问和私人教练员建立起深厚的关系。只有建立稳定的会员群才是商业健身房事业成功之道,建立并管理一个完善的会员组织,将有助于培养会员对商业健身房的忠诚度。

消费者只要交纳一定费用或达到一定的消费额就可以成为会员。通过会员制,一方面能扩大商业健身房的活动范围,另一方面能够增强商业健身房的形象,树立关怀客户的经营理念。

一般情况下,会员制可以使双方获得以下利益:

(1) 会员可享受比非会员更优惠的价格。

(2) 会员可享有电话预约消费、订货或上门服务。

(3) 根据会员档案,对会员进行健身、健心、健智和健美的指导。

(4) 定期举行联谊活动,拉近与会员之间的联系。

(5) 定期发行自己的报刊,向会员提供健身健美项目(产品)、商品、饰品、营养品及其他商品的最新资讯。

(6) 定期向会员发放调查表,了解需求,从而得到第一手的销售动态。

(7) 定期举办展示会,扩大商业健身房的影响范围等。

(五) 提高会员满意度的策略

1. 会员的满意度

目前,商业健身房已遍布全国各地,经营者对会员满意度的关注程度日益加强。会员对服务的质量和期望值需求也日趋强烈,他们不但需要纯正的专业技术服务,同时希望能以最低的价格获得最满意的服务。商业健身房由于其行业竞争的激烈和消费者自我保护意识的成熟,经营者承受的压力越来越大。那么,商业健身房如何突破面临的压力,实现收入的稳步增长?这不仅要有舒适的硬件环境,更重要的是要不断提高自己的服务品质,为会员创造健康安全的消费环境,赢得会员满意其实质也就是要争取会员的回头率和续卡率,开发更多的客源,因此会员的满意度是经营者首先要考虑的内容。

会员满意度就是以会员为中心，客观地认知会员要求，并利用现有的资源来满足这些要求。会员满意度可以从 5 个方向衡量：对会员的承诺、对改进质量要求的解决、会员满意度的确认、会员满意效果及会员满意度比较。

会员满意度是商业健身房全面质量管理的重要组成郎分。会员确立的期望、标准和绩效要求推动全面质量管理，全面质量管理的核心就是通过产品的运用和技术服务去解决会员的问题，如理解会员的期望和要求；确立本商业健身房与其主要竞争者在满足这些期望和要求方面成功的程序等。

满意的会员会给商业健身房带来广阔的前景，可以增加收入、降低经营成本。近来由于国家对健身行业管理力度的加强，健康体育和竞技体育的严格区分以及平均利润的降低都对商业健身房经营提出了严峻的挑战，商业健身房必须考虑财务状况及应优先发展的服务项目，实施这些的重要因素是进行会员满意度调研。

2. 提高会员满意度的策略

（1）沟通——和谐关系的开始。

提高会员满意度，首先要建立彼此友好的和谐的人际关系，良好的沟通技巧将帮助会籍顾问或私人教练员超出健身健美话题，进而延伸到表达关心及了解会员心理、生理状况的层面。以真正了解会员需求，并满足其需求。

（2）微笑服务。

“微笑”是世界通用的语言，微笑是人际关系的润滑剂，微笑服务是提高会员满意度的必备武器。以笑容与人接近，即使对方的情绪不稳定，但也会因为对方的笑容而显得开朗一些，所谓“伸手不打笑脸人”即这个道理。微笑必须是发自内心的、真诚的而非脸上硬挤出来的笑容。除此之外，当会籍顾问在电话中与人交谈时，更别忘了微笑，虽然在电话的彼端看不到笑容，但可以肯定的是，对方可借由声音感受得到。

（3）给人好感的自我介绍。

会籍顾问或私人教练员与会员接洽的顺利与否，关系着销售是否成功，可以说它占有 80％的比例，自我介绍的重要性可见一斑。一个简单的自我介绍的动作，可以使和谐关系的建立过程恰到好处。一种友善的自我介绍有助于避免或化小许多会籍顾问或私人教练员所身临的消极不利的状况（如为善于抱怨、易怒的会员服务），良好得体的自我介绍亦能除去被误会为会籍顾问或私人教练员助理的窘境。其次，对于交谈目的作一番说明，可以得到会员的注意，并能显示出对他（她）的关心，以此达到不同类型会员的满意度。

（4）善于运用聆听和询问。

“善于言谈者必善于聆听”并不指“会说话的人，也善于听别人说话”，它的正确含义是：一位好听众，才是一位懂得说话的人。上帝给人一张嘴，两只耳朵，这多少告诉我们“听”比“说”更重要。在没有发现“对于会员，什么是最重要或最需要”之前贸然提供信息，无异于告诉会员您不是在关心他的需要或问题所在，并且该信息很快就会被遗忘。因此唯有确定您了解会员,让会员完全感到您确实了解他的需要后,您的信息才会被视为无价之宝。其次,写下会员的话将显示您对于该资讯有所重视(与会员咨询的时候,会籍顾问对待会员,就如同您想要被款待一般)。对于教育程度或消费能力较低的会员,也要一视同仁地提供良好、完善的服务,也就是说,以尊重的态度善待您的会员,将会增强彼此和谐的关系和会员满意度。

(5) 带有感情的传达信任。

"话中带有感情"是会籍顾问或私人教练员等商业健身房专业人员应具备的素质。如果期望谈话能带来重大的意义,就必定先发展和会员之间的信任关系。

(6) 彻底了解会员。

会员导向型的商业健身房认为会员是最宝贵的资源。因此,商业健身房必须像管理其他资源一样对会员进行管理,做到像了解公司商品一样了解会员,像了解库存变化一样了解会员的变化。

北京有一家大型商业健身房,当会员一走进商业健身房,前台服务人员即恰到好处地迎接会员,对于熟悉的会员,便会迅速将会员的名字输入电脑,有关会员的档案资料会马上显示出来,然后通过联网,里面的服务人员也会同时知道来了某位客人,根据电脑储存资料,预先想好了如何招待、服务客人。前台服务人员对于不熟悉的会员,也会利用高超的谈话技巧,尽量在极短的时间内得到会员的姓名及有关资料,传送给里面的工作人员。同时只要将会员的姓名输入电脑,电脑马上可以显示出是老会员还是新会员。如果是新会员,他们就会把该会员的情况输入健身房的电脑中;如果会员超过一定的时间没有再次使用他们的服务,电脑会自动打出一份提醒通知。该商业健身房吸引会员的一个举措是提供会员优惠卡,会员每多一次使用他们的服务,就能得到更多的优惠,结果90%的会员成为回头客。

(7) 追求零会员成本。

会员成本即会员在交易中的费用和付出,它可以表现为金钱、时间、精力和其他方面的损耗。许多商业健身房已经意识到培养忠诚会员很关键,但做法却往往不得要领。当会员在一家商业健身房因得到不好的产品或受到不好的服务而投诉时,商业健身房的处理方法通常是以产品折价甚至免费的方式给予经济补偿,期望以此获得会员的忠诚。但这样的方法只能平息会员一时的怨气,却无法得到会员的忠诚。因为会员真正想要的是质量过硬的产品和良好的服务。培养忠诚会员的最有效方法是将会员成本降低为零。切记,降利润、牺牲自己的利益无法达到同样的效果。

(六) 增加会员忠诚度的策略

1. 会员的忠诚度

许多商业健身房的实践证实,会员忠诚度与商业健身房的获利能力有密切的关系,会员忠诚率提高5%,商业健身房的利润就能增加25%~85%。因此,培育会员忠诚度是商业健身房营销活动的重要目的。许多商业健身房运用会员满意度调查来了解会员对本商业健身房产品和服务的评价,并想通过提高会员的满意度来培育会员忠诚感。

2. 健身房增加会员忠诚度的策略

会员即事业，这是现代商业健身房必须传达的观念。商业健身房的消费形态与一般商场的消费形态不同，一般商场属于开放型且自由的消费形态，而商业健身房则属于技术导向型的消费形态。因为消费者到商业健身房消费纯为身、心、智、美和给自己一个身心放松的时刻。

熟知服务业的人都知道，会员往往在成交之后，才是真正服务的开始。即所谓"成交前看效率，成交后看频率"。频率指会籍顾问在与会员成交后，会籍顾问或私人教练员服务会员以与会员会面指导服务的次数以及是否能时时掌握会员的需求，提供其需要，分享商品新资讯及行业之外的资讯，以建立会员忠诚度，商业健身房的营业额便随之增长。

(1) 给会员提供超值服务。

商业健身房生意的好与坏，其间的差异一般来说与立地条件、周围环境、服务设备、服务品质、广告宣传及经营者本身有关，这些因素固然重要，但给会员提供优质、高效的服务，尤其是"心理服务"更是影响营业状况的重大因素。会员认为商业健身房硬件好和技术好，实际上包括了心理的满足感。为会员提供他们所期待的最佳服务，博得会员好感，则商业健身房的生意一定兴隆。

(2) 以建立会籍顾问和私人教练员专业形象来提升会员满意度。

一个优秀的会籍顾问和私人教练员，不仅要具备纯熟的专业技术和专业知识，更要具备像专业医生一样的"专业形象"和"专业权威"。

① 望：观察会员的神情、态度。

② 问：倾听、询问、了解会员真正的需求。

③ 闻：听取会员需求，根据自身专业，提供会员需求，并满足会员需求。

④ 诊：要与会员保持联络，时时追踪调查及了解会员的满意程度及时自检并改善。

只有真正给予会员很实际的帮助，会员才会满意，才会产生信赖感，进而成为长期会员。"会员忠诚度"是在每一个会籍顾问和私人教练员尽心尽力的服务过程中一步一步累积起来的。

(3) 将会员组织起来。

一般商业健身房都以该健身房所在地作为营业范围，会员有80%以上是附近居民或上班族，其中有90%是固定会员。商业健身房将会员组织起来，不只局限于商业健身房中的服务，也可举办假日休闲活动或是固定聚会、健身健美新知咨询会、健康发布会、健身健美项目展示会等，让老会员感受到健身房回馈的心意。此外，如果能力与时间许可，定期发行会讯或健身房会刊，既可起到广告宣传的作用，又可达到技术信用的诉求。

(4) 预防会员“喜新厌旧”。

依据健康与体重控制管理的统计调查显示，商业健身房每年约有20%的会员流失率。因此若要稳定商业健身房的营业收入并增加利润，就要不断地保留老会员和开发新会员。首先要确实掌握会员减少的原因；其次，拟定增加新会员的对策，两者紧密结合。

研究显示，商业健身房是一个经营健康和美丽的服务行业，如果认为只要器材设备好、技术好和服务好，就不怕会员不上门，则大错特错。因为会员难免有喜新厌旧的心理，所以即使器材设备、技术和服务再好，若没有推陈出新的观念或领先的技术体系，会员在心理上也会觉得疲乏和无趣，若有更好的选择，会员很有可能会去试试。

为了避免这一现象的发生，商业健身房管理者必须时时想到如何根据季节的变换，来改变健身房店面形象，如更换海报、更换橱窗、更新产品以及根据会员的消费需求问题而推出新的健身健美系统或课程设计等。

(5) 满足会员的第二需求。

商业健身房除了有良好的技术、设备、服务外，还应该运用现代化的经营理念，研究会员的需要，满足消费者，会员需要什么，他们就提供什么，和顾客打成一片，成为会员所喜爱的商业健身房，这是新一代的商业健身房经营新观念。

会员到商业健身房，除了解决躯体健康问题，还能解决心理健康问题，逐步使到健身房健身锻炼成为他们生活的一部分，不再是一种奢侈的享受。会员已从家事及工作上解脱，到健身房悦己也悦心；把它当成解脱不良情绪的新场地，在做身心健美享受的过程中吐露心声或家庭的琐事，并希望知道一些流行趋势。

身为会籍顾问和私人教练员如果能了解到会员的“第二需求”，就能够知道现代的会员与以往的会员有明显的不同，为了应付会员的变化，会籍顾问和私人教练员的涉猎范畴必须广泛：例如人际关系与人缘吸引，迈向成功的自我管理、生活觉悟、夫妻相处之道、男女之间等现代流行讲座的内容。所以会籍顾问和私人教练员将由健身健美专家的角色，发展为心理专家、营养学家、社会学家、亲密的朋友等多种角色。

(6) 体贴入微是留住会员的条件。

根据儿童心理学家指出，要与小朋友打成一片，要他们信任你，首先要有“同理心”。什么是“同理心”呢？就是你要当自己是小朋友，无论是说话、思想，还是游戏时都要从他们身处的环境及角度出发，这样才会感受到他们的需要，从而做出体贴的关怀及照顾，这样他们才会与你建立一种亲密关系。

举个商业健身房例子。通常听到有人讲，作为私人教练员，要留得住会员，除了要有一个对会员真正帮助的健身健美系统课程外，服务态度也要好，以诚待客。但是怎样待客才算是“诚”呢？会员觉得最紧要的就是以上所提的“同理心”，懂得体贴会员。例如：一位私人教练员见到会员练习器械后，就会用毛巾自动帮会员擦拭器械上的汗液，同时还递上饮水提醒会员饮用；当做完练习时，又会递上毛巾让他擦汗等。私人教练员的“两条毛巾一杯水”的这些简单动作，其实每个有心人都可以做到，但奈何没几间商业健身房真正注意到要这样做。

不要小看这几个细微的动作，只要换转身份，当您是会员时，您就会觉得这个私人教练员是由自己角度出发，从而对私人教练员的亲切感会增多，这样才是真正抓住会员心的服务方法。

很多时候商业健身房的私人教练员对会员的服务不到位，反思原因只是想不起要从会员的角度去考虑其需要所致。这样就难以拉近大家的距离，会员感受不到亲切感，就会换另一间健身房试做。所以作为服务性行业，细微的地方不要忽略，因为这可能就是成功与否的关键。

思考题

1. 何谓私人教练员？
2. 简述私人教练员的工作特点。
3. 何谓会籍顾问？
4. 如何做促销的市场调查与分析？
5. 简述会员的消费心理。
6. 简述会员的属性。
7. 如何提高会员的满意度？
8. 如何增加会员的忠诚度？

第五章　青少年体育俱乐部的经营与管理

第一节　青少年体育俱乐部概述

一、国内外青少年体育俱乐部的发展

美国大众体育基本组织形式是各种形式的俱乐部制。美国高校现有各类俱乐部12 000～16 000家，平均每10个学生就有一家体育俱乐部。美国不仅有社区、学校、军队俱乐部，而且还有大量的旅馆俱乐部、社区健身中心、大学休闲中心、医院体育康复中心等，呈多样性特点。据不完全统计，美国注册的俱乐部共有2.1万个。在美国，青少年的竞技体育意识是比较强烈的，竞技运动深受美国大、中学生的喜爱。在中学每年大约有520万中学生参加近30种不同的竞技运动项目，约占整个中学生人数的1/3。

日本的体育俱乐部在经营方式上有会员制和教学制两种，会员制俱乐部多以健身活动为主要设置项目；教学制俱乐部则多以娱乐性体育活动为主要设置项目。日本的体育俱乐部多是公司下设的，委托有关单位派遣指导员前来指导活动的开展。日本小学生参加的俱乐部有学校的运动部、体育少年团、体育俱乐部学校、道场等。

目前在欧洲的体育俱乐部中，除葡萄牙、西班牙、意大利、法国和英国外，其他国家的体育俱乐部会员数占全国总人口的20%以上，丹麦、芬兰等北欧国家的比例高达40%以上。

我国中、小学生经常参加体育活动的比例只有2%左右，而日本经常参加体育活动的学生为10%，欧美等体育强国所占比例更大。其原因就是日本及欧美等国家体育社会化程度较高，社会性的体育活动组织分布较广，这些社会组织的存在为青少年参加体育活动提供了良好的体育氛围和锻炼环境。

二、青少年体育俱乐部开展的目的意义

在我国社会经济全面发展和体育改革不断深入的大背景下，青少年的体育工作应实现新的突破。吸收发达国家的经验，尤其受日本利用体育少年团等组织形式开展青少年体育工作的启发，国家体育总局于1999年提出了创建青少年体育俱乐部的工作思路：充分利用和挖掘现有的社会体育资源，建立一种新型的具有社会主义公益性特征、旨在广泛开展青少年体育活动的青少年体育组织形式。并明确提出了创建俱乐部的主要任务是培养青少年体育兴趣和爱好，使他们养成终身体育锻炼的良好习惯，增强体质，并向青少年传授体育运动技能，发现和培养体育人才。

1. 确立终身体育为主线,以健康第一为指导思想

国家体育总局强调:学校体育和青少年体育俱乐部主要面向全体学生,强调健康第一;业余训练方面,强调以输送人才为主要目标,这两者是一个普及和提高的关系。因此,我们要着重培养学生如何锻炼,指导他们自己做自己的教练、自己做自己的医生、能够为自己开"运动处方"、能够进行自我评价,以便为他们的终身体育锻炼打下良好的基础。

2. 从学生兴趣出发,加强正确引导

青少年体育俱乐部主要任务是培养学生的体育兴趣,传授体育的知识、技术,让学生养成终身体育锻炼的习惯。从培养人才的角度看,兴趣的培养非常重要。我们青少年体育俱乐部应把培养学生的体育兴趣作为一项重要工作来抓,不仅要培养一般的兴趣,而且要通过各式各样的活动,培养学生对体育的浓厚兴趣。因为有了浓厚的兴趣,才能有志趣,有了志趣,才能真正献身于体育事业。

3. 项目设置应趋向于非竞技性体育

以前的体育教学强调竞技性,把诸如铅球、铁饼、标枪、跳高等项目放到了重要位置,教学时过分注重动作的技术性,一次次枯燥的技术练习,使大多数学生产生了厌学情绪。随着素质教育的深入改革,体育教育也发生了巨大的变化。现在的体育教学逐渐地过渡到了健康第一的指导思想上,所开设的项目也趋向于大众化的休闲体育上来。大多数学生比较喜欢既有趣味性、又有挑战性的体育项目,其中女生相对来说更喜欢运动量较小的休闲项目,如羽毛球、游泳等,而对于传统的田径、排球等项目却鲜有人问津。针对这些情况,如果我们多设置一些这样的项目,那么长久困扰广大体育教师的女子锻炼难、体质弱的问题也会很快得到解决。因此我们根据本地的情况,可以开设健身操、女子防身术、轮滑、体育舞蹈、太极拳等项目。

4. 教学形式采用分层次进行

由于青少年体育俱乐部招收的学生有中学生,也有小学生,因此在教学形式上应有所区别。

采用分层法就是按照年龄和体质水平把学生分成初级、中级和高级班,初级班一般都是小学生,对此应采用愉快、游戏教学法,使学生在游戏中健身,在游戏中学习。开设的项目可以有沙包、毽子、跳绳等项目。降低了难度且非正式的运动项目与和谐的情景、愉快的气氛相结合,小朋友们会十分投入,这样既使学生充分锻炼了身体,又可以让学生学会与人交往、学会尊重别人、爱护集体等良好的道德品质。对于中级班的学生,多采用老师示范、讲解、辅导纠正的方法,使学生尽快提高,树立自信,逐渐提高对体育的兴趣爱好,懂得更多的健身方法。而高级班的学生一般都有"一技之长",或者身体素质较好。对这样的学生,一是给他们充足的时间去自己锻炼和自主交流,使之形成自己的活动团体,促进其自发的锻炼,培养其自我评价能力的提高和终身体育锻炼能力的提高;二是选择好苗子去进一步培养,以作为运动队的成员向上级输送。这样,我们就形成了一整套的训练体系,既有低、中、高级的循环成长,又有普及与提高的协调搭配。

5. 利用竞赛促进训练

运动训练往往是枯燥的,而运动比赛却是很吸引人的,而且比赛又可以激发学生的好胜心,促使学生自发地去训练,同时比赛还是训练过程中的调节剂。因此我们可以经常举行一些班级内部、班级之间的教学比赛,比赛的组织、编排、执行等程序都可以有学生来负责。这样一来,既缓和了训练的乏味,又激发了学生锻炼的积极性,而且还锻炼了学生的组织管理能力,为将来终身体育的形成奠定了基础。同样,小学生也用比赛来促进训练,不过项目不宜是竞技性的,可以采用趣味竞赛,如跳绳吉尼斯纪录,沙包的花样玩法等,同样也可以培养一些小骨干来组织。

6. 做好会员的体质档案工作

正因为青少年体育俱乐部具有选拔体育后备人才的功能,因此我们应当切实做好学生的体质档案保存工作,以便于将来做纵向对比和训练效果的准确纪录。青少年体育俱乐部不仅是课外体育教学形式的一种改革,更是我们为增强国民体质而进行的体教结合的一种新的战略思想的初步尝试。切实地做好这一工作,是我们每一个教育工作者和体育工作者们殷切的期望。青少年体育俱乐部是一种新兴的组织形式,走体教结合之路,共同提高青少年的身体素质,为祖国培育优秀体育人才的思想更是一种充满勃勃生机的光明之路。

第二节　我国青少年体育俱乐部的开展

从 2000 年开始,国家、省、地(市)三级体育行政部门,用彩票公益金建立青少年体育俱乐部,每个试点俱乐部投入采取 4∶4∶2 的比例,即国家体育总局出 4 万,省级体育部门出 4 万,地市体育部门出 2 万,每年 10 万,两年共投入 20 万,之后通过检查评估进行再投入。

俱乐部是试点单位利用自己所拥有的体育场馆、人才等社会体育资源,建立起来的一种新型的社会化青少年体育组织。它具有社会主义公益性特征,是今后国家倡导并引导发展的旨在广泛开展青少年日常体育活动的社会组织。它在体育行政部门的适当资助和扶持下,创建起来以后,在市场经济体制下,通过适当收取体育活动培训成本费(收费标准须报当地物价部门审批)等资金来源,自我运行和生存发展。

一、我国青少年体育俱乐部开展的相关政策法规

2000 年 6 月 3 日中共中央办公厅、国务院办公厅下发了《关于加强青少年学生活动场所建设和管理工作的通知》,为贯彻通知精神,国家体育总局决定从 1999 年度体育彩票公益金中增加 5 000 万元资金,用于开放全国现有体育场馆资源,创建青少年体育俱乐部。

2000 年 11 月 10 日国家体育总局、民政部发布施行的《体育类民办非企业单位

登记审查与管理暂行办法》规定，青少年体育俱乐部正式成为非营利组织。

2007 年 5 月，中共中央、国务院下发的《关于加强青少年体育增强青少年体质的意见》中提出，“积极倡导和鼓励创建青少年体育俱乐部和青少年户外体育活动营地”。

2009 年 8 月 19 日国务院第 77 次常务会议通过的《全民健身条例》明确指出，“鼓励全民健身活动站点、体育俱乐部等群众性体育组织，开展全民健身活动”。

2010 年 3 月 28 日，国家体育总局印发的《体育事业发展“十二五”规划》指出，“以各级各类学校、体校、公共体育设施及社会各类性质体育设施为载体，加强青少年体育组织网络建设，使国家级青少年体育俱乐部的数量达到 5 000 个以上；探索创建国家示范性青少年体育俱乐部”。

2011 年 2 月 25 日，国务院印发的《全民健身计划(2011—2015 年)》指出，“切实加强青少年体育俱乐部、青少年校外体育活动中心和营地建设”。

国家体育总局在 2011 年 4 月 6 日颁布的《青少年体育“十二五”规划》中明确提出，“十二五”期间，国家级青少年体育俱乐部的数量达到 5 000 个以上，创建 600 个国家示范性青少年体育俱乐部，完善青少年体育政策法规体系，深化青少年体育俱乐部创建工作”。

2012 年，《国家基本公共服务体系“十二五”规划》(国发〔2012〕29 号)以及《国务院办公厅转发教育部等部门关于进一步加强学校体育工作若干意见的通知》(国办发〔2012〕53 号)均提出要积极鼓励创建青少年体育俱乐部，组织开展丰富多彩的学生群众性体育活动。

2013 年，十八届三中全会上通过的《中共中央关于全面深化改革若干重大问题的决定》对学校体育工作作出重要部署，明确提出了“强化体育课和课外锻炼，促进青少年身心健康”。

2014 年 10 月 ，国务院印发了《关于加快发展体育产业促进体育消费的若干意见》，意见指出，要鼓励课外体育活动计划，培养青少年体育爱好，掌握一项以上的运动技能，确保学生校内每天活动时间不少于一小时。

2016 年 10 月，中共中央、国务院发布了《“健康中国 2030”规划纲要》，同年，国务院办公厅印发了《加快发展健身休闲产业的指导意见》，部署推动健身休闲产业全面、健康、可持续发展。

二、青少年体育俱乐部开展活动要求

(1) 俱乐部对周边学校及青少年学生，实行团体会员和个人会员制开展活动，保证个人会员每周能在俱乐部接受有指导的体育活动 2～3 次，每次活动时间不少于 1 h。保证团体会员每年能在俱乐部组织集体体育活动，一般不少于 2～3 次。

(2) 俱乐部在寒暑假、节假日和双休日期间，积极组织青少年体育夏(冬)令营及各种体育培训、竞赛、交流活动等，吸引周边地区的青少年学生参加体育活动。

(3) 俱乐部组织青少年体育活动规模一般不少于 1 000 人,每年活动不少于 20 万人次。

(4) 俱乐部可辐射周边地区有条件的学校,建立活动网点,开展青少年体育活动。

三、统一标志

凡被审定为创办俱乐部的试点单位,统一挂"国家青少年体育俱乐部试点单位——中国体育彩票资助"的牌匾;所资助的体育器材、服装统一标志"中国体育彩票捐赠"。

四、扶持资金使用

各级体育行政部门投入的体育彩票公益金,是对创办俱乐部给予的扶持资金。为保证和引导俱乐部健康发展,体育彩票公益金拟扶持俱乐部两年。第一年为创办俱乐部的启动资助资金,第二年视俱乐部开展青少年体育活动情况给予适当的再扶持资金。两年以后,俱乐部通过适当收取体育活动培训成本费及在社会上建立的声誉等资金来源渠道,自我生存运行发展。

五、青少年体育俱乐部财务工作管理制度

(1) 贯彻执行国家有关法规和财务规章制度,加强财务监督,严守财经纪律,奉公守法。

(2) 对单位经济活动进行控制和监督,科学配置俱乐部现有资源。

(3) 如实反映单位财务状况,努力节约支出,提高资金使用效益。

(4) 建立健全单位内部会计监督制度,依法设置会计账簿,并保证其真实、完整。

(5) 会计凭证、会计账簿财务会计报表和其他会计资料,必须符合国家统一的会计制度规定。

(6) 如实登记财务账目,按时核对月结,做到账款相符。按时编制报送月度、年度报表。

第三节　青少年体育俱乐部的基本特征

我国国家体育总局明确指出:青少年体育俱乐部是以青少年为主要对象,主要是面向广大青少年学生从事体育锻炼的团体组织,属于校外体育活动的一种形式,它与各级各类体校和高校体育俱乐部以及职业体育俱乐部有着本质的区别。

一、非营利性机构的特征

1993 年联合国等机构阐明非营利性机构具有 6 个特征:一是向社会提供公益性

服务。二是不以营利为目的。三是非营利性机构创造结余，但是结余不得“分红”。四是非营利性机构通常得到优惠的税收政策，包括免交所得税。五是非营利性机构受到社会和政策的严密审视，有相应的财务管理制度和监督制度。六是财产处理的特殊性。非营利性机构的所有权不能是私有的。非营利组织基本包含着 3 个基本特征：非营利性、志愿公益性或互益性、非政府性。

(一) 非营利性

青少年体育俱乐部管理的“非营利性”特征，规定了青少年体育俱乐部活动界限。

(二) 志愿公益性或互益性

志愿者是志愿精神的直接体现，表现为追求一定价值观并无偿地参加各种社会公益或互益性活动，为活动无偿提供货币、人力或其他资源。非营利组织再把志愿者所提供的资源，转化成公共物品。志愿服务表现为两种主要类型，一种是有组织的志愿服务；另一种是非组织的志愿服务。在经济欠发达的国家或地区，志愿活动似乎更侧重于非组织的形式；相反，在发达国家或地区，志愿活动则更多地表现出有组织的特征。

许多美国人认为，志愿活动不仅有利于社会，而且有利于志愿者自身的发展。因而，众多大专院校、公司都以各自的方式支持志愿者。1980 年，一些高校要求其毕业生参与志愿活动。根据教育研究服务部门的统计，20 世纪 80 年代中期，志愿活动形成一种潮流，此后，全美 1/4 的公立高校规定大学生在校期间必须参加一定时数的志愿活动。1993 年，克林顿签署了关于建立 *Ameri Corp* 计划的法令规定：凡高中毕业生或大学生、研究生在学习期间以及毕业后为自己所居住的社区提供一至两年的志愿服务，政府除在他们服务期间为他们提供每年 7 500 美元的基本生活费外，还提供每年 4 725 美元的教育奖励来资助他们接受更高的教育或替他们偿还上大学的贷款。1998 年美国 18 岁以上的成年人中，将近 56%的人加入了志愿者行列。

(三) 非政府性

我国非营利组织大体包括社团组织、事业单位和民办非企业单位。其中民办非企业单位是指企业事业单位，社会团体和其他力量以及公民个人利用非国有资产举办的，从事非营利性社会服务活动的社会组织。它由民政部门统一归口管理，民政部门向它们颁发非营利组织的法人证明。政府主要通过税收获得收入，企业主要通过营利获得收入，而非营利组织主要通过筹集资金获得收入。

二、组织机构的特征

(一) 官民二重性

计划经济体制下是强政府、弱社会，或称大政府、小社会，整个社会包括经济领域和社会领域的一切，都在政府直接管理之下。因而，那时我们社会只有一个部门，即政府部门。所产生的非营利组织，就必然带有非常深厚的计划经济体制的烙印，即所谓相当浓厚的官方色彩。官方色彩首先体现在我国官办非营利组织在我国非营利组织中占主导及优先发展地位，这是我国非营利组织目前阶段的正常现象，也可以说是中国非营利组织发展的一个必然阶段。另外，大量的民办非营利组织也都大多数从政府、事业单位中产生或剥离而出，而又受其“主管”和监督。

同样，青少年体育俱乐部虽然具有非营利组织的主要特性，但与西方的非营利组织相比还有些区别。我国自上而下，国外自下而上。我国的青少年体育俱乐部并非是一个纯粹的民间组织，官办民营也好，民办官助也好，在组织性和自治性上，还具有浓郁的官方色彩。

《体育类民办非企业单位登记审查与管理暂行办法》规定：体育行政部门是体育类民办非企业单位的业务主管单位。青少年体育俱乐部也有相应的行政主管部门，青少年体育俱乐部的上级行政主管部门主要有群体处、竞训处、学校体育处和青少年体育管理中心。

在我国，随着政府职能的转变、政企的分开和政社的剥离，政府在私营领域和社会领域中逐渐淡出，青少年体育俱乐部不仅在活动空间方面会得到扩展，而且身份也将会得到澄清，加上专业化和合作化，青少年体育俱乐部必然越发体现出自治性和民间性，与政府将会形成更具互动性的合作关系。但现阶段如果完全依靠青少年体育俱乐部独立谋求发展，必然使其发展过程延长，甚至出现反复。因此，现阶段，青少年体育俱乐部动用政府资本和自上而下的权力体系进行资源筹集和开展活动，得到政府对青少年体育俱乐部进行动员和支持显得十分重要。

(二) 青少年体育俱乐部与依托单位的区别

青少年体育俱乐部是在依托体育事业单位现有的人力、物力和财力基础上创办发展起来的，因此，它与依托单位有着千丝万缕的联系。青少年体育俱乐部常常用“两块牌子，一套人马”来形容其与依托单位的关系。青少年体育俱乐部虽然与依托单位关系十分密切，但与各级各类体校和职业青少年体育俱乐部有着本质的区别。青少年体育俱乐部主要是培养学生的体育兴趣，传授体育的知识、技术，让学生养成终生体育锻炼的习惯。

从开展体育活动的主要任务来看，青少年体育俱乐部与学校体育有着许多共同之处，于是一些青少年体育俱乐部运营也因此走上了模仿“学校体育”开展体育活动之路。实际上青少年体育俱乐部与学校体育之间不仅在开展体育活动要求上有区别，在与青少年学生关系上也有很大不同。在学校体育活动中青少年学生是教育对象，而在青少年体育俱乐部开展体育活动中，青少年学生是服务对象。因此，青少年体育俱乐部的运营，与传统的体育课和课外体育活动有着很大的不同。学校体育课和课外体育活动往往都主张教师是主导，学生是主体，虽然强调学生的主动性，但学生与教者之间的关系还是师生关系，在很大程度上学生参加体育活动的欲望还不能得到满足。而青少年体育俱乐部与学生的关系是一种服务与被服务的关系，青少年体育俱乐部提供满足学生体育方面需要的服务，青少年学生则是其服务的对象。它彻底打破了传统体育教育中的双边关系，它将使学生摆脱在传统学校体育中所处的被动局面,能真正体现出青少年学生的主体性和主动性。

三、青少年体育俱乐部管理的服务性特征

服务性规定着青少年体育俱乐部运营的轨迹和方向。《辞海》是这样解释"服务"的:不以实物形式而以提供活动的形式满足他人某种需要的活动。概括来说,大多数服务与物质商品相比,具有以下显著特性:

(一) 不可分离性

也就是说服务的生产与消费过程通常是同时发生的,两者在空间和时间上不可分割。很多情况下,消费者直接参与生产过程,这样服务提供人员与消费者之间的互动就十分重要了,这种互动将影响消费者对服务质量的感知。

(二) 无形性

可以从两方面来理解服务无形性。一是与有形的产品相比较,其空间形态基本上是不固定的,在很多情况下人们不能触摸到,或不能肉眼看见它的存在;二是有些服务的实用价值或效果,往往在短期内不易感受到,通常要等一段时间后,使用或享用的人才能感觉到服务所带来的利益。

(三) 不可储存性

多数服务无法像产品那样,可以存放待售,消费者不能将服务拿回家保存起来。由于服务的易逝性,无法被保存,因而服务对于需求的波动更为敏感。但随着计算机和网络技术的发展,服务不可贮存和运输的传统特性正在发生变化。

(四) 异质性

服务业是以"人"为中心的产业,服务对象是人,提供服务的大部分也是人。人类个性的存在,心理过程的复杂性使服务的品质很难一致。不同的服务人员由于技艺水平差异和个性、心理等方面因素,很难保证服务品质的标准化。况且由于消费者往往直接参与服务的生产过程,因此消费者的知识、经验、诚实和动机,也影响着服务行业的质量和效果。

青少年体育俱乐部提供给青少年的不是有形的物质产品,而是无形的服务产品,青少年所提供的服务也具有以上几方面的特点。青少年体育俱乐部只有把握服务的特点,才能明确自身的运营轨迹和方向,才能为青少年提供满意的服务。

可以采取的策略如下:提高内部信息的传递速度;对于不同类型的顾客设定不同的优先权或时间的排队策略;延长服务时间并提醒顾客哪些是繁忙的高峰时段;采用预定系统,可以把顾客需求的服务时间转移到更早或更晚的时间,甚至还可以把消费者从第一选择的地点转移到其他地点,免除顾客排队的烦恼可使顾客受益;还可利用计算机和电脑网络来提高信息传递速度等。

心理学研究表明,人们感觉到的等待服务时间往往比他们实际等待时间要长:

(1) 等待时无事可干比有事可干感觉时间更长;

(2) 过程前的等待比过程中的等待感觉时间更长;

(3) 不确定的焦虑的等待比已知的、有限的等待感觉时间更长;

(4) 没有说明理由的等待比说明了理由的等待感觉时间更长;

(5) 不公平的等待比公平等的等待感觉时间更长;

(6) 服务的价值越高,人们愿意等待的时间就越长;

(7) 单个人等待比许多人一起等待感觉时间更长。

了解这些心理特征的意义在于在提高青少年体育俱乐部运营能力本身不可行时,管理者应当尽量富于创造性地寻找其他一些方法让等待更能被消费者忍受。如提供舒适的座椅;播放与服务相关的节目或其他娱乐节目或新闻、音乐、比赛等;提供阅读材料或食物和饮料等;让服务职工置身于排队区域内,与顾客沟通、解决疑问;提早让顾客与服务人员接触,如早点准备好运动服装和运动器材等;引入发号系统,让消费者了解自身排队的位置及进度;公开优先权制度,并严格执行;提升服务"价值"等,这些办法都可以减轻顾客排队时的心理焦虑。

第四节　青少年体育俱乐部的经营与管理

一、青少年体育俱乐部的管理

对一个组织而言,其所拥有的资源大致有四种类型:资金资源、人力资源、信息资源和实体设备的资源。青少年体育俱乐部的运营也不能缺少这些资源,青少年体育俱乐部所拥有的资金、人力、信息和场地、设施的数量和质量将决定其提供服务的数量和质量,及其整体实力和竞争力。

(一) 资金管理

筹款能力在很大程度上决定了非营利组织的生存与发展。作为非营利性的青少年体育俱乐部,为实现组织目标,完成使命,筹集资金是其运营过程中必不可少的一项重要工作,但由于一些青少年体育俱乐部筹集资金的能力差,他们经常面临资金短缺的问题。青少年体育俱乐部筹集资金的渠道如下。

1. 公益赞助资金与体育彩票捐赠的公益金筹集

经济发达的国家体育公益赞助形式很多,为公益性活动的开展提供了大量的资金。美国企业把对社会的公益赞助活动纳入企业的整体经营战略之中,并将这种公益赞助活动作为企业整体经营的一个组成环节。日本在经济高速发展阶段曾设立了"社会公益体育振兴基金",基金由政府和民间集资两个部分组成。组成后的基金作为本金存入银行,由本金产生的利息则全部用于发展社会公益体育事业。

从我国目前经济发展情况分析,我国与世界经济发达国家相比,整体经济发展水平还很低,相当一部分地区需要解决基本生活问题和教育问题,所以还有比体育公益赞助更需要公益赞助的领域和事业,如"希望工程"和"烛光工程"等,但随着我国经济的发展,人们整体生活水平的提高,人们的健康意识,促进健康的愿望越来越强,公益性体育俱乐部将为公益赞助者们关注。企业对公益事业的捐赠行为并不仅表明企业只有付出,实际上企业也从捐赠中获得了公众的认可。我国《公益事业捐赠法》中有多条规定,鼓励捐赠人对公益事业进行捐赠。

2. 依托单位资金的投入

青少年体育俱乐部为民办非企业单位,俱乐部应该到民政局而不是工商局注册,注册需要提供验资报告,开设独立账号。在青少年体育俱乐部创办初期,往往由于没有外来资金,主要以依托单位的场地设备和资金为主。随着俱乐部的发展,俱乐部应该逐渐适应市场需求,独立核算,进入良性循环过程。

3. 会费与门票的收入

2003 年 8 月 1 日施行的《公共文化体育设施条例》规定:"公共文化体育设施管理单位提供服务可以适当收取费用。"青少年体育俱乐部也允许通过发展会员和卖门票收取一定的费用。会费和门票已经构成了许多青少年体育俱乐部的另一个重要收入来源。但青少年体育俱乐部收取的会费或门票相对营利性体育俱乐部来说是比较低的。就像德国健身体育俱乐部一样,会费较便宜,对于体育锻炼者而言,参加青少年体育俱乐部进行锻炼的费用要比一些商业性体育场所如健身中心、游泳馆等的费用低。低廉的会费,良好的练习条件使面向大众的体育俱乐部赢得了众多的会员。青少年、下层社会的乃至拿失业救济金的人都能交些会费在青少年体育俱乐部找到适合的体育项目进行锻炼。

目前大部分青少年体育俱乐部都采取了会员制的运作方式。青少年体育俱乐部的会员分为个人会员和团体会员两种。会员制组织的特征在于组织结构松散,活动具有不定期性,而非会员制组织往往是实体性的,面向社会开展服务,活动是连续的、经常的。非会员制的青少年体育俱乐部能够连续对外开放,提供服务,并且主要是通过开放体育场馆和设施,获得门票收入。我国青少年体育俱乐部既具有会员制特点,又有非会员制特点,它的收入一部分来自会费,一部分来自门票收入。

4. 附加服务性收入

青少年体育俱乐部的附加服务是指围绕着开展体育活动这一核心项目而开设的与之相关的业务。如餐饮、美容、健康咨询、沐浴、按摩和运动服装销售等。青少年体育俱乐部在开展附加服务时,由于税收政策的优惠,支付的成本往往比市场平均水平低。这种低成本的开发,经常会引起很多投资者的注意,也容易得到一些营利性、商业性服务组织的加盟。

虽然附加服务能给青少年体育俱乐部带来一些收入,但附加项目的经营最终不应该抛弃公益性质,偏离其社会使命。青少年体育俱乐部必须以开展体育活动作为其核心服务内容,那些只顾商业化、企业化经营的青少年体育俱乐部应受到政府主管部门和国家财政部门的约束。日本、韩国和中国台湾都对公益非营利组织从事营利活动做了严格的限定:

(1) 营利活动不得妨碍和损害非营利组织的公益目的之实现和正常公益业务活

动的进行。

(2) 须经政府主管和相关业务部门审查批准。

(3) 营利活动的收益必须全部用于公益性非营利组织的公益事业,而不得分配给任何个人和营利组织。

(4) 营利活动的财务必须与公益性非营利组织的财务严格分开。

我国对非营利组织从事的营利活动也有一些相关的规定,如在《民办非企业单位管理暂行条例》中有对"从事营利性的经营活动"给予处罚的规定;《公共文化体育条例》在有"公共文化体育设施管理单位提供服务可以适当收取费用,收费项目和标准应当经县级以上人民政府有关部门批准"规定等。但这些规定并没有详细地界定非营利与营利性活动的界限,不能保证我国青少年体育俱乐部所提供的每种服务都是公益性的,或者说是非营利性的。我们应对非营利组织从事营利性活动进行积极引导,做出严格的限定。

5. 与营利组织联盟的收入

对于营利组织来说,它们之所以与非营利组织建立联盟,并非在进行慈善活动,而是因为与非营利组织建立联盟,营利组织可以借助非营利组织分发产品和制作大量的免费宣传资料,来提高企业及其产品的知名度,降低营利组织的宣传成本,沟通自身与顾客关系。

对于青少年体育俱乐部来说,他们与营利组织联盟可以从营利组织利用公益型青少年体育俱乐部的名誉销售的产品收入中获得资金。与营利组织主要的营销联盟形式有:与交易关联的公益推广活动、共同主题营销、核发许可证方式的营销和征集广告。

与交易关联的公益推广活动,可能是联盟中最常见的一种形式。在这种类型中营利组织将销售收入的一定比例(往往存在上限)以现金、食物或设备的形式捐赠给青少年体育俱乐部。青少年体育俱乐部在树立起良好的公益形象后,可以采用这种联盟形式。就像农夫山泉每卖一瓶矿泉水就捐赠给北京申奥一分钱一样,青少年体育俱乐部可以从关联交易的公益推广活动中获得资金。

共同主题营销是指以宣传青少年体育俱乐部宗旨为主题,通过分发产品和宣传资料以及做广告等方式,树立青少年体育俱乐部的公益形象,引起目标群体关注,激发青少年参与体育活动的热情,引导青少年主动地到有益健康的体育活动中去。分发产品和宣传费用一般是由合作的营利组织提供,青少年体育俱乐部既达到了自身的目的,又节省了资金。我们在身边也经常看到这类合作形式,如有些公司在宣传医疗保健知识时,也让人们了解了某公司及其产品;有些公司给希望小学分发学生用品时,通过媒体和实际活动,公司和产品得到了社会的关注等。

核发许可证方式是指青少年体育俱乐部在收取一定的费用或提取部分收入的条件下批准营利性组织使用其名称和商标。如奥运会的 TOP 赞助,就是这种方式。TOP 赞助是指企业在向国际奥运会组织委员会提供一定赞助资金后,获得的在企业广告宣传中(含企业知名度和企业服务、企业产品宣传等全部内容)使用奥运会五环会标、奥林匹克运动会名称、本届奥林匹克的吉祥物标志等的特殊使用权力。

征集广告形式是指允许营利组织在青少年体育俱乐部开展的体育活动场地内进行广告宣传,从而获得一定的广告收入。如体育活动冠名、场地广告牌、运动员服装、号码布、器材和秩序册等都可以登载广告。一些青少年体育俱乐部在开展体育活动过程中,已经采用这种形式成功地开展了体育活动,使青少年体育俱乐部在企业的支持下,有了开展体育活动的资金,使广大青少年受益。如上海市青少年训练管理中心就以冠名广告形式,利用可口可乐公司提供的资金,举办了"雪碧杯"三对三街头篮球挑战赛;兰州体育馆青少年体育俱乐部在经费紧缺的情况下,采取与企业联合的办法,以企业冠名形式,先后成功举办了"西凉杯"三人篮球赛、"邓亚萍杯"乒乓球赛、"天歌杯"围棋公开赛等;在2000年,上海庄臣公司为了体现公司文化,塑造公司形象,利用公司资源,与浦东新区社会发展局教育处、文体处和新区足球协会合作,成功地举办了庄臣"雷达"杯浦东新区小学生足球邀请赛;海南大学青少年体育俱乐部运营过程中得到了赞助商的大力支持,如海大足球队由新温泉酒店赞助,青少年体育俱乐部进行各种活动比赛得到了可口可乐公司、力加啤酒公司、伊莎贝尔公司等赞助。这样的事例在青少年体育俱乐部开展的活动中屡见不鲜。

与营利组织联盟,从中筹得资金的过程,往往也被称为体育商业赞助。虽然体育商业赞助在竞技体育俱乐部和青少年体育俱乐部里都有,但营利组织对竞技体育与青少年体育俱乐部的赞助原因有着明显的不同。营利组织对竞技体育赞助是因为竞技体育运动水平高,受到媒体的关注多,收视率高,观众人数多,而对青少年体育俱乐部之所以会伸出赞助之手,看重的是青少年体育俱乐部的公益形象,以及参加青少年体育俱乐部活动的众多的潜在的企业产品的消费者。如青少年体育俱乐部具有良好的整体形象,就容易吸引广大青少年参加青少年体育俱乐部的体育活动,也就容易与营利组织建立联盟,得到相应的赞助。

6. 间接的免税收入

对公益性青少年活动场所暂免征收企业所得税,青少年体育俱乐部为了获得免税资格,首先必须具有法人资格。我国非营利组织法人获得有两种形式:一是符合我国的《社会团体登记管理条例》规定的社会团体;二是符合我国的《民办非企业单位登记管理暂行条件》规定的民办非企业单位。我国青少年体育俱乐部大部分都是在民政部门登记而获得法人资格的,这部分青少年体育俱乐部也称为民办非企业单位。还有少部分青少年体育俱乐部由于对青少年体育俱乐部性质认识有误,或与当地民政部门没协调好,本应在民政部门注册登记,却在工商部门注册登记了。

美国对非营利组织免税的审定非常严格。美国税法规定:所有的非营利组织在登记注册之后,必须向美国联邦税务总局递交免税机构申请书,经过几轮严格的审查,每年被审批同意的比例大约在70%;严格审查与非营利目标无关联的活动,任何非营利组织,只要经营与该组织的慈善事业无关的活动或事业,就必须按照所得税法对其公司收入照章纳税。美国有一个全国性的非营利机构——国家慈善信息局,它自行拟定了9条标准,每个季度出一张季报,将所评估的非营利组织排列出来,逐条评估,合乎标准的打上一个红点,不符合标准的打一个黑点,每次评估没有一个机构得到百分之百的红点。捐款者常常在吃早饭时翻阅这张季报,看一看哪个机构得到的红点多,就捐钱给哪个机构。

国外休闲体育俱乐部资金的筹集渠道:一是会员费;二是酒吧收入;三是举办比赛的收益;四是出售包括饮料食品运动服装及一些带有体育俱乐部标志的商品收入;五是出租体育俱乐部设备房屋的租金;六是地方政府的贷款赞助、税收补贴等形式的补助;七是来自会员或外部组织的捐赠;八是广告收入;九是某些体育俱乐部内部发行的债券;十是通过各种社会渠道和会员关系获得的商业赞助;十一是体育俱乐部在其他领域投资的收益;十二是举办其他社会活动的收入。

(二) 青少年体育俱乐部的人力资源管理

人力资源是指能够推动青少年体育俱乐部运营和发展的具有智力劳动和体力劳动能力的人口总和。人力资源与其他资源一样,具有数量和质量的属性。从人力资源的两方面属性来看,人力资源的质量比人力资源的数量更为重要。

(三) 青少年体育俱乐部的信息资源管理

青少年体育俱乐部经营的基础在管理,重心在经营,经营的核心在决策。决策的正确与否是关系到俱乐部生存和发展的大事,而决策的正确性是建立在准确预测的基础之上的,准确的预测又是建立在及时把握信息的基础之上。所以说,控制信息就是控制俱乐部的命运,失去信息就失去一切。青少年体育俱乐部的各级管理人员要充分认识到信息资源在俱乐部发展中的重要地位和作用,青少年体育俱乐部领导要从战略高度来重视信息资源的开发与运用,加大对信息资源管理的力度,提高青少年体育俱乐部的竞争力。要建立一套标准、规范的体育俱乐部信息资源库,使体育俱乐部信息资源的获取、传递、处理、储存、控制建立在全面、系统、科学的基础之上,保证信息的完整、准确和及时。

青少年体育俱乐部在运营过程中经常有许多信息需求,这些信息需求主要包括:对有关政策法规信息的需求;对上级主管部门监督和管理信息的需求;对青少年群体信息的需求;对其他资源信息的需求。

(四) 青少年体育俱乐部的场地和设施资源管理

青少年体育俱乐部是实体型体育服务组织,不是运作型组织,需要有自己所有的或长期租用的场地、设施。但青少年体育俱乐部是依托体育事业单位创办的,所以大部分青少年体育俱乐部没有自己的场地、设施,在场地和设施不足的情况下,许多青少年体育俱乐部把目光投向了依托单位、学校、社区和企业。依托单位、学校、社区和企业拥有丰富的体育场地、设施资源,青少年体育俱乐部采取租用或合作方式,可以弥补青少年体育俱乐部这方面的不足。另外,除了租用和合作方式解决场地、设施不足外,青少年体育俱乐部也可以因地制宜,自力更生,充分利用自然环境条件,发挥各自的优势，科学地设计和建设场地，改善设施。

青少年体育俱乐部与学校相互利用场地，在国外也是常见的。例如，德国青少年体育俱乐部使用的体育场馆大都是从学校租用的。德国每所中小学都有一个大小不等的综合馆，白天供学生上体育课用，学生放学后，供青少年体育俱乐部使用。青少年体育俱乐部对馆的使用率很高，一天要安排两个项目，比如晚 5～7 点健美操会员练习，7～9 点，乒乓球会员进行练习或排球会员在馆内进行排球练习。在德国，政府支持青少年体育俱乐部的活动，因此青少年体育俱乐部使用学校的体育设施近于无偿或费用很低。这就大大减少了青少年体育俱乐部的开销。场地、设施不仅是体育活动顺利开展的必要条件，还是促进青少年学生发展的隐性手段。所以在对场地、设施资源的管理过程中，不但要为青少年提供一定数量的场地、设施，还要加强对场地、设施环境的建设，努力为青少年提供安全、健康、愉悦和舒适的体育活动。场地、设施过多闲置，是俱乐部资源的浪费，但过分拥挤的场地、设施，经常隐藏着许多不够安全、不利于健康的隐患。所以在安排体育活动计划时，应考虑的重要因素包括：可用的场地、设施数量和大小、职员中教师和指导员的数量、参加体育活动的群体数量、规模和活动次数。如何根据这些因素合理配置场地、设施，既要提高其使用效率，又要保证青少年安全和健康是场地、设施资源管理的重要任务。但对于青少年体育俱乐部来说，他们更重视的是如何提高场地、设施的使用效率，以及体育场地安全性问题，而对如何通过加强场地、设施资源的管理，来促进青少年健康成长，满足青少年的身心需要方面考虑的还很少。

为了青少年身心健康发展，青少年体育俱乐部对场地、设施资源管理除调控使用率和活动人数的密度，保障和控制活动的安全外，还应考虑如下几方面：

(1) 场地和设施的设计应符合青少年的身心特点。

标准化、成人化的场地、设施是与青少年尤其是初中、小学生心理特点和生理条件不相适应。目前有的俱乐部过分追求场地、设施高档化，也是一个误区。高档的场地、设施，必然需要青少年付出高额成本，对于消费能力极低的青少年来说，经常成为参观的摆设。场地、设施青少年化、科学化、个性化和高利用率是青少年体育俱乐部的管理目标。

(2) 青少年体育俱乐部的场地和设施环境应有益青少年的身心健康。

影响青少年身体健康的因素很多，主要包括场地环境的温度和湿度控制、照明、颜色和声音。适宜的温度和湿度，让人感觉舒适；良好的照明对保护视力、防止疲劳、振奋士气是很重要的；不同的颜色对人的情绪有不同作用，通过颜色的调配，可以积极地调控青少年的情绪；美妙的音乐帮助解除疲劳，心情放松，而噪声容易造成神经紧张。

(3) 青少年体育俱乐部场地和设施的卫生应清洁，空气流通。

烟、灰尘、混浊的空气，是细菌滋生的地方，容易传染疾病。为此，青少年体育俱乐部应建立卫生管理制度，以保证卫生清洁和空气畅通。在国外有些发达国家，对场地、设施资源进行管理的内容很多,也更具体详细。如对存衣柜、淋浴室、烘干室和卫生间等都有严格的管理措施。随着我国经济的发展,青少年的需要也会不断变化发展,青少年体育俱乐部对场地、设施资源管理的内容将更加周全,将为青少年提供更优质的服务。

二、青少年体育俱乐部的核心服务内容

青少年体育俱乐部的核心服务内容主要是指与体育活动直接相关的一些服务项目。不同的青少年体育俱乐部,其核心服务内容有所不同,所开设的服务项目主要是由青少年体育俱乐部内部资源和目标市场所决定。

(1) 为青少年提供体育活动场地和设施。

这项服务的特点是前期建设或租用体育场馆、购买体育设施的资金投入很大,但后期管理和服务相对简单。

(2) 开展各种体育赛事。

(3) 举办体育运动训练营。

据美国国家训练营协会统计,在全美大约有 10 000 个夏季训练营,每年参加夏季训练营的人数超过 500 万。

(4) 开办专项短训班。

与运动训练营相比,短训班时间比较短。训练营的时间一般为 5～15 天,而短训班一般是 1～2 天。短训班有两种,一种是专项技能理论提高班;另一种是某种运动入门班。

(5) 运动技术水平提高班。

(6) 举办健身健美训练中心。

(7) 体育旅游。

一般情况下,场地、设施资源和资金比较雄厚的青少年体育俱乐部,可以着重开发接触性较低的服务项目,如为青少年提供场地服务和各种体育比赛等;人力资源丰富,有实力,而场地、设施较差,资金又不足的青少年体育俱乐部,可以着重开发以人力资源为主的服务项目,如体育旅游、短期培训班等;既具有一定的场地、设施资源或有适合租用的场地、设施资源,又具有比较丰富、有实力的人力资源的俱乐部,可以开展接触程度较高的服务项目,如体育运动训练营、高考体育辅导班、举办各种学习班和健身健美班等。

对于很多青少年体育俱乐部来说,都或多或少在某方面存在着资源不足的问题,但现代管理理论强调联盟和团体虚拟,所以只要根据市场需求来规划服务项目,无论是场地还是人力,甚至是资金都可以通过资源优势互补、组合而使项目得以顺利展开。学校是体育场馆和体育专业人力资源比较雄厚的单位,青少年体育俱乐部可以与学校结合,充分利用学校现有的资源开展体育服务。

思考题

1. 青少年体育俱乐部的基本特征是什么？
2. 简述青少年体育俱乐部对学校体育的影响。
3. 青少年体育俱乐部资金管理的内容是什么？
4. 青少年体育俱乐部的核心服务内容有哪些？

第六章　社区体育健身俱乐部的经营与管理

第一节　社区体育健身俱乐部概述

随着我国社会主义市场经济体制的逐步建立，城市社区越来越显现出在社会生活多方面的作用，社区建设和社区发展已经成为我国社会可持续发展的重要内容之一。作为社区建设和社区发展重要组成部分的社区体育，是城市精神文明建设的重要内容，是落实全民健身计划的基本途径，社区体育的重要性逐渐被社会所认识。当今，我国新建住宅小区大量涌现，社区体育场地设施改善，社区建设受到了各级政府的广泛重视，社区已成为实施全民健身计划的主要阵地。社区体育因此成为有效促进公民身心健康发展的主要形态。城市社区体育开展的状况及其发展潜力将直接影响城市居民的身心健康，也将影响到精神文明与物质文明建设的进一步深入。

一、社区的概念

在中国古代汉语中没有“社区”一词，该词是在19世纪末期中西文化碰撞交流中产生的，也是近现代中国经济、政治与社会变革的结果。“社区(Community)”源于拉丁语，意为共同的东西或亲密伙伴间的关系。1887年，“社区”一词由德国社会学家滕尼斯(Ferdinand Tonnies)提出，他在著作《Community and Society》(即《社区与社会》)中，从社会文化角度认为社区是由具有共同习俗、相同价值观的同质人口组成，它的成员关系密切、守望相助、富有人情味，是由与世隔绝和排外的社会关系组成的团体。“社区”是社会学中的基本概念，由于对社区研究需求和角度不同，也产生了研究者对社区概念的不同界定。例如，1955年美国社会学家希勒里(G. A. Hillery)发表《社区定义：共识的领域》一文，希勒里归纳出大多数定义中都提到的三个核心要素：① 一个特定的地点；② 共同的关系；③ 社会互动。1933年，费孝通等在翻译美国社会学家帕克的社会论文时，第一次将“Community”这个英文词译成了“社区”，后来成了中国社会学的通用术语。

所谓社区，指若干个群体或社会团体(包括家庭、团体、机关和企事业单位等)聚集在某一领域内，形成一个具有相对独立功能的社会生活单位。现在我国最常用的划分社区的方法是以城市的“街道办事处”或“居民委员会”的行政管辖范围作为社区的基本单位。

二、社区体育健身俱乐部的概念

我国社区体育活动现象的出现是从20世纪60～70年代开始的，一些省市由大企业牵头，周围企业参与组成了地区（片）体协。但这种组织较为松散，组织的稳定性较差。20世纪80年代中期，北京、上海等大城市出现了以街道牵头组织的体育活动，成立了街道社区体协，就地就近开展体育活动，这成为社区体育兴起的标志。进入20世纪90年代，随着居民小区的大批兴建，出现了住宅体协。1997年4月，国家体委、国家教委、民政部、建设部和文化部五部联合颁发了《关于加强城市社区体育工作的意见》。至此，全国各个城市社区体育开展得轰轰烈烈，社区体育活动进入高潮。

社区体育健身俱乐部在英国、德国有比较悠久的历史。日本则在近40年间有了较快的发展。英、德、日三国的社区体育健身俱乐部是本国大众体育活动最广泛最基本的单位，并扮演着重要的角色，它们对体育人口的稳定和发展起着决定性的作用。

社区体育健身俱乐部的界定和理解：2004年1月6日国家体育总局办公厅发布的《关于开展创建社区体育健身俱乐部试点工作的通知》——《社区体育健身俱乐部试点工作方案》中明确地为社区体育健身俱乐部进行了界定，指出：社区体育健身俱乐部是指“城市社区居民根据共同的目的和兴趣自愿组成的，以辖区内特定的体育场地设施为依托，经常开展体育活动，且隶属于街道办事处或社区居委会的公益性群众体育组织”。概念中包括参加俱乐部的主体：社区居民；场地器材：辖区内特定的体育场地设施；活动频度：经常开展体育活动；隶属关系：隶属于街道办事处或社区居委会；社区体育健身俱乐部组织的性质：公益性群众体育组织。

三、社区体育健身俱乐部的基本特征

（一）不以营利为目的

社会体育健身俱乐部是在有关社会公益事业运行的法律政策规定范围中进行其经营活动，分为有偿和无偿两种形式，社会效益是其追求的终极目标，有偿是为了社会体育健身俱乐部健康、科学、有序发展。

（二）体育俱乐部活动的自愿性和大众性

参加社区体育健身俱乐部活动，是完全基于人们对体育运动的爱好和兴趣。社区体育健身俱乐部作为社会群体的次群体，在俱乐部（群体）规模、俱乐部领导类型、俱乐部（群体）决策和俱乐部（群体）的一致性四个因素中，俱乐部领导类型，即志愿者作为领导是一人专权还是限权；俱乐部决策是依据俱乐部会员大会通过的俱乐部章程还是个人决定，这两个因素是影响社区体育健身俱乐部存在发展比较主要的因素。

（三）社区体育健身俱乐部的自主经营和政府的扶持

综合型的社区体育健身俱乐部内设有多种体育项目，俱乐部实行会员制。俱乐部的发展基本是以民间自发自愿自治为主，政府在税收上给予优惠政策并在资金上给予适当的补助。也有行政管理下的社区体育健身俱乐部。俱乐部基本属于民间主导型。日本社区体育健身俱乐部的单一型也属于民间主导型。

社区体育健身俱乐部的外部环境主要包括两方面：

一是体育设施。俱乐部基本上应拥有自己的体育设施，在公共体育设施的使用上对于社区体育健身俱乐部政府给予优先使用权。

二是行政的支持和相关的法规。国家和地方对俱乐部实行一定的财政补助，并对社区体育健身俱乐部在事业性收益以固定资产实行税收优惠政策。

四、社区体育健身俱乐部的目的和任务

目的在于通过创办社区体育健身俱乐部，推动《全民健身计划纲要》第二期工程，推动“体育进社区”工作的深入开展，加强社区体育的基层组织建设，充分利用和有效整合社区体育资源，顺应全面建设小康社会的体育发展要求，满足广大社区居民日益增长的体育健身需求，从而推动城市社区建设。

社区体育健身俱乐部的任务是：广泛吸纳社区居民积极参加社区体育健身俱乐部，充分利用所依托的体育场地设施，组织社区居民经常开展体育健身活动。通过开展丰富多彩的体育健身活动，增强社区居民身体素质和健康水平，丰富社区居民的体育文化生活，促进社区居民建立科学、文明和健康的生活方式，为社区居民进行社会交往创造良好的环境，从而推动社区建设。

创办社区体育健身俱乐部的意义如下：第一，以俱乐部的形式开展城市社区体育，可以丰富、完善社区体育的组织管理形式，有助于系统地网络管理模式的实现，提高社区体育组织管理质量。第二，通过投资结构的多元化，补充社区体育经费的不足，可以在一定程度上缓解社区体育发展中场地、设施短缺及经费不足等问题，有助于社区居民健身目的的实现。第三，社区体育健身俱乐部有专业的指导人员，能为社区居民提供科学的体育锻炼内容与方法，从而提高社区体育工作和全民健身活动的质量。第四，以俱乐部的形式开展城市社区体育，有助于社区体育组织化程度的提高，吸引居民参加体育活动，有助于体育人口的增长。

五、我国社区体育健身俱乐部的创建与发展

根据国家体育总局《关于开展创建社区体育健身俱乐部试点工作的通知(体群字〔2003〕139号文)》要求，国家体育总局从2004年开始在部分省(区、市)和有关单位开展创建社区体育健身俱乐部的试点工作。试点采用扶持两年的办法。扶持资金来源于国家、省、市三级体育行政部门的体育彩票公益金和俱乐部上级单位支持经费作为创办社区体育健身俱乐部的启动扶持资金，四级的投入比例为2：2：1：1；两年共计120万元。扶持资金用于购置必要的体育健身器材；组织开展体育技能培训、俱乐部会员体育比赛和交流活动；俱乐部日常管理。2004年3月底前，各省(区、市)体育局根据国家体育总局下达的俱乐部试点单位名额分配，选定试点单位上报国家体育总局群体司。2004年5月，国家体育总局群体司会同体育经济司及有关专家对各

单位上报材料进行审核，经批准后，正式下达试点单位名单和中国体育彩票公益金资助明细表。

国家非常重视社区体育健身俱乐部的建设和发展，因为这对于构建和谐社会，促进社区体育的发展起着积极的作用。从2004年起，全国部分省、市、区和有关单位开始进行国家级社区体育健身俱乐部的试点工作，2006年1月国家体育总局批准了首批25家国家级社区体育健身俱乐部，这标志着社区体育健身俱乐部的工作正式启动；2007年1月，国家体育总局在全国范围内又命名了第二批60家国家级社区体育健身俱乐部，推动俱乐部的工作进入全面发展阶段；为了进一步促进全民健身计划的落实，完善社区体育组织，2008年6月，国家体育总局命名北京市东城区朝阳门街道社区体育健身俱乐部等151个单位为第三批国家级社区体育健身俱乐部。

2009年8月19日国务院通过《全民健身条例》，条例第三章“全民健身活动”第十八条指出：“鼓励全民健身活动站点、体育俱乐部等群众性体育组织开展全民健身活动，宣传科学健身知识；县级以上人民政府体育主管部门和其他有关部门应当给予支持。”

为适应我国发展新阶段，完善全民健身公共服务体系，保障公民参与体育的权益，丰富群众精神文化生活和培养居民健康的生活方式，国务院于2011年2月25日印发了《全民健身计划(2011—2015年)》的通知。通知中“目标任务”的第五条指出：“社区体育俱乐部、青少年体育俱乐部、妇女健身站(点)有较大发展。80%以上的城市街道、60%以上的农村乡镇建有体育组织。城市社区普遍建有体育健身站(点)，50%以上的农村社区建有体育健身站(点)。形成遍布城乡、规范有序、富有活力的社会化全民健身组织网络。”

政府培育和发展体育社会组织工作已被国务院办公厅列入政府规划当中，国务院办公厅在2011年12月20日印发的《社区服务体系建设规划(2011—2015年)》(国办发〔2011〕61号)中曾指出：“虽然我国目前社区服务体系建设取得显著成效，但就总体情况而言，我国社区服务体系建设仍然处于初级阶段，存在一些困难和问题。”

第二节　社区体育健身俱乐部的经营与管理

一、社区体育健身俱乐部的管理要求

为了促进俱乐部的良性发展，在制定创建条件的同时，提出了相应的管理要求，规定了俱乐部的基本发展方向：

(1) 俱乐部建立要到当地民政部门或到所在的街道办事处或社区居委会登记、注册。

(2) 俱乐部业务上接受所在区(县)体育行政部门的指导，俱乐部自然成为街道社区体协或区体育总会的团体会员。

(3) 俱乐部要坚持经常开展活动,原则上每周不少于3次,每次不少于2 h。俱乐部要建立会员花名册和俱乐部工作档案。

(4) 俱乐部每年年底要向登记注册部门和业务主管部门上交当年的工作总结和下一年度的工作计划。

(5) 俱乐部年底进行经费使用情况审计,并向会员公布经费使用情况。

二、社区体育健身俱乐部的运营方式

社区体育健身俱乐部的运营方式是围绕会员来开展的,主要有3个方面的内容:

第一方面的内容是:设定运营中费用的收取形式;活动项目的安排;体育指导者的配备;时间段的划分等具体运营内容。

英、德、日三国社区体育健身俱乐部在费用的收取方法基本有4种:年会费、月会费、听课费和设施使用费。收费额的多少依年龄段划分,收费额非常低。在项目的安排上一般有3种:一是技术、身体练习为主的项目,它包括正式竞技性项目(足球、网球、游泳等)和非竞技性项目(有氧运动、水中体操、器械练习、健身操和传统体育健身项目等)。二是以学习为主的体育教室,它主要针对初学者。三是为会员提供服务的体力测试、健康诊断和运动处方的制定等。体育指导者基本上是以志愿者为主,也有临时聘用付酬的体育指导者。在体育指导者的付酬方面,在德国和日本具有国家承认的体育指导者的报酬要高于没有资格的体育指导者。在时间安排上,英国和德国的俱乐部大部分有自己的或固定的体育运动设施,考虑合理安排不同项目对场地的使用。有些单项的体育俱乐部没有自己的或固定的体育设施,在某一个体育设施中,可能有若干个俱乐部需要租用,所以必须事先安排好练习的时间表。

第二方面是社区体育健身俱乐部运营机构中管理人员的设置。一般社区体育健身俱乐部中设名誉会长、副会长。实际负责运营的是俱乐部及各部门的负责人。俱乐部主席是由会员投票产生的,其责任是对全体会员负责。

第三方面是社区体育健身俱乐部预算。在社区体育健身俱乐部的收益中,由政府资金支持的日本综合型社区体育健身俱乐部,其会费收入有的占预算的30%,有的占10%,更典型的是没有会费收入的,完全依赖政府的资金支持。俱乐部经营所需的其余部分资金主要依靠政府的财政支持和企业的捐助。1998年日本文部省为综合型社区体育健身俱乐部的财政拨款1亿7 000万日元。德国的社区体育健身俱乐部的会费(入会费)收入一般在40%以上,其余部分主要依靠政府的财政支持和企业的捐助。德国和日本社区体育健身俱乐部的低会费,是建立在行政的资金支持基础上的。

三、社区体育健身俱乐部的组建形式、经营类型和管理模式

目前,我国体育俱乐部发展迅猛,无论是在组建模式、活动内容,还是在经营类型上,都呈现出多样化特征。在组建模式上主要有:企事业单位合办、企业与政府部门

合办、政府办、事业单位办、民间办、基金会或股份制办以及企业单位办等几种。其中，主要依靠社会力量（非政府独办）办的体育健身俱乐部占主流地位；在经营模式方面，主要有公益型和经营型（营利型）。其中，除小城镇以外，经营型体育俱乐部比例明显高于公益型俱乐部。在发达地区稍有趋中的倾向；在管理模式方面，按不同的体育组织在体育管理中的作用进行划分，国内外的体育健身俱乐部可分为政府管理型、社团管理型和政府和社团结合管理型（或准政府管理型）3 种。

几种社区体育健身俱乐部管理模式的特点和不足如下。

（一）政府管理型体制的基本特点及不足

政府管理型体制是指从中央到地方各级政府均设置专门的体育行政机构，对体育事业从宏观到微观进行全面的监控和管理，在体育政策、体育法规的制定、实施和体育资源的配置上起主导作用。我国自新中国成立以来一直采用这种模式，政府掌握着几乎全部的体育资源，同时也承担着体育方面的全部责任和义务。

这种管理体制的优势在于：一是能够体现国家意志，并能代表最广大群众的利益。二是有利于整合一切社会力量，服从和服务于政府体育总目标的实现。三是有利于推动体育公共服务业的发展，因为体育公共服务业需要大量的经费投入，私人机构和社团组织往往难以承担。四是有利于政府调控。我国是一个人口众多、地域经济差异较大、综合国力有限的发展中国家，通过政府的调控，可以使不同经济发展水平和不同城市化水平的地区及不同层次的人群都能享受到最基本的体育权利和体育服务。

这种管理体制存在的问题在于：一是易于造成行业垄断。政府是最习惯于采用垄断的方式实施管理的。体育属于社会服务的组成部分，政府对体育事业的垄断，降低了体育服务的质量，不能满足公民多层次和多样化的体育需求。二是容易阻塞体育社会团体参与和支持体育的渠道，最终限制了体育的社会化。三是易于陷入大量的事务性工作，削弱宏观管理职能。国外大量的经验表明，政府管理型体制容易排斥市场机制，使政府陷入大量不该管、管不了也管不好的事务性工作中，从而严重地削弱了宏观管理职能。

（二）社团管理型体制的基本特点和不足

社团管理型体制是指政府除了对相关体育社团给予必要的经费支持以外，不设立专门的体育行政机构，基本不干预体育管理的具体事务。国家体育政策的制定和实施、体育资源的配置以及体育管理工作完全由体育社团承担。但是，采用这种管理体制必须拥有良好的体育基础设施、市场经济高度发达、体育社团依靠市场手段可以基本满足体育发展的经费需求、社会体育管理系统已经形成自我生存和自我造血的能力以及不需要政府更多的经费投入等条件。

这种管理体制的优点如下：一是根植于人们的体育兴趣与爱好之中，易于得到广泛的社会支持，易于动员社会力量参与和支持体育事务，充分发挥社会各界的积极性，充分体现社会各界的意志。二是有利于促进体育产业的发展。社团管理型体制采用市场化的运行机制，使体育资源能够依据体育市场的需求得到合理配置，从而有效地促进体育产业的发展。三是采用了民主化的决策方式，在决策中体现了高度的民主。四是在社团管理型体制中，管理工作主要由志愿者承担，这有助于培养国民的奉献精神。

这种管理体制存在的问题是：由于体育社团及民间机构各自代表了特定利益的群体，在体育管理中的利益分配、沟通与协作等方面不易协调，甚至会发生争执和相互抵制等问题。

(三)政府与社团结合型(准政府管理型)管理体制的特点

结合型体制是指体育管理的职能由体育行政机构和体育社团共同承担的体育管理体制。政府设立体育行政机构，承担体育的宏观管理、体育总目标和政策法规的制定、政策调控及经费支持等职能。体育社团承担微观管理和承办具体事务等职能。体育行政机构为政府常设机构，机构的主要领导人由政府任命，这样有利于政府贯彻自己的体育目标，体现政府的意志。机构的经费主要由政府提供，这样有利于群众体育事业的发展。

这种管理体制的优点在于：一是能够充分地体现政府意志。由于体育行政机构是政府建立的，机构的主要负责人是由政府任命的，因此，其机构性质和利益追求方面与体育社团有很大不同，有助于政府体育目标的实现，体现国家意志。二是结合型管理体制由于引进了公司化的管理方式，从而引进了竞争机制，提高了工作效率。由于采用了民主化的决策方式，从而提高了管理的透明度，有效地避免了官僚主义。三是结合型管理体制能够更有效地调动体育社团和其他体育组织的积极性，充分发挥各自的优势。四是结合型管理体制可以让社团在管理过程中开展一定的体育经营活动。由于体育社团并非政府机构，因此在其管理过程中，可以适当开展体育经营活动。这有利于充分利用和挖掘体育的有形和无形资产，加快体育产业化进程，为体育事业的发展增加后劲。

总结上述3种社区体育健身俱乐部的特点，结合中国社区体育发展的趋势，以及国外体育管理体制改革取得的成功经验来看，政府与社团结合型的体育体制是社会群众体育发展的必然，是创建和发展社区体育健身俱乐部的首选管理模式。该种模式将有利于社区体育健身俱乐部的良性运行和可持续发展。

四、社区体育健身俱乐部经费筹集模式

我国城市社区体育经费缺乏已经成为制约我国城市社区体育发展的重要问题，而社区体育健身俱乐部要正常运作，必须要有一定的资金作为保障，社区居民是健身俱乐部的最终受益者，而对于当今我国城市居民体育消费的现状来说，完全由居民出资兴办体育健身俱乐部也是不现实的。所以探索和发掘新型的经费筹集渠道是解决社区体育健身俱乐部运作中经费问题的根本所在。为实现城市社区体育健身俱乐部的正常运作，应该有多元化的经费筹集渠道。

(1) 政府补贴：在社区体育健身俱乐部运作的初级阶段，在物质层面、制度层面和观念层面上都不成熟的特定转型期，社区体育健身俱乐部根本不可能实现自主经营、自负盈亏。政府需要拿出一部分资金补贴给城市社区体育健身俱乐部作为开创和发展之用。同时，给出一定的优惠政策，如凡社区体育健身俱乐部为了支撑俱乐部运行需要所兴办的任何营利性摊点、商店和服务项目都应给予一定的税务减免等鼓励发展相关体育产业。

(2) 拉赞助商：在俱乐部运作过程中，鼓励各俱乐部自己主动出击拉赞助或参加各种体育比赛、表演，在扩大社区体育健身俱乐部知名度和影响力的同时，积极为社会上的各种公司、企业做广告宣传，这样利用社区公众效应和名牌效应也可以使更多的公司、企业单位向社区体育健身俱乐部投资，帮助社区体育健身俱乐部的正常运作。

(3) 外派俱乐部工作人员：由俱乐部出面联系一些相应的社会体育点、协会、公园和公共娱乐场所等。俱乐部派专人担任技术指导，帮助那些自由分散的健身者学习一些基本技术(健身操、太极拳、乒乓球、老年操和网球等)，收取少量的服务费。这样既可以锻炼俱乐部骨干人员的实践能力，又使俱乐部的指导员积累了经验，同时还为俱乐部筹集了一定的建设和运作资金。

(4) 提供健身咨询：可设成现场咨询和网上咨询两种形式，现场咨询就是在俱乐部具体体育指导咨询处，对体育咨询者提出的体育或身体健康的有关问题进行解疑，提出建议和方法。另外，俱乐部可以运用计算机为手段建立网上咨询网站或全民健身数据库，为群众提供各种健身、休闲、心理和生理等方面的咨询服务，指导人们掌握正确的健身方法和介绍新颖的健身手段，开设运动处方，为社会公司、企业等策划、组织大型的体育健身活动和比赛等。

(5) 提高场馆、器材的利用率：利用俱乐部体育活动的闲暇时间，把多余的场馆、器材租用给社会上一些个人或公司、企业等单位活动用，同时收取部分费用用以场地、器材的维修和建设。

(6) 向俱乐部会员收取少量的会费：对作为社区体育健身俱乐部的最终受益者的社区居民应该定期收取少量的会费，作为他们参加社区体育健身俱乐部各种活动，接受社区体育健身俱乐部各种服务的资格。

(7) 门票收入：在节假日时，由社区承办的各种大型体育比赛、大型文体健身操和大型公共交流会等，可根据具体情况收取相应的门票等。

(8) 借助银行力量：银行加强引导人们持卡进行体育优惠消费的观念，如推出“社区体育健身卡”或者“社区体育健身储蓄卡”等产品推动社会体育产业链的健康发展。

(9) 其他：可办一些社区体育杂志、报纸等进行出售；试办社区体育小型彩票发行体系，增加社区体育健身俱乐部收入；试用发行股票进行多方融资；有关政府部门要制定一定的法规政策，督导房地产公司对社区体育健身俱乐部给予一定的资金支持;利用体育关联产业如食品服务、器材服务、服装服务及澡堂服务等增加社区体育健身俱乐部的资金来源。

总之,要解决社区体育健身俱乐部的经费缺乏问题,单单是“开源”也是不够的,同时还要“节流”,加强社区体育场馆设施的利用、管理和爱护,使社区体育设施的使用节约化、经济化。

五、社区体育健身俱乐部的场馆与器材建设模式

体育场地设施既是广大群众开展体育健身活动的场所,又是有形的、固定的、基本的体育产业。缺少必要的体育场地设施,是影响我国城市社区体育发展的第一大难题。造成场地设施紧缺的原因主要有二:一是对现有的场地设施未能充分利用;二是对户外运动资源没有很好地开发利用。那么,加快体育运动资源的开发利用,从以下几个方面入手:

(1) 要加大对体育场馆设施建设的投资力度。满足广大群众日益增长的体育健身需求,所以政府必须从以下两个方面在政策上进行调控和倾斜:第一,通过城市社区体育设施配套建设立法,保证在规划城市建设、居民小区开发、社区体育健身俱乐部的建设等工作中,把体育场地设施的建设投资纳入总体规划之中。第二,充分调动体育社团、企事业单位及个人,包括外商建设体育场地设施的积极性。

(2) 要全面地推进现有体育场馆设施向社会开放。各级体育行政机构要在当地人民政府的领导下,有计划、有组织、有步骤地将公共体育场馆设施向社会开放。当前,我国体育场馆设施利用率低下,究其原因:第一,我国现有的体育场馆约70%集中在大、中、小学校内,这部分场馆长期处于闲置状态,需要教育部门协同确定对社会开放的政策和措施,通过政策导向,对其进行产业化开发利用。第二,部分公共体育场馆远离居民区,给居民日常体育健身带来不便。今后在体育场馆的建设规划上必须转变思路,既要有利于比赛、训练,也要方便群众锻炼。第三,已经向社会开放的部分场馆设施价格偏高,使群众望而却步,无形中堵塞了群众健身的渠道,今后必须通过政策调控使体育场馆走出高消费的误区,实现平民化。第四,对已开放的场馆缺少相应的服务,诸如组织策划群众喜闻乐见的健身活动、专业技术指导,包括健身知识和健身方法方面的讲座、培训等。

对于体育场馆开放,可以采取3种不同的管理模式:第一,对公共体育场馆、社区体育活动中心实行公益型管理,即非市场化运作,主要依靠国家和社会的资金投入,坚持非营利性原则,以低偿或无偿方式为社区群众提供服务。第二,对协会办俱乐部实行准经营型管理,即半市场化运作,在依靠国家和社会资金投入的同时,部分面向市场,通过自主经营,增强自我造血功能,提高自我发展能力,以更大的力度低偿为社区群众提供服务。第三,对纯经营型体育俱乐部实行市场化管理,以市场为导向,进行市场化运作,及时对市场需求和变化做出积极的反应,充分发挥市场机制的作用。实行市场化管理的各经营型体育俱乐部,允许以独立法人的资格自愿参加体育行业

协会，加强行业自律，并加强与其他群众体育组织的联系与协作，利用自己的场地和技术优势，协助社区开展群众性体育活动。

(3) 要大力开发户外体育运动资源。我国幅员辽阔，蕴藏着丰富的户外运动资源，它们是“天然体育运动场”。我国的湖泊和水库面积达 1 072 万 hm^2，可以开展多种水上运动；我国的森林面积为 9 491 万 hm^2，山地面积 320 万 km^2，可以开展野营、登山、徒步旅行及冬季项目等；我国河流流域面积 95.59 万 km^2，海域面积 473 万 km^2，海岸带面积 28 万 km^2，可以开展游泳、划船、冲浪、野营及沙滩排球等活动。要加大宣传和引导力度，鼓励群众利用户外运动资源健身，同时，场地建设也要走绿化、美化及园林化的道路，使群众在健身的同时，能够欣赏优美的风景、呼吸新鲜的空气，这样就能使山水场地化、场地园林化，使环境绿化工程和体育资源开发利用工程结合起来。通过建设、开放、开发 3 种渠道，改变我国群众体育场地设施不足的状况，实现体育资源综合利用的目标。

六、社区体育健身俱乐部指导员队伍建设

我国社会体育指导员在数量和质量上都不能满足群众体育事业发展的要求。从 1993 年我国推行社会体育指导员技术等级制度以来，社会体育指导员队伍在迅速壮大。2001 年 8 月 7 日，劳动和社会保障部正式批准《社会体育指导员职业标准》，这将使体育人才在发展群众体育和实施“全民健身计划”中发挥更大的作用。在加强社会体育指导员培训和向社会提供服务方面还应注意以下几个问题：

(1) 充分发挥政府行政的指导，加快社会体育指导员队伍建设。我国社会体育指导员的培养速度不能适应社区体育发展的需要，加快速度，提高社会体育指导员的业务素质已经迫在眉睫。利用我国现行的“政府主导型”社会体育指导员等级制度，更好地发挥行政主导作用，加快对社区体育指导员的培养。

(2) 加快社会体育指导员队伍建设必须与群众健身需求密切结合。目前，我国社会体育指导员级别划分为国家级、一级、二级和三级。我国社会体育指导员的服务项目以太极拳、健身操和气功为主，指导对象以离退休人员为主，指导内容以技能指导、小型赛事与活动的组织为主，缺乏指导服务的广度，不能满足社会群体多层次的体育需求。因此，必须丰富社会体育指导员的类别结构，明确区分不同类别、不同级别和不同项目的社会体育指导员在社会体育指导中的作用。

(3) 不同类别的社会体育指导员在培训经费上应当区别对待。休闲娱乐指导员、医疗康复体育指导员、竞技体育指导员在培训后，可以把指导员作为一种职业进行有偿服务，他们的培训经费应当自费解决。其他类别指导员一般进行义务服务或半义务服务，这样不仅对社会体育发展提供了支持，更重要的在于它的社会意义，对义务服务者，国家应当尽可能地承担他们的培训费用。

(4) 建立统一水平考试制度。社会体育指导员的资格考试应当成为一种水平考试，向一切有志于为社会体育服务的人士敞开大门，这样一方面可规范社会体育指导

员的资格、培训内容和培训标准,另一方面也可体现公平、公开、公正的原则。

(5) 疏通我国社会体育指导员向社会提供指导的渠道。首先,完善培训制度,拓宽服务领域,提高社会体育指导员的社会认可度。其次,各体育行政机构和体育社团必须掌握社会各领域对社会体育指导员的需求情况,以利于针对性的培训;再次,加强俱乐部建设,提高我国各体育组织的人口数量,这样可有效地为社会体育指导员提供稳定的指导服务渠道;最后,建立我国社会体育指导员协会及管理信息网络,以利于对社会体育指导员的管理和向社会推荐社会体育指导员。

(6) 完善社会体育指导员队伍的继续培训制度。我国社会体育发展日新月异,新的社会体育项目、社会体育方法、新的社会体育思想和新的社会体育理论不断涌出。然而,现行的社会体育指导员等级制度不具备体育指导员的继续培训和进修的功能。如何保证社会体育指导员在取得"社会体育指导员资格证书"以后,继续保持自身的社会体育观念、体育理论、体育知识和体育方法等跟得上社会体育发展需要的步伐,是一个必须重视的问题。应该指出的是,高校、各级体协、社会体育组织都应该成为社会体育指导员培训和继续教育的基地。只有这样,社会体育指导员的队伍和素质才能不断壮大和更新。

(7) 加快社会体育指导员的职业化进程,施行"职业"和"奉献"相结合。随着社会体育产业化进程的深入,我国有些高校已经开设了社会体育专业,但远远满足不了社会的需要。但是,国家社会体育指导员称号突出"义务奉献"性,这无形加大了高校开办社会体育专业的压力。明确指导员的"职业化"发展方向,把"职业化"和"奉献性"结合起来,势必提高社会体育指导员队伍建设速度。

(8) 重视社会体育产业化的研究,发挥一切积极力量,开拓体育指导员建设渠道。加强《社会体育指导员等级制度和社会产业发展》的研究,加快《社会体育指导员等级制度》建设,必须坚持理论先导作用,调动包括高校教师、体委委员教练、科研人员、离退休中的能人志士以及热衷体育的研究人员等在内的一切积极力量,为社会体育献计献策,加快社区体育中体育指导员队伍的发展。

(9) 开通高校体育专业大学生进入社区体育健身俱乐部担任社会体育指导员的渠道,可采用半义务计酬的方式进行。这样既为社区体育健身俱乐部节约了聘请专业体育指导员的费用,同时又给高校体育专业学生提供了很多的锻炼机会,培养了他们的实践经验。

七、社区体育健身俱乐部管理机制

(一) 制订具有中国特色的社区体育健身俱乐部管理制度

管理制度是社区体育健身俱乐部顺利运作的重要保障。目前由于我国城市社区体育健身俱乐部才刚刚处于试建阶段,所以社区体育健身俱乐部在管理制度的建设方面很不健全,即便是有部分试点已经制定了一些社区体育健身俱乐部的管理制度,也是相当不成熟的。

(1) 各级行政主管部门以党和国家教育法规为导向拟定社区体育健身俱乐部发展的方针政策。

(2) 各级各类社区体育研究部门依据行政指令制定该辖属范围内各社区实施体育健身俱乐部的督导检查制度。

(3) 各级各类城市社区依据上级主管部门指令并结合自身实际情况拟定适合本社区实际的规章制度。

(二) 社区体育健身俱乐部的管理机构设置和职责划分

社区体育健身俱乐部运动委员会下设五个部委,每个部委分别下设秘书处。社区体育健身俱乐部运动委员会负责俱乐部的总体规划,下属各部委的领导任免,各部委分设部长一名,宏观规划本部委的工作,秘书处具体负责本部委的工作。各部委的工作分工如下:

综合部的职能主要是为社区居民办理入会手续、会员注册、财务管理及制定俱乐部的各项管理制度等;竞赛部的主要职能是负责组织宣传工作、制订各类竞赛计划、竞赛规则、负责裁判培训,组织社区内外的各类比赛等;体研部的主要职能是负责俱乐部会员的技术指导,指导和帮助综合部和竞赛部的各项工作,对俱乐部进行调研和总结,进行科学研究和学术、健康讲座等;后勤服务部主要负责体育器材的收发与管理、场馆器材的维护和维修、体育器材的选购及制定场馆器材管理制度等;联络部负责俱乐部的对外交流工作,主要包括联络对外的体育比赛,以及社区体育文化交流活动等。以上各部都配备相应的专职体育指导员进行帮助和指导工作。

(三) 社区体育健身俱乐部的管理措施

1. 加强社区的宏观管理

社区体育管理涉及社区的方方面面,所以仅靠社区健身俱乐部自身的管理很多事情是难以解决的,需要社区乃至城市的各部门共同支持和配合。社区应制定《社区体育健身俱乐部管理条例》,明确社区体育健身俱乐部的管理方针,加强社区对社区体育健身俱乐部的宏观管理。同时,俱乐部应逐步发展成专项特色比较鲜明的实体单位,在管理方面形成系统化、规范化、法制化及科学化的格局,走自我管理、自我发展、自主运作和自负责任的发展道路。具体方法如下。

首先,完善体育部门的分权放权机制。要改变我国体育管理体制现状,最根本的问题是解决权力过于集中和"管办不分"的问题,政府几乎掌握了全部体育资源,并履行了几乎全部体育义务。要改变这种状况,必须进行权力的重新划分和资源的科学配置,否则无法有效地调动各方面的积极性和主动性。管理体制必须贯彻"管办分离,政事分开"的原则,彻底改变体育行政机构"管办不分"的局面,充分发挥地方体育行政机构和体育社团的积极性和自主精神。我们的改革,必须树立大体育的管理思路,通过合理的权力分配和科学的职能定位,使各方面的力量都能充分发挥出来。这就要求我们必须把过于集中的权力分散开来,纵向放权以实现层次化管理,横向分权以实现社会化管理,将体育管理体制从现在的线性结构改革为矩阵结构,从行政命令式的“垂直管理”改革为资源共享、优势互补的矩阵式管理。使国家体育总局与地方体育局、机关各司局、各项目管理中心及各事业单位的关系,项目管理中心与地方体育局、地方体育协会的关系,体育行政管理机构与体育社团、俱乐部、企业的关系,各体育协会之间的关系,体育系统与各行业之间的关系,构成一个比现在的体制更为协调、更加有序的大网络。体育行政机构承担起群众体育的宏观管理职能,而体育社团则担负起群众体育的微观管理职能,负责操办体育的具体事务,体育社团与政府的关系是协议的关系,而不是领导与被领导、管理与被管理的关系,政府在确立了群众体育的总体目标后,与社团签订协议,社团在接受任务的同时,也获得相应的权力。

其次,理顺健身俱乐部政府调控机制。新的群众体育管理体制是一个多层次的结构,各级地方政府、各级各类社会团体、单项体育协会等组织,各自都拥有相当大的自主权。为保证其运行的大方向符合“发展体育运动、增强人民体质”的总目标,有利于促进社会主义精神文明的发展和社会稳定,同时还要确保不同区域、不同经济状况的群众都能享受到参与体育的权利和相应的体育服务,这就必须完善政府的调控机制。政府的调控要摆脱过去直接管理、具体操作、包办代替的局面,必须做到:一是要站在核心位置,每个层次都有核心,中央是国家的核心,地方政府是区域的核心,项目管理中心是项目的核心,核心就是要当好裁判员,做好本职工作,使所辖范围保持一种凝聚力。二是要站在一定高度,统领全局,把握方向,各级政府必须在市场经济的大潮中,确保国家体育总目标的实现。调控是一个体系,而不是简单的线性联系,它涉及权力的配置、目标任务的配置和利益的配置,是变化着的一种权力关系的走向,主要包括以下7个方面:

第一,从政治式调控走向社会式调控。过去集中于增强人民体质和为国增光的政治目的,并通过政府行为进行管理,现在体育的众多功能的挖掘以及由此而来的众多体育事务大量地进入了调控系统。

第二,从集中式调控走向分权式调控。过去采用高度集权的方式统一管理,现在采用放权和分权的方式进行调控。

第三,从直接式调控走向间接式调控。过去中央政府体育行政机构直接管办整个社会体育的各项事务,现在实施管办分开,分级管理。

第四,从微观式调控走向宏观式调控。过去自上而下管理每个部门、每个项目、每个具体事务,现在则侧重总体和战略的调控。

第五,从垂直式调控走向横向式协调。过去重点在自上而下的管理,现在更关注横向的联络、沟通与协作。

第六,从维持式调控走向发展式调控。过去重点在维护一个既定的目标系统,现在更注重推动体育的全面、快速和多样性发展。

第七,从规范式调控走向应变式调控。过去着力按照既有的规范系统进行管理,并控制所有的子系统不游离规范系统,现在更强调在日新月异的社会生活中,除了原有的上下级关系之外,还有伙伴关系、合作关系,互相监督、互相依存与相互促进的关系。

2. 加强社区体育健身俱乐部的内部管理

社区体育健身俱乐部的会员水平与素质参差不齐，所以建立健全俱乐部内部的规章制度，加强内部管理是非常必要的。社区体育健身俱乐部要建立有效的内部管理机制，制定俱乐部长期有效的管理制度，在规章制度规定的范围内进行俱乐部日常体育指导、日常体育活动和运动竞赛。要抓好俱乐部的内部管理，可从以下两方面着手：一是制定社区体育健身俱乐部切实可行的管理目标；二是完善社区体育健身俱乐部的激励和约束机制。

3. 制定社区体育健身俱乐部的管理目标

社区体育健身俱乐部的管理目标既要与社区体育健身俱乐部所具有的软硬件条件相符合，又要充分考虑社区居民的实际情况。目标应具有适应性、可操作性、合理性和超前性。社区体育健身俱乐部运动委员会制定总体目标，这个目标是纲领性的和指导性的，涉及所有的俱乐部应该遵守的章程以及应该注意的问题等；社区体育健身俱乐部各部委要制定分目标，这个目标是各部委的指导性和发展性文件；同时社区体育健身俱乐部会员也要为自己制定目标，这个目标是由指导员和会员共同制定的，在制定目标的过程中每个俱乐部成员都有发言的权利。目标制定后，每个会员都应明白自己在俱乐部内应该做什么和不应该做什么。俱乐部运动委员会制定的目标是针对整个俱乐部的，各部委的目标是针对各部委的责任和义务，而会员个人的目标是针对个体的。无论是俱乐部的目标、各部委的目标还是个体会员的目标都应是较为实际和贴切的，目标如果定得太高会影响社区体育健身俱乐部的发展和社区居民参加俱乐部的积极性。

4. 逐步完善俱乐部的激励和约束机制

社区体育健身俱乐部应该采取激励和约束相结合的手段。精神激励主要从会员的兴趣、爱好出发，最大限度满足俱乐部成员的健身需求；俱乐部要定期和不定期地对表现突出的会员进行表扬，也可以采取评选优秀会员的办法，鼓励会员积极参加俱乐部组织的各种体育活动。俱乐部要通过各种渠道来筹措资金，对表现突出的会员给予一定的物质奖励。俱乐部特别要对那些代表俱乐部外出参加外部体育活动或体育比赛取得好名次的会员进行精神和物质的双重奖励。对于那些在俱乐部活动中表现很消极的会员要加以矫正、引导。

首先，建立健身激励机制。“需要—欲望—满意”链是管理心理学重要的激励原理，它从社区居民个体心理实际出发，以激发社区居民更强烈的健身动机，使社区居民积极参加体育健身活动。健身实效及俱乐部的科学、方便、经济、热情的服务是社区居民获得满意的基本要求。社区居民的满意程度不仅反映社区体育健身俱乐部工作质量的高低，而且直接导致社区居民是否引发对健身更多的需要和保持继续锻炼的行为。保证有足够的活动人数和固定的缴纳会费的会员是社区体育健身俱乐部追求的目标，也是衡量俱乐部是否具有生命力和可持续发展的重要标志。为此，要结合社区居民不同年龄、不同性别的生理、心理状况，利用健身激励机制，调动居民的健身积极性，最大容量地吸纳社区内、外人员参加俱乐部的各种体育活动。

其次，建立评估督导、激励机制。评估督导是一种通过上级体育行政部门或街道办事处通过强化管理、外部检查督导和本身自加压力、负重奋进相结合的办法，来推动社区体育健身俱乐部持续发展的手段和机制。体育行政部门要拟定评估指标体系，制定评估标准，分期对社区体育健身俱乐部进行评估。这不仅可以有效激励健身俱乐部管理人员的积极性，而且还可以有力推动地方体育行政部门和街道办事处更加重视、关心和支持此项工作的开展。以评促建，以评促改，重在建设必将有力推动社区健身俱乐部更快更好地发展。对俱乐部的保障体系、管理体制、目标达成度进行评估，肯定成绩，总结经验，表彰先进，树立榜样，可以给社区体育健身俱乐部建设起到典型引路和以点带面的作用，进而使社区体育健身俱乐部建立科学运行机制。

5. 完善健身俱乐部评估体系

建立评估机制。在未来的管理模式中，体育行政部门并不直接对社区体育健身俱乐部进行管理，而是通过对其业绩、工作效果的评估来完成间接管理，规范和引导社区体育健身俱乐部的工作和行为，从而达到服务和服从于上级部门的体育目标。这种评估标准应是依据建立在科学性与适用性基础之上的可量化标准。可以采用模糊综合评价的方法，从场馆设施、生态环境、综合管理及体育文化氛围等方面对社区体育健身俱乐部进行综合评价。通过一定的组织系统评定出在实施《全民健身计划纲要》工作中的优劣，从而更好地推动群众体育活动的开展和《全民健身计划纲要》的实施。

八、社区体育健身俱乐部具体运作模式

可把社区体育健身俱乐部的具体体育工作分为两部分：一是俱乐部的日常群众体育锻炼(日常健身)，二是俱乐部的群众体育活动与体育比赛。

(一) 俱乐部的日常群众体育锻炼体系

1. 内容设置

第一，设置原则。俱乐部的内容体系根据社区体育的价值定位和社区体育的特点进行设置。社区体育的价值定位包括：健身需要、娱乐与休闲需要、比赛取胜需要、社会联络需要和康复需要。社区体育的特点包括：内容广泛性、主题选择性、团体异质性和符合适应性。

第二，设置内容俱乐部活动项目设置的原则是顺应群众体育发展趋势，以社区居民体质目标为依据，以身体锻炼的特殊性为出发点，符合社区居民的身心特点，充分利用各个社区的软硬件设施，优化发展社区体育。当然在内容设置方面各社区体育健身俱乐部可根据本社区的体育指导员队伍力量、场馆器材和设备的实际状况来进行具体的安排和调整。

2. 社区体育健身俱乐部的选项登记工作

在每季度开始前，由俱乐部向社区居民委员会提供本季度俱乐部提供的项目设置、组织形式、活动内容及体育指导员简介等，然后将上述内容在居民报名的前两周由社区委员会公开发布；同时俱乐部将全体体育指导员的基本情况、照片和所要开设的锻炼或养生内容利用宣传栏向居民公示，或通过社区广播进行宣传，并在俱乐部正式开放前进行一周的试开放，让居民充分了解健身锻炼适宜性选择的重要意义，各项目、各级别的特点，每家俱乐部指导员的状况，使居民对俱乐部的情况做到心中有数。在俱乐部正式开放前由居委会、俱乐部统一组织居民进行集体登记(有条件的可在网上进行有关锻炼事宜的选择)，居民根据自己了解到的指导员的水平、项目特点、自己的爱好及专长，不分老、中、青在一周任何活动开展时间内均可选择不同级别不同项目的锻炼组别、方式和项目等，当居民选定好自己的锻炼内容后，就可以填选项表了，选项表填好之后，以户为单位，按规定时间交到俱乐部日常健身活动开展秘书处，由办公室负责统一安排健身俱乐部。根据居民填报选项的情况，日常健身活动秘书处进行分项和分派俱乐部的工作，分好后反馈给各俱乐部主任，把原始小组的每个居民的信息和选项情况输入计算机，建立会员登记卡。俱乐部根据日常健身活动秘书处送来的名单，通知会员进行身体和技能测验的时间、地点和要求，俱乐部按时组织体育指导员进行测验，根据会员的水平分为 A、B、C 3 个等级，并进行合理分组。在收取会员的会费后，俱乐部主任签字，抄送秘书处，由日常健身活动秘书输入计算机备案。俱乐部接到日常健身活动秘书处的反馈信息后，具体安排会员健身活动和健康、养生理论指导的时间与地点。

3. 俱乐部的健身活动锻炼形式

俱乐部采用以会员为主的指导组织形式，会员进行活动、锻炼，指导员进行组织、辅导。指导的基本组织形式原则上按照老、中、青少年分组，但可根据实际情况随时进行调整。老年组和中年组可男女同组，青少年组可试行男女分组(视情况而定)。各个组内不分职业、职务、身份等。

4. 俱乐部理论技术初学内容的指导形式

进行俱乐部理论技术等初学内容的指导方式很多，主要包括：开设理论技术学习教室、社区黑板报或社区体育有关体育宣传报、社区体育广播，有条件还可建立社区体育网站等。

5. 会员体育(健康)成绩的验收方法

第一，健康测验。主要涉及一些与健康有关的体能，或是与竞技运动成绩提高有关的体能，并根据会员获得的分数来设定具体学习目标，评价是否有所进步。

第二，口头陈述。口头陈述是另一种替代性评价形式，通过给予会员机会使他们展示自己的能力及知识。这种方法要求会员综合运用知识，得出结论，做出决定，证明选择的正确性。

第三，自我展示。展示自我可以用来全面考查会员的技能和行为表现。要求会员具备在观众面前表现自己的技能和运动知识的能力。在公众面前展示自己的能力和成就,会员的自我责任感会大大增强,从而能更好地激发他们的锻炼潜能。

第四,集体会演或比赛。可以按照各个分组集体进行体育会演,以会演比赛的形式决出名次,奖励先进。同时,还可以以社区体育运动会的形式进行。

第五,自我评价。会员在每个季度锻炼完后,可以对自己平常的健康状况进行盘点,比较锻炼前后身体、精神和生活等各方面状况是否有所改观,进而评定自己参加体育健身俱乐部锻炼是否有效。

(二) 俱乐部的体育活动与比赛体系

各俱乐部的运动项目代表队组成各项目的代表队,选派具有丰富训练经验的体育指导员担任教练员,组织日常训练和各种比赛,社区对运动队应给予一定的经费支持。俱乐部也可通过其他各种形式来筹集费用,这样在普及的基础上能更好地提高,有利于社区体育后备人才的培养。同时,抓好体育竞赛是搞好社区居民业余体育的一个重要环节,社区居民余暇体育的竞赛有别于普通的体育竞赛或体育活动,建议俱乐部的比赛(活动)以相对变换的项目和固定的时间为基点,每月举办2～3项比赛,形成惯例。比赛项目、时间办法等要提前通知下来,这样既便于居民围绕比赛进行准备,以赛促练,也有利于竞赛的组织和管理。在竞赛的层次方面应考虑到不同技术水平的会员均有参赛的机会,使其身临其境地感受到体育比赛的氛围和乐趣。随着社区内部俱乐部之间竞赛的开展,以后可以逐步将赛事扩展到不同社区俱乐部之间的比赛。

思考题

1. 社区体育健身俱乐部的概念是什么?
2. 社区体育健身俱乐部的基本特征有哪些?
3. 社区体育健身俱乐部管理模式的特点是什么?

第七章　体育俱乐部的财务管理

第一节　营利性体育俱乐部的财务管理

俱乐部经营管理的最终目的是为了保证营利性体育俱乐部的正常运作，从而使营利性体育俱乐部达到赢利或创造效益的目的。俱乐部的各种活动，其根本所在还是一种经济活动，而所有的社会经济活动都离不开财务，有了财务就必须需要财务的管理。财务管理是俱乐部经营管理中的重要组成部分，渗透和贯穿于俱乐部一切经济活动之中。经济发展越来越快，对财务的要求也越来越高，完备的财务制度、规范的财务管理是保证一家俱乐部正常运作及发展壮大所必不可少的，同时也能够对俱乐部的成长提供一定帮助。

一、财务管理的概念

财务管理是以价值增值为目标，围绕营利性体育俱乐部各项财务活动而展开的决策、控制和评价的过程。俱乐部财务管理就是基于生产经营过程中客观存在的财务活动和财务关系而产生的，根据财经法规制度，按照财务管理的原则，组织财务活动、处理财务关系的一项经济管理工作。

二、营利性体育俱乐部财务管理的目标

营利性俱乐部财务管理目标是指在特定的经济体制和财务管理环境中，通过对财务工作的科学组织和对资源合理配置所要达到的具体标准，使其财务活动亦即资金运筹所要达到的最终目标。根据现代财务管理理论和实践的发展，最具有代表性的财务管理目标理论主要有以下几种表述：

（1）利润最大化。即假定营利性体育俱乐部的投资预期收益确定的情况下，财务管理行为将朝着有利于营利性体育俱乐部利润最大化的方向发展。以追逐利润最大化作为财务管理的目标，其主要原因是，只有每家营利性体育俱乐部最大限度地获得利润，整个社会的财富才可能实现最大化，从而带来社会的进步和发展。社会主义市场经济条件下，营利性体育俱乐部作为自主经营的主体，所创利润是营利性体育俱乐部在一定期间全部收入和全部费用的差额，按照收入与费用配比原则加以计算的。利润是营利性体育俱乐部补充资本、扩大经营规模的源泉。利润最大化目标的缺陷一是没有考虑不同时期的报酬，即没有考虑资金时间价值。二是利润最大化目标没有考虑风险。三是利润最大化，目标没有反映创造的利润与投入资本之间的关系。

四是片面追求利润最大化,可能导致营利性体育俱乐部短期行为与营利性体育俱乐部发展的战略目标相背离。

(2) 每股收益最大化。所有者作为营利性体育俱乐部的投资者,其投资目标是取得资本收益,具体表现为净利润与出资额或股份数的对比关系,这种关系可以用每股收益这一指标来反映。每股收益是指归属于普通股东的净利润与发行在外的普通股的比值,它的大小反映了投资者投入资本获得回报的能力。每股收益最大化的目标将营利性体育俱乐部实现的利润额同投入的资本或股本数进行对比,能够说明营利性体育俱乐部的营利水平,可以在不同资本规模的营利性体育俱乐部或同一营利性体育俱乐部不同期间之间进行比较,揭示其营利水平的差异。与利润最大化目标一样,该指标仍然没有考虑资金时间价值和风险因素,也不能避免营利性体育俱乐部的短期行为,可能会导致与营利性体育俱乐部的战略目标相背离。

(3) 营利性体育俱乐部价值最大化。投资者建立营利性体育俱乐部的主要目的,在于创造尽可能多的财富。这种财富首先表现为营利性体育俱乐部的价值。在对营利性体育俱乐部价值进行评估时,看重的不是营利性体育俱乐部的账面资产的总价值,而是营利性体育俱乐部全部资产的市场价值,它反映了营利性体育俱乐部潜在或预期获利能力,投资者在评估营利性体育俱乐部价值时,是以投资者预期投资时间为起点,并将预计未来现金流量按照资本成本进行折现。以营利性体育俱乐部价值最大化作为财务管理的目标,其优点主要表现在:第一,考虑了资金的时间价值和投资的风险价值,有利于统筹安排长短期规划,合理选择投资方案、有效筹措资金及合理制定股利政策等。第二,该目标有利于克服管理上的片面性和短期行为。第三,该目标有利于社会资源合理配置。社会资金通常流向营利性体育俱乐部价值最大化或股东财富最大化的营利性体育俱乐部或行业,有利于实现社会效益最大化。

以营利性体育俱乐部价值最大化作为财务管理的目标也存在以下问题:① 营利性体育俱乐部价值这一指标很难具体估量,不易操作。② 对于非上市营利性体育俱乐部,只有对营利性体育俱乐部进行专门的评估才能真正确定其价值。而在评估营利性体育俱乐部的资产时,由于受评估标准和评估方式的影响,这种股价不易做到客观和准确,这也导致营利性体育俱乐部的价值确定困难。

三、营利性体育俱乐部财务管理的职能

财务管理是价值形式的管理,它是以营利性体育俱乐部资金的筹措、投放、使用、收回和分配以及各环节所体现的经济关系为主要对象。财务管理的职能包括筹资职能、调节职能、分配职能和监督职能。它们分别与理财活动的工作内容相适应,彼此相对独立,又相互依存。

1. 筹资职能

财务首先是一种营利性体育俱乐部资金投入活动。筹资职能的内容主要包括筹资量的确定、筹资渠道和方式的选择,以及相联系的资本结构的优化,能以较低费用

筹措所需的资金。发挥财务筹资职能，是进行财务组织的前提，也是营利性体育俱乐部再生产过程进行的前提。

2. 调节职能

财务作为资金的投入活动，资金投入的规模与方向，一方面受制于经营要素形成的规模与结构；另一方面当资金筹集量一定时，为执行资产所有者与经营者调整结构的决策或贯彻国家有关宏观调控措施，通过营利性体育俱乐部资金投向与投量的调整，使营利性体育俱乐部原有的规模与经济结构发生调整，这是财务调整职能的主要内容。

3. 分配职能

财务作为资金的收益活动，当取得货币收入后，要按照上交流转税、补偿成本、缴纳所得税、提供公积金与公益金以及向投资者分配利润等顺序进行收入分配，这就是财务分配职能的基本内容。

4. 监督职能

财务作为资金的投入收益活动，能综合反映营利性体育俱乐部经营与对外投资活动。一方面，财务活动反映生产经济要素的形成、资源的利用与生产经营、对外投资的成果，能揭示营利性体育俱乐部各项管理工作的问题；另一方面，财务管理集中反映国家、所有者、经营者和劳动者等之间的物质利益关系，能揭示在这些管理处理中存在的问题。为合理组织财务活动，正确处理财务关系，国家制定了有关财税、金融、财务法规，所有者与经营者制定了各种有关财务决策方略与内部管理制度。财务管理必须按国家与所有者即经营者的有关规定实施财务监督，使这些规定得以执行，这就是财务监督职能的基本内容。财务监督是保证财务活动组织有效性和财务管理处理合理性的重要手段，是国家财税监督、信用监督和其他宏观经济监督措施得以落实到营利性体育俱乐部的重要桥梁。

四、营利性体育俱乐部财务管理的内容

从总体看，俱乐部财务管理的内容包括财务活动涉及的一切可以用货币表现的事项。其中最主要的内容是投资管理、筹资管理、营运资金管理和利润分配管理。

广义的营利性体育俱乐部投资活动，包括其内部的资金配置和外部的资金投放。营利性体育俱乐部内部的资金配置，指现金、有价证券、应收账款及存货等流动资产和以固定资产为主的非流动资产的金额占用。由此会引起各项资金的使用效益和营利性体育俱乐部的整体影响问题。营利性体育俱乐部外部的资金投放即对外投资，指以收回现金并取得收益为目的而发生的现金流出。对外投资一方面会带来收益，另一方面也会带来风险。因此，投资决策包括：① 流动资金的投放与管理，主要解决合理配置各项流动资金，协调保持良好偿债能力和提高营利能力两方面的矛盾；② 固定资产投资决策，以确定建立在现金流量比较之上的固定资产投资方案；③ 对外投资决策，以确定在投资报酬与风险程度合理平衡前提之下的对外投资方案。

筹资活动指营利性体育俱乐部经营所需资金的筹集。营利性体育俱乐部筹集资金的量和时间取决于对资金使用的需要,但资金的筹集结果又影响和制约着资金的使用。筹资决策的关键在于确定合理平衡财务杠杆的正面效应(提高赢利)和负面效应(增加风险)的最优资本结构。

营运资金指营利性体育俱乐部流动资产和流动负债的总称,流动资产减流动负债余额称为净营运资金。合理控制营利性体育俱乐部流动资产和流动负债的数量及优化两者之间的配比,既可以增加资产的流动性,使短期资金得到有效利用,提高资金整体利用效率,也可以降低营利性体育俱乐部的破产风险。

利润分配指将营利性体育俱乐部的利润向有关方面和投资人的发放。以利润的多大比例发放于投资人,多大比例留存营利性体育俱乐部用于投资,将影响营利性体育俱乐部股价在金融市场上的走向。利润分配决策的中心在于确定有利于保持和提高营利性体育俱乐部股价的股利政策。

五、营利性体育俱乐部财务管理的原则

俱乐部财务管理包括下列原则:① 合法原则,即财务管理工作必须遵守国家有关的法规,依照法规要求开展财务活动、处理与各方面的财务关系,以维护和保持正常的社会经济秩序。② 平衡原则,即力求资金存量与流量的综合协调平衡。资金的存量平衡,指资金的合理配置,也就是通过资金活动的组织和调节使各项物资资源间形成适当的构成比例,以保证各种形态资金的适度占用和资金活动的继续性,保证生产经营活动的顺畅进行;资金的流量平衡,指通过资金的合理使用和积极筹措,达到收支总量和收支时点的平衡,以保证资金周转不致中断。③ 利润风险均衡原则,即在追求利润的同时充分考虑风险,全面分析财务活动的收益性和完全性,在利润与风险的矛盾均衡中求得最大收益。④ 分级管理原则,即在全面协调、统一的前提下,按照管理物资与管理资金相结合、使用资金与管理资金相结合、管理责任同管理权限相结合的要求,实行各级、各部门共同承担责任的财务管理,以调动全体员工的管理积极性,将各项管理措施落到实处,务求有效。

六、营利性体育俱乐部财务管理制度的制定

俱乐部管理的基本依据是营利性体育俱乐部管理制度,而俱乐部内的财务管理同样也要依据内部财务管理制度。俱乐部的财务管理必须有基本完善的财务管理制度,财务管理制度的制定必须合理,首先要符合国家的相关法律法规要求,其次是符合本俱乐部的实际情况。财务工作的重点之一就是财务制度的建立与健全,财务制度的制定必须完备,它显现了财务管理在俱乐部管理中的重要地位。

完备的财务制度的建立应从以下几方面着手加强:

第一、建立健全内部稽核制度和内部牵制制度。内部稽核制度是财务管理制度的重要组成部分,它主要包括:稽核工作的组织形式和具体分工;稽核工作的职责、权

限;审核会计凭证和复核各种财务账簿、报表等方法。稽核工作的主要职责是:① 审核财务、成本、费用等计划指标是否齐全,编制依据是否可靠,有关计算是否衔接等;② 审核实际发生的经济业务或财务收支是否符合有关法律、法规、规章制度的规定,若发生问题要及时加以改正;③ 审核财务凭证、财务账簿、财务报表和其他财务资料的内容是否合法、真实、准确、完整,手续是否齐全,是否符合有关法律、法规、规章、制度规定的要求;④ 审核各项财产物资的增减变动和结存情况,并与账面记录进行核对,确定账实是否相符,并查明账实不符的原因。

内部牵制制度规定了涉及营利性体育俱乐部款项和财物收付、结算及登记的任何一项工作,必须由两人或两人以上分工处理,以起到一种相互制约的作用。例如:出纳人员不得兼任稽核、财务档案保管和收入、支出、费用、债权债务账目的登记工作,即"管账不管钱,管钱不管账"。通过内部稽核制度和牵制制度的建立,既能够保证各种财务核算资料的真实、合法和完整,又能使各职能部门的经办人员之间形成一种相互牵制的机制。

第二、建立健全内部审计制度,实施对财务人员的再监督。内部审计是实施再监督的一种有效的手段。其目的是为了健全营利性体育俱乐部的内部控制制度,严肃财经纪律,查错防弊,改善经营管理,保证营利性体育俱乐部持续健康的发展,提高经济效益。在建立内部审计制度时,要坚持内部审计机构与财务机构分别独立的原则,只有这样才能更好地实施财务人员的再监督作用。

第三、建立财务审批权限和签字组合制度。营利性体育俱乐部建立财务审批权限和签字组合制度的目的在于加强营利性体育俱乐部各项支出的管理,体现财务管理的严格控制和规范运作。在审批程序中规定财务上的每一笔支出应按规定的顺序进行审批;在签字组合中规范了每一笔支出的单据应根据审批程序和审批权限完成必要的签名,同时还应规定出纳只执行完成签字组合的业务,对于没有完成签字组合的业务支出,出纳员应拒绝执行。营利性体育俱乐部通过建立财务审批权限和签字组合制度,对控制不合理支出的发生及保证支出的合法性能起到积极的作用。

第四、建立成本核算和财务分析制度。成本核算制度的主要内容包括成本核算的对象、成本核算的方法和程序以及成本分析等。特别要提出的是成本分析是财务会计人员的一项重要职责,营利性体育俱乐部的经营者必须定期了解营利性体育俱乐部的资金状况和现金流量。营利性体育俱乐部财会人员也要定期向营利性体育俱乐部经营者提供成本费用方面的各种报表,以利于经营者进行成本分析、成本控制和效益衡量。营利性体育俱乐部通过财务分析制度的建立,确定财务分析的主要内容、财务分析的基本要求和组织程序、财务分析的方法和财务分析报告的编写要求等,使营利性体育俱乐部掌握各项财务计划和财务指标的完成情况,检查国家财经制度、法令的执行情况,有利于改善财务预测、财务计划工作,研究和掌握营利性体育俱乐部财务会计活动的规律性,不断改进财务会计工作。

第五、规范财务基础工作,提高财务人员工作的水平。在市场经济条件下,营利性体育俱乐部的管理者应更好地认识到财务人员服务主体、核算范围,以及信息质量的新特点。财务人员工作要满足各类投资者、债权人及国家宏观管理部门的需要,由于财务管理工作不仅影响到营利性体育俱乐部与国家的分配关系,亦影响到社会各方面的利益关系,因而营利性体育俱乐部应将协调各方面的利益关系、抵制和防范各种市场风险作为其基点,使财务信息能够真实、公允地反映营利性体育俱乐部资金的运转情况、经济效益的提高情况及营利性体育俱乐部的发展前景。因而,营利性体育俱乐部的管理者应提高对财务核算和财务管理重要性的认识,从而充分意识到财务管理这一管理工作的重要意义。

一个营利性体育俱乐部要长期有序地发展,必然会在多个方面做好长期发展的规划,而财务管理的长期规划应显得特别重要,在制定财务管理长期规划的时候,同样要依据管理营利性体育俱乐部财务管理制度,因为它是营利性体育俱乐部发展与管理中的一个重要层面。

第二节　非营利性体育俱乐部的财务管理

体育俱乐部虽然有营利性和非营利性之分,但其财务管理的概念、原理和技术等是相通的。

一、非营利体育俱乐部的财务管理目标及特征

非营利体育俱乐部的目标决定了其财务管理的目标。非营利体育俱乐部财务管理的目标可以描述为:获取并有效使用资金以最大限度地实现组织的社会使命,其财务活动就包括筹集资金并运用所筹资金为社会公众服务。这与营利性体育俱乐部的财务管理目标与财务活动截然不同,营利性体育俱乐部是以营利为目标的组织,因此其财务管理目标是通过筹资、投资、收益分配这 3 大财务活动实现股东财富的增长。因此,与营利性体育俱乐部相比,非营利体育俱乐部财务管理的特征也有所不同,具体体现在以下几个方面。

首先,非营利体育俱乐部财务管理中没有利润指标。

在营利性体育俱乐部中,股东出资建立营利性体育俱乐部,营利性体育俱乐部就必须为股东创造财富,而利润则代表了营利性体育俱乐部新创造的财富,利润越多说明营利性体育俱乐部为股东所创造的财富越多。因此利润成为衡量营利性体育俱乐部绩效标准的一个重要指标,为营利性体育俱乐部提供了量化分析的方法,便于营利性体育俱乐部进行分权管理,同时也便于不同营利性体育俱乐部之间进行业绩的比较。非营利组织是为了实现其社会使命而运作的,因此,对于为实现其社会使命所提供的服务,也会收取一定的费用,但该收费水平与营利组织相比相当低,有些甚至是免费的。非营利体育俱乐部在运作过程中也会产生收益,以便提供其活动的资金,维持该组织的生存。但即使有收益,也不能将收益分配给其创立人、会员、干部、董事或

员工。这是因为非营利体育俱乐部的最终目标是完成社会使命，并不是为了产生利益。因此在非营利体育俱乐部管理中没有利润指标。

其次，非营利体育俱乐部财务管理中，顾客不是其主要资金来源。

非营利体育俱乐部的资金来源大多为外部的捐赠，而这些捐赠者的主要目的不是期望获得同等或成比例的回报，而是希望非营利体育俱乐部为整个社会或特定团体提供更多的服务或商品。非营利体育俱乐部的资金来源主要有 3 个渠道：民间捐赠、服务收费和政府补贴。民间捐赠大部分来自个人、基金会和营利性体育俱乐部的捐款，这是非营利组织独特的收入来源，也是其与公共部门及私人营利机构相区别的标志之一。服务收费是非营利体育俱乐部获得资金的极其重要来源，在发达国家，会费、收费活动和商业经营所形成的收入在非营利机构总的资金来源的比例达到一半以上，它也是非营利组织总收入的最大部分。非营利组织尽管不以营利为目的，但为了自身的生存与运作，提供有偿的服务。除了民间捐赠和服务收费以外，政府补贴也是该组织资金的主要来源。在一些欧洲发达国家，非营利体育俱乐部最大的一个资金来源就是政府补贴和拨款。政府除了给非营利体育俱乐部以直接的资助外，还通过所得税豁免、私人和营利性体育俱乐部非营利捐款的减税等对非营利体育俱乐部提供间接资助。较为充裕的资金来源，在一定程度上确保非营利体育俱乐部有能力完成其社会使命。

再次，在非营利体育俱乐部的管理中，责权利不明确。

在营利性体育俱乐部中，所有者通过股东大会、董事会等机构实施对经营者的监督，并通过利润等量化的绩效指标来考核经营者的经营业绩，进而将责任、权利落实到个人，因此，在营利性体育俱乐部中，其责、权、利相应明确。但在非营利体育俱乐部中，由于缺乏利润等具体的量化衡量指标体系，使得非营利体育俱乐部的管理人员经常难以就各种目标的相对重要性程度达成一致，同时对于一定的投入能在多大程度上帮助组织实现自己的目标难以确定，非营利体育俱乐部运营效率的衡量成了一大难题，因此对于各部门的责、权、利也就无法十分明确。而且，量化衡量指标的缺乏，一方面不便于非营利体育俱乐部的分权管理，另一方面不同非营利体育俱乐部之间也无法进行绩效的对比。

最后，非营利体育俱乐部的所有权形式特殊，即资金的提供者对于组织的财产并不享有所有权。

对于营利性体育俱乐部而言，股东出资创办了营利性体育俱乐部，成为营利性体育俱乐部的所有者，拥有营利性体育俱乐部资产的权益，因此营利性体育俱乐部的法人资产归股东所有。而非营利体育俱乐部的成员不是按照法律要求而组成的，而是在自愿的基础上，捐赠一定的资金或财产给该组织。在成员将资金或财产捐赠出后，捐赠者对该资产就失去了所有权，该资产的所有权就归非营利组织所有。非营利组织成员不能对其捐赠出的资财的权益进行转让、出售，但非营利体育俱乐部在某些情况下必须按照资产提供者的要求来进行运作、管理和处置。但资财的提供者不期望收回或者以此获得经济上的利益,因而非营利体育俱乐部通常不进行损益的计算,也不进行净收入的分配,即使有收益也是留归组织本身所有。因此对于非营利体育俱乐部而言,资产的权益属于组织本身所有,而不是归资产的提供者所有。

二、非营利体育俱乐部财务管理的内容

非营利体育俱乐部的获取并有效使用资金以最大限度地实现组织的社会使命的财务目标,以及区别于营利性体育俱乐部的上述财务特征,决定了非营利体育俱乐部财务管理的主要内容是收入与支出的管理。

非营利体育俱乐部收入是指非营利体育俱乐部开展业务活动及其他活动依法取得的非偿还性资金。这是非营利体育俱乐部为实现其社会使命而获取资金的主要来源。与营利性体育俱乐部不同,营利性体育俱乐部的收入来源主要是以市场价格出售的商品和劳务;而非营利组织的收入来源广泛。收入管理应当按收入来源区分为非自创收入与自创收入进行管理。非自创收入是指非营利体育俱乐部接受的政府拨款和社会捐赠。这是非营利体育俱乐部收入的重要来源。非自创收入的管理需要做好与政府合作、寻找营利性体育俱乐部合作伙伴、面向社会公众募捐。自创收入是指非营利体育俱乐部通过提供产品或劳务而向消费者直接收取的收入以及通过投资而从受资方取得的收益。扩大自创收入并加强其管理,应当是我国非营利体育俱乐部发展的方向。自创收入主要包括业务收入、经营收入和投资收益。业务收入是指非营利体育俱乐部为实现其社会使命而开展业务活动取得的收入,这是自创收入的基本形式。需要注意的是,非营利体育组织是为实现其社会使命而运作,因此,对于为实现其社会使命所提供的服务,其收费应当是低水平甚至是免费的,而不能按照市场经济价值规律来收费。经营收入是指非营利体育俱乐部在其实现社会使命的业务活动之外开展经营活动取得的收入。非营利体育俱乐部从事合法的经营来支持其非营利性的活动,需要符合下列条件:一是利润或收入不可分配给其创立人、会员、干部、董事或员工,二是其主要目的并非单纯从事经济活动,而是实现其非营利宗旨。投资收入是非营利体育俱乐部所获取的资金,在运用于实现其社会使命的具体项目之前,通过资本运作方式进行投资,获取投资收益,以实现资金的保值与增值。非营利体育俱乐部进行投资时,必须认真研究投资项目的收益及其风险,优化投资组合,在不提高风险的条件下使收益最高,或者在一定的收益条件下使风险降至最低。

非营利体育俱乐部支出是指非营利体育俱乐部为组织自身的生存发展和开展业务活动以实现其社会使命而发生的各种资金耗费。这里的支出与营利性体育俱乐部的投资不同,投资是为了获得经济上的利益,投资的管理必须从经济效益出发,而非营利体育俱乐部支出所注重的是社会效益。对于非营利俱乐部的支出管理,应当按支出的用途分为项目及活动支出与行政支出分别进行管理。项目及活动支出是非营利体育俱乐部为了实现其社会使命而发生的支出。项目及活动支出的管理应当从社会效益出发,通过规划与监督,保证最大限度地实现组织的社会使命。行政支出是非

营利体育俱乐部为了自身的生存与发展而发生的支出。行政支出的管理应当厉行节约尽可能控制行政支出占总支出的比重。当然，也并非行政支出所占的比重越低越好。这是因为，任何一个组织开展活动都会有一定的行政开支，并且非营利体育俱乐部也应当注重自身的能力建设，包括对员工的培训。只有非营利体育俱乐部的能力得到提高，资金才能被更为有效地使用。

针对非营利体育俱乐部发展过程中普遍存在的资金不足的现状，可以采用负债和权益筹资的途径来获取资金，因此负债与权益筹资管理应当成为非营利体育俱乐部财务管理的重要内容。人们通常认为负债经营和权益筹资只能运用于营利性体育俱乐部经营而不能运用于非营利体育俱乐部。除了慈善组织以外的非营利体育俱乐部，为了实现组织的社会使命，需要扩大服务规模，加强基础设施建设，改善服务条件时，解决资金瓶颈问题，完全可以通过负债和权益筹资来筹集发展所需要的资金。不过，运用权益筹资进行资金筹集时应当研究处理好资本的寻利性与非营利体育俱乐部的公益性之间的矛盾。

三、非营利体育俱乐部可持续发展的财务策略

非营利体育俱乐部的可持续发展是整个体育事业可持续发展的重要组成部分。在现代市场经济条件下，非营利体育俱乐部时常面临来自财务方面的困扰，许多非营利体育俱乐部因财务方面的问题而延缓了发展的步伐，甚至许多非营利体育俱乐部因此而难以为继。因此，将非营利体育俱乐部可持续发展问题纳入财务管理的领域，具有重大的实践意义。

1. 扩大自创收入

许多人认为非营利组织不应该有经营收入，其资金应全部来自于外部援助，民间捐赠应当是非营利组织的主要收入来源。这是社会观念对非营利组织的误解。美国萨拉蒙(Salamon)教授主持的约翰·霍普金斯非营利部门比较专案研究表明，没有一个国家的非营利部门主要是由私人慈善支持的。根据《世界银行发展报告(1992)》和国际劳工组织《社会保险成本(1993)》，国外非营利组织的资金来源中，民间捐赠所占比重为10%，公共部门支持所占比重为43%，私人收费所占比重为47%。民间捐赠不仅取决于社会经济发展水平，还取决于公民的志愿性。在经济发达的美国，1995年民间捐赠(包括个人、公司和基金)也只占非营利组织总收入的12.9%。

实践表明，非营利组织收入可来源于接受民间捐赠和公共部门支持，但其主要来源是自创收入。在我国香港，非营利组织的收入中自己创收约占40%多；在美国，1995年非营利组织的主要收入来源于服务收费，服务收入占收入的56.6%。然而，在我国非营利组织的收入来源中，自创收入的比重还相当低。清华大学非营利组织研究所于1999年在全国范围内对非营利组织进行的调查问卷表明，我国1998年非营利组织的平均收入结构中，营业性收入仅为6%。扩大自创收入，是我国非营利组织可持续发展的必然要求。

自创收入的基本形式是业务收入,即非营利体育俱乐部为实现其社会使命而开展业务活动取得的服务收费。自创收入也包括投资收入。非营利组织所获取的资金,在运用于实现其社会使命的具体项目之前,可以通过资本运作方式进行投资,获取投资收益,以实现资金的保值与增值。为了实现非营利体育俱乐部的可持续发展,非营利体育俱乐部还应当在其实现社会使命的业务活动之外开展经营活动取得经营收入来支持其非营利性的活动。

2. 合理安排支出结构

非营利体育俱乐部的支出分为项目支出与行政支出。非营利体育俱乐部的持续发展要求合理安排支出结构。合理的支出结构应当在绝大部分资金用于项目及活动支出的基础上保证必要的行政支出。任何一个组织开展活动都会有一定的行政开支,并且非营利组织也应当注重自身的能力建设,包括对员工的培训。只有非营利组织的能力得到提高,资金才能被更为有效地使用,组织才能得以持续发展。

3. 适度进行负债经营

人们通常认为,负债经营只能运用于营利性体育俱乐部而不能运用于非营利组织。在我国,各种事业单位是非营利组织的主体,而我国的《事业单位财务规则》第八条规定:“事业单位预算应当自求收支平衡,不得编制赤字预算。”这可以说,我国的有关法规不允许非营利组织进行负债经营。

然而,除了慈善组织以外的非营利组织,为了实现组织的社会使命,需要扩大服务规模,加强基础设施建设,改善服务条件时,完全可以通过负债来筹集发展所需要的资金。近年来,许多高等院校通过负债来筹集资金扩建教学楼与学生宿舍,从而适应扩大招生规模的需要,这一实践证明了非营利组织负债经营的必要性与可能性。

应当注意的是,负债带来资金支持的同时,也因固定的利息支付与本金偿还而带来了财务风险。过度负债并不利于非营利体育俱乐部的发展,许多负债过多的民办学校的倒闭就是证明。负债经营在营利性体育俱乐部界的实践已经证明,过度负债的公司不可能成为长寿公司。因此,只有适度负债经营,才会有非营利体育俱乐部的可持续发展。

4. 谨慎运用权益筹资

权益筹资的普遍形式是股份制,股份制作为一种灵活有效的筹资手段,在营利性体育俱乐部界得到了广泛的运用。股份制能否运用于非营利组织呢?通常认为非营利组织不向他们的经营者或“所有者”提供利润,因而非营利组织与股份制无关。有些学者认为,为了发展教育、医疗卫生、科学技术和社会福利等事业,解决资金瓶颈问题,可以大胆地将营利组织的股份制,引进到非营利组织中,促进非营利组织的发展。

通常认为非营利组织以服务于公益事业为目的,以社会使命作为组织的宗旨;从分配上来看,非营利活动过程中所得到的净收入,不能作为利润分配给投资人。但是,股份经济的特点是资本的寻利性,如果非营利组织不给予投资人以任何回报,不给予其经济激励,则难以达到集中资金,用于扩展非营利组织的目标。非营利组织的公益性与资本的寻利性是一对矛盾。只有妥善解决这一矛盾，才能使股份制的引进不改变非营利组织的性质而又能促进非营利组织的发展。应当谨慎运用权益筹资以促进非营利体育俱乐部的可持续发展。非营利体育俱乐部的公益性与资本的寻利性矛盾的缓和可以借鉴欧洲一些非营利体育俱乐部的做法，在保证组织公益性的前提下，在留足组织正常运转所需经费之后，再将适量的盈利分配给投资人。

5. 提高财务收支透明度

非营利组织的可持续发展以社会的支持为基础。非营利组织要得到社会的支援，尽可能多地筹集资金实现其社会使命，从而实现自身的可持续发展，一定要有很高的社会公信度。而非营利组织的社会公信度主要决定于其财务收支的透明度。如果没有严格的财务制度，不做到财务收支透明，那么非营利组织的廉洁无法得到保证，资金不可能得到有效使用，必将导致非营利组织无法树立应有的社会公信度。

良好的财务收支透明度要求非营利体育俱乐部应当每年定期编制财务报告，按期接受财务审计，公布财务报告与审计结果，并接受公众质询。然而，有关调查表明，非营利体育俱乐部财务管理在我国没有得到应有的重视，财务制度不尽完善，相当多的非营利体育俱乐部如果没有特殊情况不作年度财务报告，或者虽作年度财务报告但无严格审计，一些非营利体育俱乐部的财务报告只是应付检查的一种形式。这一状况阻碍着非营利体育俱乐部的发展。因此，为了实现我国非营利体育俱乐部的可持续发展，应当规范财务管理，充分发挥资金使用的社会效益，建立严格的财务制度，确保财务收支透明度的提高，从而树立非营利体育俱乐部良好的社会公信度。

思考题

1. 营利性体育俱乐部财务管理的目标是什么？
2. 营利性体育俱乐部财务管理的职能是什么？
3. 非营利体育俱乐部可持续发展的财务策略有哪些？

参考文献

[1] 郭振纲.职业培训与职业培训争议处理实务[M].北京:人民法院出版社,1997.

[2] 相建华.健身指导员基础理论教程[M].北京:人民体育出版社,1999.

[3] 赵万一.商学法[M].北京:中国法制出版社,1999.

[4] 相建华.现代健身房服务指南[M].北京:人民体育出版社,2000.

[5] 董丽华.法律咨询专用工具书[M].北京:知识出版社,2000.

[6] 毛玉光.消费者权益[M].北京:人民法院出版社,2000.

[7] 郜苎,林波.消费心理理论与实务[M].北京:中国广播电视大学出版社,2000.

[8] 相建华.健身法教程[M].北京:人民体育出版社,2001.

[9] 詹万生.职业道德与职业指导[M].北京:教育科学出版社,2001.

[10] 郑昌浩.营销与成功[M].广州:领南美术出版社,2001.

[11] 邓创.美容院经营管理实务[M].沈阳:辽宁科学技术出版社,2002.

[12] 熊苹.求职高招高效[M].北京:人民出版社,2003.

[13] 金正昆.服务礼仪教程[M].北京:中国人民大学出版社,2005.

[14] 相建华.现代健身房私人教练员职业规范[M].北京:北京体育大学出版社,2005.

[15] 相建华.塑造金牌私人教练[M].北京:人民体育出版社,2006.

[16] 相建华.中国健身私人教练员职业生涯设计[M].北京:北京体育大学出版社,2007.

[17] 相建华.塑造金牌教练主管[M].北京:人民体育出版社,2008.

[18] 刘平江.健身俱乐部的管理[M].北京:北京体育大学出版社,2008.

[19] 易剑东,王会寨.试论世界职业体育俱乐部兴起的历史背景[J].山西师大体育学院学报,2000(3):1-4.

[20] 张宝华,陈革新.试论世界职业体育俱乐部兴起的历史背景[J].北京体育大学学报,2000(3):5-6.

[21] 张林,戴健.我国职业体育俱乐部的形成与发展[J].成都体育学院学报,2001(1):1-4.

[22] 张海峰,王健.我国职业体育俱乐部的研究现状[J].体育成人教育学刊,2006(4):42-44.

[23] 张林,李明.职业体育俱乐部发展沿革[J].西安体育学院学报,2001(7):6-8.

[24] 李明.体育产业学导论[M].北京:北京体育大学出版社,2004.

[25] 曹克强.体育产业概论[M].上海:复旦大学出版社,2004.

[26] 周进强.职业体育俱乐部管理问题研究[J].天津体育学院学报,2002(1):21-23.

[27] 徐重鑫,钟兴龙.职业体育俱乐部管理中的“孙子兵法”[J].体育文化导刊,2007(5):58-59.

[28] 刘平江.我国健身俱乐部会籍顾问发展策略的研究[D].第20届体育产业与体育用品发展论坛,2007(5):126-131.

[29] 刘平江.我国休闲体育的发展趋势[J].加拿大运动与休闲杂志,2006(4):16-22.

[30] 刘平江.北京市健身俱乐部发展策略的研究[M]//杨桦.全民健身理论与实践.北京:北京体育大学出版社,2005:499-504.